Atabak Fadai-Ghotbi

Modélisation instationnaire URANS et hybride RANS-LES de la turbulence

Atabak Fadai-Ghotbi

Modélisation instationnaire URANS et hybride RANS-LES de la turbulence

Prise en compte des effets de paroi par pondération elliptique

Presses Académiques Francophones

Impressum / Mentions légales
Bibliografische Information der Deutschen Nationalbibliothek: Die Deutsche Nationalbibliothek verzeichnet diese Publikation in der Deutschen Nationalbibliografie; detaillierte bibliografische Daten sind im Internet über http://dnb.d-nb.de abrufbar.
Alle in diesem Buch genannten Marken und Produktnamen unterliegen warenzeichen-, marken- oder patentrechtlichem Schutz bzw. sind Warenzeichen oder eingetragene Warenzeichen der jeweiligen Inhaber. Die Wiedergabe von Marken, Produktnamen, Gebrauchsnamen, Handelsnamen, Warenbezeichnungen u.s.w. in diesem Werk berechtigt auch ohne besondere Kennzeichnung nicht zu der Annahme, dass solche Namen im Sinne der Warenzeichen- und Markenschutzgesetzgebung als frei zu betrachten wären und daher von jedermann benutzt werden dürften.

Information bibliographique publiée par la Deutsche Nationalbibliothek: La Deutsche Nationalbibliothek inscrit cette publication à la Deutsche Nationalbibliografie; des données bibliographiques détaillées sont disponibles sur internet à l'adresse http://dnb.d-nb.de.
Toutes marques et noms de produits mentionnés dans ce livre demeurent sous la protection des marques, des marques déposées et des brevets, et sont des marques ou des marques déposées de leurs détenteurs respectifs. L'utilisation des marques, noms de produits, noms communs, noms commerciaux, descriptions de produits, etc, même sans qu'ils soient mentionnés de façon particulière dans ce livre ne signifie en aucune façon que ces noms peuvent être utilisés sans restriction à l'égard de la législation pour la protection des marques et des marques déposées et pourraient donc être utilisés par quiconque.

Coverbild / Photo de couverture: www.ingimage.com

Verlag / Editeur:
Presses Académiques Francophones
ist ein Imprint der / est une marque déposée de
OmniScriptum GmbH & Co. KG
Heinrich-Böcking-Str. 6-8, 66121 Saarbrücken, Deutschland / Allemagne
Email: info@presses-academiques.com

Herstellung: siehe letzte Seite /
Impression: voir la dernière page
ISBN: 978-3-8416-2522-9

Copyright / Droit d'auteur © 2013 OmniScriptum GmbH & Co. KG
Alle Rechte vorbehalten. / Tous droits réservés. Saarbrücken 2013

THÈSE

Pour l'obtention du Grade de

DOCTEUR DE L'UNIVERSITÉ DE POITIERS

(Diplôme National - Arrêté du 7 Août 2006)
École Doctorale des Sciences pour l'Ingénieur
École Nationale Supérieure de Mécanique et d'Aérotechnique
Faculté des Sciences Fondamentales et Appliquées

Spécialité : Mécanique des Fluides

Présentée et soutenue publiquement par

Atabak FADAI-GHOTBI

le 27 avril 2007

à l'Université de Poitiers

MODÉLISATION DE LA TURBULENCE EN SITUATION INSTATIONNAIRE PAR APPROCHES URANS ET HYBRIDE RANS-LES. PRISE EN COMPTE DES EFFETS DE PAROI PAR PONDÉRATION ELLIPTIQUE.

Directeurs de Thèse : Rémi Manceau & Jacques Borée

JURY

M. Thomas Gatski, Directeur de Recherche CNRS, LEA, Poitiers	Président
M. Roland Schiestel, Directeur de Recherche CNRS, IRPHE, Marseille	Rapporteur
M. Patrick Chassaing, Professeur INPT-ENSEEIHT, Toulouse	Rapporteur
M. Alexis Scotto d'Apollonia, Ingénieur PSA Peugeot Citroën, Vélizy	Examinateur
M. Sylvain Lardeau, Chercheur Imperial College, Londres	Examinateur
M. Jacques Borée, Professeur ENSMA, Poitiers	Examinateur
M. Rémi Manceau, Chargé de Recherche CNRS, LEA, Poitiers	Examinateur

Laboratoire : Laboratoire d'Études Aérodynamiques,
UMR 6609 CNRS / Université de Poitiers / ENSMA
Boulevard Marie et Pierre Curie
86 962 Futuroscope Chasseneuil Cedex, France

Remerciements

Ce travail de recherche a été effectué au sein de l'équipe *Dynamique des Transferts Instationnaires* du *Laboratoire d'Études Aérodynamiques* (LEA) à Poitiers.

Je tiens d'abord à remercier sincèrement Rémi Manceau pour sa qualité d'encadrement, son écoute, sa disponibilité et tout le temps passé ensemble à discuter passionnément sur de nombreux points scientifiques. Sa connaissance profonde de *Code_Saturne* a été un atout indéniable. Merci aussi pour la liberté et le temps qu'il m'a donnés, me permettant de mettre en avant mon inspiration et ma créativité, nécessaires à tout travail de recherche.
Je tiens également à remercier vivement Jacques Borée qui m'a permis de faire cette thèse au LEA. Au delà de sa grande qualité d'encadrement, son exigence et ses analyses physiques ont toujours su apporter un regard critique constructif dans mon travail.

Depuis avril 2006, le LEA a la chance d'accueillir Thomas Gatski, qui nous a mis sur la voie de la LES temporelle. Je lui exprime ici toute ma gratitude pour son humilité, sa simplicité, son accessibilité, et les discussions que nous eûmes ensemble.

Je remercie Patrick Chassaing et Roland Schiestel pour m'avoir fait l'honneur de juger mes travaux, ainsi que Thomas Gatski, Alexis Scotto d'Apollonia et Sylvain Lardeau pour leur participation au jury.

Je remercie chaleureusement Eric Lamballais pour sa gentillesse et les nombreuses discussions dont j'ai pu bénéficier concernant la LES. Un grand merci à Sofiane Benhamadouche pour son aide précieuse concernant *Code_Saturne*. Merci aussi à Bruno Chaouat pour nous avoir donné son expertise sur la mise en œuvre pratique du modèle PITM, et qui a passé une journée entière à répondre à toutes nos questions. Je remercie également Yannick Lecocq qui a grandement participé à l'implémentation du modèle à pondération elliptique dans *Code_Saturne*, pendant son stage de Master.

Cette thèse, orientée vers la simulation numérique, n'aurait pu se dérouler correctement sans l'aide et le travail efficace des informaticiens du LEA et du CEAT (*Centre d'Études Aérodynamiques et Thermiques*). Je tiens donc à remercier Vincent Hurtevent, Francis Boissonneau, Baptiste Nguyen et Michel Bachelier, aujourd'hui parti à la retraite.

Je n'oublie pas les étudiants et thésards avec qui j'ai passé de très agréables moments festifs, sportifs ou artistiques : Alexandre, Frédéric, Raphaël, Yannick, Filipa, Estelle, Sabrina, Hélène, Joseph, Maxime, Sylvain, Laurent, Fabien, Cédric, Vianney, Gabriel, Olivier, Sébastien, et tous les autres qui se reconnaîtront. Je pense aussi à Mickaël, Valérie, Sébastien, Anas, Yohanna, Gilles et

Hélène.

Cette thèse a aussi été l'occasion de voyager. Ma pensée va à Rui et sa famille qui m'ont fait découvrir toute la beauté du Portugal et la gentillesse des Portugais (et des Portugaises). Un grand merci aussi à Céline pour sa générosité et l'accueil chaleureux qu'elle a réservé à trois squatters perdus à Vienne.

Mon séjour à Poitiers m'a donné la chance de rencontrer Sandrine au cœur prodigue. J'attend toujours avec impatience son interprétation de U2. Une pensée particulière va à Louise dont la foi, le courage et l'âme d'enfant m'inspirent la plus grande admiration.

Mes souvenirs associés à nos « tournées » avec *Troopers* et *Arion* resteront indélébiles. Merci à Arnaud, Camille, Alexandre et Alexandre (bis), tous musiciens de grande qualité. Merci aussi au Café du Clain pour nous avoir si souvent offert une scène et un public fidèle.

Je n'oublie pas mes amis d'enfance et leur famille, avec qui j'ai partagé de nombreux souvenirs : François, Olivier, Victor, François, Ivan, Cédric et Jean-Sébastien. Une pensée particulière va à Ginette, Issa (spécialiste de la cuisson des pâtes en altitude), Valérie et Virgil.

Une place à part revient à tous les membres de ma famille qui m'ont toujours tout donné, soutenu, fait confiance et bien plus encore : Shahla, Shaïn et Ali, Bahareh et Sébastien, Leïla et Robert, Marion et Babak. Mes trois amours de neveu, Alexis, Christian et Maxime, gardent une place privilégiée dans mon cœur.

Cette thèse restera un hommage à mon père Mansour, qui m'a transmis sa passion des sciences étant enfant, et aiguisé ma curiosité d'esprit. Qu'il reçoive ici toute ma reconnaissance. La vie n'a cependant pas voulu qu'il exerce le métier qu'il aimait.

Enfin, je garde une pensée émue pour Arthur, Claude, mon oncle Shahpour et ma tante Soudi, qui nous ont quittés récemment.

À mon père.

Résumé

L'objectif de ce travail est de prendre en compte les instationnarités naturelles à grande échelle dans les écoulements décollés et à un coût plus faible que la LES, tout en s'intéressant à la modélisation des effets de paroi par des modèles statistiques au second ordre. S'inspirant des approches de Durbin, le modèle à pondération elliptique EB-RSM reproduit l'effet non-local de blocage, en résolvant une équation différentielle sur le terme de pression. La limite à deux composantes de la turbulence est bien prédite en canal. Ce modèle est appliqué à la marche descendante, dans une approche URANS. Nous avons montré que les erreurs numériques peuvent être suffisantes pour exciter le mode le plus instable de la couche cisaillée, et aboutir à une solution instationnaire. La solution est stationnaire quand on raffine le maillage, rendant l'URANS peu fiable. Récemment, Schiestel & Dejoan ont proposé le modèle hybride non-zonal PITM. Le coefficient C_{ε_2} de l'équation de la dissipation devient fonction de la coupure dans le spectre, et la valeur $C_{\varepsilon_1} = 3/2$ est déduite par ces auteurs. Nous avons donné une formulation plus générale où la valeur de C_{ε_1} est quelconque. Pour offrir un formalisme plus cohérent aux modèles hybrides non-zonaux dans les écoulements de paroi, une approche basée sur un filtrage temporel est proposée. Enfin, l'adaptation du modèle EB-RSM dans un cadre hybride a été réalisée. Les résultats en canal sont encourageants : la transition continue d'un modèle RANS en proche paroi à une LES au centre du canal est mise en évidence. Le transfert d'énergie des échelles modélisées vers celles résolues est bien reproduit quand on raffine le maillage.

Mots clés : Modélisation de la turbulence ; Moyenne de Reynolds ; Ecoulement de proche paroi ; Bas-Reynolds ; Effet non-local ; Blocage ; Relaxation elliptique ; Pondération elliptique ; Modèle aux tensions de Reynolds ; Canal ; Marche descendante ; Simulation URANS ; Modèle hybride RANS-LES non-zonal ; Modèle PITM ; Equation de la dissipation ; Théorie spectrale de la turbulence ; Filtrage temporel.

Abstract

Turbulence modelling for unsteady flows using URANS and hybrid RANS-LES methods. Accounting for wall effects by elliptic blending.

The aim of this work is to take into account the natural large-scale unsteadiness in separated flows at a lower cost than a LES, and to model the wall effects on turbulence using second moment closures. Following Durbin's approaches, the elliptic blending model EB-RSM reproduces the non-local blocking effect of the wall, by solving a differential equation on the pressure term. The two-component limit of turbulence is well predicted in a channel flow. This model is applied to the backstep flow using URANS methodology. We have shown that the numerical errors at the step corner can be sufficient to excite the natural mode of the shear layer, leading to an unsteady solution. Actually, the solution is steady when the mesh is refined, suggesting that URANS is not reliable. Recently, Schiestel & Dejoan have proposed the seamless hybrid model PITM. The coefficient C_{ε_2} of the dissipation equation becomes a function of the spectral cutoff, and the value $C_{\varepsilon_1} = 3/2$ is deduced by these authors. We have given a more general formulation where the coefficient C_{ε_1} can take any value. To provide a more consistent formalism for the seamless hybrid models in near-wall flows, an approach based on temporal filtering is proposed. Finally, an elliptic blending model is developped in a hybrid framework, using PITM methodology. Results in channel flow are encouraging : the seamless transition from a RANS model near the wall, to a LES in the centre of the channel is observed. The energy transfer between modelled and resolved scales is well reproduced when the mesh is refined.

Keywords : Turbulence modelling ; Reynolds-Averaged Navier-Stokes equations ; Near-wall flow ; Low-Reynolds number ; Non-local effect ; Blocking effect ; Elliptic relaxation ; Elliptic Blending Model ; Reynolds Stress Model ; Channel flow ; Backstep flow ; URANS calculation ; Seamless hybrid RANS-LES model ; PITM model ; Dissipation equation ; Spectral theory of turbulence ; Temporal filtering.

Table des matières

1 Introduction   **1**
- 1.1 Principaux axes de modélisation 1
- 1.2 Modélisation RANS 2
  - 1.2.1 Modèles à viscosité turbulente 3
  - 1.2.2 Modèles aux tensions de Reynolds 4
- 1.3 Modélisation des effets de paroi 4
- 1.4 Structures cohérentes et calcul instationnaire 6
  - 1.4.1 Instationnarités à grande échelle 6
  - 1.4.2 Modélisation instationnaire 7
    - 1.4.2.1 Modèles hybrides 8
    - 1.4.2.2 Autres approches 10
  - 1.4.3 Quel choix de modélisation instationnaire ? 11
- 1.5 Objectifs de l'étude 12
  - 1.5.1 Démarche générale 12
  - 1.5.2 Organisation du manuscrit 12

2 Physique de proche paroi   **14**
- 2.1 Phénoménologie 14
- 2.2 Lien entre structures instantanées et champ moyen 16
- 2.3 Effets induits par la paroi 18
  - 2.3.1 Effets visqueux 18
    - 2.3.1.1 Cisaillement moyen 18

		2.3.1.2	Amortissement visqueux	18
		2.3.1.3	Effet bas-Reynolds	19
	2.3.2	Effets inviscides		19
		2.3.2.1	Echo de paroi	19
		2.3.2.2	Effet de blocage	21
	2.3.3	Conséquences pour la modélisation		21
2.4	Conditions aux limites et étude asymptotique			22
2.5	Lois universelles			23
	2.5.1	Sous-couche visqueuse		24
	2.5.2	Zone logarithmique		25
	2.5.3	Zone tampon		25
	2.5.4	Validité du comportement universel		26
2.6	Conclusions du chapitre			27

3 Modélisation des effets de paroi par pondération elliptique 29

3.1	La relaxation elliptique			30
	3.1.1	Terme de pression		30
	3.1.2	Terme de dissipation		33
	3.1.3	Conditions aux limites		35
		3.1.3.1	Bilan asymptotique de $\overline{v^2}$	35
		3.1.3.2	Comportement asymptotique des tensions de Reynolds	36
		3.1.3.3	Récapitulatif des conditions aux limites sur f_{ij}	37
3.2	La pondération elliptique			38
	3.2.1	Terme de pression		39
	3.2.2	Modèle complet		41
		3.2.2.1	Terme de pression quasi-homogène	41
		3.2.2.2	Transport turbulent	41
		3.2.2.3	Terme de dissipation	42
		3.2.2.4	Échelle de longueur	43
		3.2.2.5	Choix de l'entier p	43
	3.2.3	Formulation complète du modèle EB-RSM		43

3.3	Analyse critique du modèle EB-RSM	46
	3.3.1 Améliorations apportées	46
	3.3.2 Problèmes non-résolus	47
3.4	Conclusions du chapitre	48

4 Méthodes numériques   **49**

4.1	La méthode des volumes finis	49
4.2	Terme de convection	50
	4.2.1 Schéma décentré amont	51
	4.2.2 Schéma centré	52
	4.2.3 Reconstruction du flux	52
4.3	Terme de diffusion	52
4.4	Calcul des gradients	53
4.5	Résolution des équations	54
4.6	Discrétisation temporelle	54
4.7	Conditions aux limites	56
	4.7.1 Condition de Dirichlet	56
	4.7.2 Condition de Neumann	57
	4.7.3 Condition périodique	57
4.8	Validation du modèle EB-RSM en canal	58

5 Simulations URANS   **64**

5.1	Définition de l'URANS	65
5.2	Équations du mouvement en URANS	71
5.3	Analyse critique de l'URANS	73
5.4	La marche descendante	75
	5.4.1 Physique de l'écoulement de marche descendante	75
	5.4.2 Choix de l'expérience de Driver & Seegmiller [44]	76
	5.4.3 Configuration numérique	78
	5.4.4 Conditions d'entrée	79
	5.4.5 Écoulement instantané	82

	5.4.6 Écoulement moyen	84
5.5	Explication du comportement stationnaire / instationnaire	92
5.6	Conclusions du chapitre	101

6 Modèle hybride RANS-LES — 102

6.1	Présentation de la LES	104
	6.1.1 LES spatiale	105
	6.1.1.1 Formalisme	105
	6.1.1.2 Equations filtrées	106
	6.1.1.3 Modèle de Smagorinsky	111
	6.1.2 LES temporelle	112
6.2	Modèle hybride non-zonal	116
	6.2.1 Comportement aux limites RANS et DNS	116
	6.2.2 Modèle PANS	119
	6.2.2.1 Dérivation du modèle PANS	119
	6.2.2.2 Mise en œuvre pratique du modèle PANS	121
	6.2.2.3 Choix des paramètres f_k et f_ε	122
	6.2.3 Modèle PITM	124
	6.2.4 A propos de l'équation de la dissipation	129
	6.2.4.1 Calibration des coefficients C_{ε_1} et C_{ε_2}	129
	6.2.4.2 Première approche de l'équation de la dissipation	131
	6.2.4.3 Seconde approche de l'équation de la dissipation	132
	6.2.5 Reformulation du modèle PITM	134
	6.2.6 Modèle T-PITM	135
	6.2.6.1 Équation d'évolution du spectre temporel	136
	6.2.6.2 Formulation du modèle T-PITM	140
	6.2.6.3 Estimation du paramètre f_k dans l'approche T-PITM	144
	6.2.7 Choix de la fréquence de coupure dans l'approche temporelle	146
6.3	Développement d'un modèle hybride à pondération elliptique	147
	6.3.1 Équation modèle de la dissipation	149
	6.3.2 Choix de la constante β_0	150

      6.3.3   Choix du paramètre f_k en proche paroi 151

      6.3.4   Échelle de corrélation des effets de paroi 163

      6.3.5   Terme de pression 170

      6.3.6   Formulation complète du modèle hybride 176

  6.4   Conclusions du chapitre 178

7 Conclusions et perspectives   **180**

Table des figures

2.1 Vue schématique des tourbillons en Ω ou en épingle à cheveux [76]. 15

2.2 Profil de vitesse moyenne U^+ en fonction de y^+, pour $Re_\tau = 395$ et $Re_\tau = 590$. ○ DNS [140] ; – – – loi linéaire (2.34) ; – · – · loi logarithmique (2.36) avec $\mathcal{K} = 0.41$ et $B_{log} = 5.3$; —— loi de Van Driest (2.40). 27

3.1 DNS de Moser et al. [140] en écoulement de canal à $Re_\tau = 590$. (a) ○ coefficient de pondération α^p calculé a priori par la relation (3.61) ; —— coefficient de pondération α^2 calculé selon l'équation (3.48) où L_p est donnée par la DNS. (b) Même figure en échelle logarithmique. 45

4.1 Configuration générale de deux cellules adjacentes I et J internes au domaine. . . 51

4.2 Configuration générale d'une cellule I au bord du domaine. 56

4.3 Mise en œuvre de la périodicité dans Code_Saturne. 57

4.4 Profil de vitesse moyenne prédit par le modèle EB-RSM, pour une large gamme du nombre de Reynolds. Les profils sont décalés vers le haut pour plus de lisibilité. Comparaison avec la DNS [140] pour $Re_\tau \leqslant 590$ et l'expérience [188] pour des nombres de Reynolds plus élevés. 60

4.5 Profil des tensions de Reynolds et de l'anisotropie prédites par le modèle EB-RSM, pour $Re_\tau = 590$. Comparaison avec la DNS [140]. ○ $\overline{u^2}$, □ $\overline{v^2}$, △ $\overline{w^2}$, ∗ $\overline{uv}$. 60

4.6 Ecoulement de canal à $Re_\tau = 590$. Décomposition du terme de pression. ○ ϕ^*_{ij} donné par la DNS [140]. × – – – × ϕ^h_{ij} (modèle SSG [179]) ; – – – $\alpha^2 \phi^h_{ij}$; × ··· × ϕ^w_{ij} ; ··· $(1 - \alpha^2)\phi^w_{ij}$; —— total : $\phi^*_{ij} = (1 - \alpha^2)\phi^w_{ij} + \alpha^2 \phi^h_{ij}$. (a) ϕ^*_{22}. (b) ϕ^*_{12}. 61

4.7 Profil de la dissipation prédit par le modèle EB-RSM, pour $Re_\tau = 590$. Comparaison avec la DNS [140]. 62

4.8 Profil du coefficient de pondération α^2 prédit par le modèle EB-RSM, pour $Re_\tau = 590$. Comparaison avec la loi (3.49), avec $L_p = 0.04h_0 = 24\nu/u_\tau$. 62

4.9 (a) Coefficient de pondération α en fonction de y^+ pour différents nombres de Reynolds (toutes les courbes sont confondues). (b) Coefficient de pondération α en fonction de y/h_0 pour différents nombres de Reynolds. 63

5.1 Exemple de champ de vitesse instantanée U_i^* en fonction du temps. 68

5.2 Champ de vitesse filtré $\tilde{U}_i$ et moyen U_i en fonction du temps. 68

5.3 Demi-profil de vitesse, en entrée de la marche, obtenu avec les trois modèles de turbulence k–ε, LRR et EB-RSM. Comparaison avec l'expérience [44]. 80

5.4 Allure de la fonction $g(y)$ défini par la relation (5.29), selon le modèle de turbulence. Comparaison avec l'expérience [44]. 81

5.5 Demi-profil des tensions de Reynolds, en entrée de la marche, obtenu avec les modèles LRR (- - - -) et EB-RSM (——). Comparaison avec l'expérience [44]. ○ $\overline{u^2}$, □ $\overline{v^2}$, ◇ $\overline{uv}$. 81

5.6 Demi-profil de l'énergie turbulente, en entrée de la marche, obtenu avec les trois modèles de turbulence k–ε, LRR et EB-RSM. Comparaison avec l'expérience [44] où on a fait l'hypothèse $\overline{w^2} \simeq 1/2(\overline{u^2} + \overline{v^2})$. 85

5.7 Evolution temporelle de la vitesse longitudinale filtrée $\tilde{U}$, dans la couche cisaillée ($x/h = 2, y/h = 1$). Comparaison des modèles k–ε (maillage 4), LRR (maillage 4) et EB-RSM (maillage 10). 85

5.8 Visualisation du *shedding* avec le modèle EB-RSM. Gauche : isocontours positives du critère Q. Droite : isocontours des fluctuations de vitesse verticale résolue v'. Les pointillées indiquent une valeur négative. 86

5.9 Evolution longitudinale, après la marche, du paramètre $M(x)$ défini par la relation (5.31). Modèle EB-RSM. Le maillage 12 donne une solution stationnaire ($M(x) = 0$). 86

5.10 Evolution longitudinale, après la marche, du paramètre $M(x)$ défini par la relation (5.31). Modèle LRR. Le maillage 6 donne une solution stationnaire ($M(x) = 0$). . . 87

5.11 Evolution longitudinale du coefficient de frottement moyen, avec le modèle haut-Reynolds k–ε. Sensibilité au maillage et comparaison avec l'expérience [44]. 89

5.12 Evolution longitudinale du coefficient de frottement moyen, avec le modèle haut-Reynolds LRR. Sensibilité au maillage et comparaison avec l'expérience [44]. . . . 89

5.13 Evolution longitudinale du coefficient de frottement moyen, avec le modèle bas-Reynolds EB-RSM (toutes les courbes sont quasiment confondues). Sensibilité au maillage et comparaison avec l'expérience [44] et les modèles haut-Reynolds. . . . 90

5.14 Comportement du vecteur unitaire normal à la paroi, au coin de la marche, calculé selon la relation (3.52). 91

5.15 Profil de vitesse moyenne selon le modèle de turbulence, pour les positions x/h suivantes : -4, -2, 1, 3, 5, 6, 7, 10, 12, 15, 16, 20, 32. ∘ expérience [44], —— EB-RSM (maillage 12), − − − LRR (maillage 6), · · − · · k–ε (maillage 6). 93

5.16 Profil de l'énergie turbulente selon le modèle de turbulence, pour les positions x/h suivantes : -4, -2, 1, 3, 5, 6, 7, 10, 12, 15, 16, 20, 32. ∘ expérience [44] ($\overline{w^2} \approx 1/2(\overline{u^2} + \overline{v^2})$), —— EB-RSM (maillage 12), − − − LRR (maillage 6), · − − · k–ε (maillage 6). 93

5.17 Modèles haut-Reynolds (maillage 6). Lignes de courant moyennes. Gauche : modèle k–ε. Droite : modèle LRR. 94

5.18 Modèle bas-Reynolds EB-RSM (maillage 12). Gauche : lignes de courant moyennes. Droite : zoom autour du point d'impact. 94

5.19 Solution de l'équation (5.38) de convection/diffusion 1D, avec $Pe = 50$ et un maillage uniforme composé de 11 nœuds. Gauche : schéma centré. Droite : schéma amont. —— solution exacte, · · · · · · solution calculée. Tiré de Ferziger & Perić [53]. . . . 95

5.20 Gauche : détermination de la hauteur de la ligne de courant amont passant par le point d'inflexion du profil de vitesse moyenne, avec le modèle EB-RSM. Droite : évolution longitudinale du nombre de Peclet local, dans une région très proche de la marche, avec le modèle EB-RSM. Sensibilité au maillage. ∘ maillage 7 (grossier), □ maillage 9, ◇ maillage 12 (raffiné). 99

5.21 Evolution longitudinale du nombre de Peclet local en $y^+ = 150$, avec le modèle LRR. Sensibilité au maillage. 99

5.22 Evolution longitudinale de la dérivée de la vitesse moyenne, dans une région très proche de la marche, avec le modèle EB-RSM. Sensibilité au maillage. 100

5.23 Evolution longitudinale, après la marche, du paramètre $M(x)$ défini par la relation (5.31), en fonction de l'amplitude A et de la position x_0 de la perturbation, avec $f_p = 0.20 U_o/h$. Modèle EB-RSM. 100

6.1 Pour un intervalle quelconque $[\kappa_1, \kappa_2]$, l'énergie turbulente partielle associée $k_{[\kappa_1,\kappa_2]}$ varie en fonction de la production partielle par le champ moyen $P_{[\kappa_1,\kappa_2]}$, la dissipation visqueuse partielle $\varepsilon_{[\kappa_1,\kappa_2]}$, et du flux net $\mathcal{J}(\kappa_1) - \mathcal{J}(\kappa_2)$ (cf. équation (6.89)). . . . 126

6.2 Estimation en canal ($Re_\tau = 395$) du nombre d'onde adimensionné η_c et de $\beta'_0 \eta_c^{2/3}$, avec $\beta'_0 = 0.15$. Gauche : maillage 1 (grossier). Droite : maillage 2 (raffiné). 153

6.3 Profil du paramètre f_k imposé *a priori* en utilisant l'échelle de longueur $k^{3/2}/\varepsilon$ et le coefficient de pondération α issus d'une simulation RANS. Maillage 1. Gauche : $\beta'_0 = 0.15$ (les formulations MIN et EB sont confondues). Droite : $\beta'_0 = 0.20$. Se reporter au tableau (6.7) pour la signification des sigles. 158

6.4 Même légende que la figure (6.3). Maillage 2. 158

6.5 Influence de la formulation de f_k. Maillage 1, $\beta'_0 = 0.20$ et coefficient de pondération α imposé par un calcul RANS. Composante $\overline{u^2}$ des contraintes résolues, modélisée et totales. Comparaison avec la DNS [140]. Gauche : formulation CS1. Droite : formulation EB. 159

6.6 Influence de la valeur de β'_0. Maillage 1, formulation EB pour f_k, et coefficient de pondération α imposé par un calcul RANS. Composante $\overline{u^2}$ des contraintes résolue, modélisée et totale. Comparaison avec la DNS [140]. Gauche : $\beta'_0 = 0.20$. Droite : $\beta'_0 = 0.60$. 159

6.7 Composante $\overline{u^2}$ du profil des contraintes résolue, modélisée et totale. Comparaison avec la DNS [140]. Formulation EB pour f_k ($\beta'_0 = 0.20$) et coefficient de pondération α imposé par un calcul RANS. Gauche : maillage 1. Droite : maillage 2. 160

6.8 Même légende que la figure (6.7). Composante $\overline{v^2}$. 160

6.9 Même légende que la figure (6.7). Composante $\overline{w^2}$. 160

6.10 Même légende que la figure (6.7). Composante $\overline{uv}$. 161

6.11 Profil de l'énergie turbulente résolue, modélisée et totale. Gauche : maillage 1. Droite : maillage 2. 161

6.12 Comparaison du profil de f_k imposé *a priori* avec sa valeur mesurée *a posteriori* lors de la simulation. Gauche : maillage 1. Droite : maillage 2. 161

6.13 Profil de vitesse moyenne selon le maillage. 162

6.14 Visualisation des *streaks* par isocontours positives du critère Q. Maillage 1. Coloration selon la vitesse longitudinale résolue. 162

6.15 Visualisation des *streaks* sur la paroi inférieure par isocontours positives du critère Q. Maillage 2. Coloration selon la vitesse longitudinale résolue. 163

6.16 Influence de la longueur de corrélation. Cas $L_{SGS} = 0.02H$. Maillage 1, formulation EB pour f_k. Profil des contraintes résolue, modélisée et totale. Gauche : composante $\overline{u^2}$. Droite : composante $\overline{v^2}$. 166

6.17 Influence de la longueur de corrélation. Cas $L_{SGS} = 0.02H$. Maillage 1, formulation EB pour f_k. Gauche : profil des contraintes résolue, modélisée et totale, pour la composante $\overline{w^2}$. Droite : profil de l'énergie turbulente modélisée, résolue et totale. . 166

6.18 Profil de vitesse moyenne. Influence de la longueur de corrélation. Comparaison des cas $L_{SGS} = 0.020H$ et $L_{SGS} = 0.025H$ avec la DNS [140]. Maillage 1, formulation EB pour f_k. 167

6.19 Influence de la longueur de corrélation avec la formulation (6.266). Formulation EB pour f_k. Composante $\overline{u^2}$ des contraintes résolue, modélisée et totale. Gauche : maillage 1. Droite : maillage 2. 167

6.20 Même légende que la figure (6.19). Composante $\overline{v^2}$. 168

6.21 Même légende que la figure (6.19). Composante $\overline{w^2}$. 168

6.22 Influence de la longueur de corrélation avec la formulation (6.266). Formulation EB pour f_k. Énergie turbulente résolue, modélisée et totale. Gauche : maillage 1. Droite : maillage 2. 168

6.23 Influence de la longueur de corrélation avec la formulation (6.266). Formulation EB pour f_k. Comparaison du profil de f_k imposé *a priori* avec sa valeur mesurée *a posteriori* lors de la simulation. Gauche : maillage 1. Droite : maillage 2. 169

6.24 Influence de la longueur de corrélation avec la formulation (6.266). Profil de vitesse moyenne selon le maillage. Comparaison avec la DNS [140], un calcul RANS (modèle EB-RSM) et deux LES (modèle de Smagorinsky) sur le maillage 1 (Van Driest ou procédure dynamique). 169

6.25 Allure de la fonction f_{SGS} en fonction de y^+, avec $\gamma = 1.5$. Se reporter au tableau (6.9) pour la signification des sigles. Gauche : maillage 1. Droite : maillage 2. ... 172

6.26 Influence de la fonction f_{SGS} (formulation P-EB avec $b = 0.5$). Formulation EB pour f_k. Composante $\overline{u^2}$ du profil des contraintes résolue, modélisée et totale. Gauche : maillage 1. Droite : maillage 2. 173

6.27 Même légende que la figure (6.26). Composante $\overline{v^2}$. 173

6.28 Même légende que la figure (6.26). Composante $\overline{w^2}$. 173

6.29 Même légende que la figure (6.26). Composante $\overline{uv}$. 174

6.30 Influence de la fonction f_{SGS} (formulation P-EB avec $b = 0.5$). Formulation EB pour f_k. Profil de l'énergie turbulente résolue, modélisée et totale. Gauche : maillage 1. Droite : maillage 2. 174

6.31 Influence de la fonction f_{SGS} (formulation P-EB avec $b = 0.5$). Formulation EB pour f_k. Comparaison du profil de f_k imposé *a priori* avec sa valeur mesurée *a posteriori* lors de la simulation. Gauche : maillage 1. Droite : maillage 2. 175

6.32 Influence de la fonction f_{SGS} (formulation P-EB avec $b = 0.5$). Formulation EB pour f_k. Profil de vitesse moyenne. 175

Liste des tableaux

1.1 Évaluation, selon Spalart [173], des stratégies de calcul et de leur disponibilité pour les applications industrielles en aérodynamique externe. 2

2.1 Comportement asymptotique des différents termes de l'équation des tensions de Reynolds en écoulement de canal. 23

3.1 Comportement asymptotique du terme de pression et de dissipation en écoulement de canal : valeur exacte pour ϕ_{ij}^* et ε_{ij} ; modèle (3.51) pour ϕ_{ij}^w, modèle (3.53) pour ϕ_{ij}^h ; modèle (3.22) pour ε_{ij}^w et modèle (3.21) pour ε_{ij}^h 44

3.2 Valeur des constantes du modèle EB-RSM. 46

3.3 Conditions à la paroi du modèle EB-RSM. 46

4.1 Conditions initiales de l'écoulement de canal à $Re_\tau = 590$ pour les variables non nulles. L'intensité initiale de la turbulence I_U est imposée à 7%. 59

5.1 Divers caractéristiques de l'expérience de Driver & Seegmiller [44]. Les fréquences caractéristiques ont été mesurées par Driver et al. [45]. 77

5.2 Caractéristiques des maillages pour les modèles haut-Reynolds (k–ε et LRR). . . . 78

5.3 Caractéristiques des maillages pour le modèle bas-Reynolds EB-RSM. 79

5.4 Valeur en entrée de la marche ($x = -4h$) du coefficient de frottement C_f, de l'épaisseur de couche limite δ, de l'épaisseur de quantité de mouvement θ, du débit Q et de la vitesse maximale U_{max} au centre du canal. Comparaison avec l'expérience [44]. 80

5.5 Nombre de Strouhal caractéristique du *shedding* dans la couche cisaillée ($x/h = 2, y/h = 1$), adimensionné par l'épaisseur locale de vorticité et la vitesse de cisaillement. Sensibilité au maillage. Modèle LRR (maillage 1 à 6) et modèle EB-RSM (maillage 7 à 12). Les maillages 6 et 12 donnent une solution stationnaire. 84

5.6 Longueurs moyennes de recirculation pour le modèle haut-Reynolds k–ε. Sensibilité au maillage. 90

5.7 Longueurs moyennes de recirculation pour le modèle haut-Reynolds LRR. Sensibilité au maillage. 90

5.8 Longueurs moyennes de recirculation pour le modèle bas-Reynolds EB-RSM. Sensibilité au maillage. 90

5.9 Caractéristiques des perturbations imposées et type de solution obtenue. 98

6.1 Définition de filtres homogènes les plus couramment utilisés dans le formalisme de la LES. La fonction de Heaviside est notée $\mathcal{H}$. 106

6.2 Limite atteinte en fonction des valeurs de la largeur de filtre en LES et TLES. . . . 116

6.3 Limite RANS et DNS des paramètres pilotant les modèles hybrides non-zonaux. La valeur de $C_{\varepsilon_1}^*$ est indéterminée à la limite DNS. 119

6.4 Caractéristiques des deux maillages utilisés pour l'adaptation du modèle EB-RSM à la méthodologie PITM. 149

6.5 Valeur choisie de β_0' par différents auteurs et pour divers types d'écoulement. . . . 152

6.6 Valeur de la constante modifiée β_0' en fonction du paramètre C_g. 152

6.7 Différentes propositions semi-empiriques pour le choix de f_k. 157

6.8 Comparaison, selon le maillage, de la valeur de f_k au centre du canal donnée *a priori* par le modèle RANS EB-RSM, en utilisant la loi de Kolmogorov. 157

6.9 Différentes propositions empiriques pour le choix de la fonction f_{SGS}. 172

6.10 Valeur des constantes du modèle EB-RSM dans la méthodologie PITM. 178

6.11 Conditions à la paroi. 178

Notations et Symboles

Opérateurs Mathématiques

$\mathbf{u} \cdot \mathbf{v} = u_i v_i$	Produit scalaire des vecteurs $\mathbf{u}$ et $\mathbf{v}$
$\|\|\mathbf{u}\|\| = \sqrt{\mathbf{u} \cdot \mathbf{u}}$	Norme du vecteur $\mathbf{u}$
$[\mathbf{u} \otimes \mathbf{v}]_{ij} = u_i v_j$	Produit tensoriel des vecteurs $\mathbf{u}$ et $\mathbf{v}$
$\underline{\underline{A}}$	Tenseur A_{ij}
$df/d\varphi$	Dérivée totale de f par rapport à φ
$d^2 f/d\varphi^2$	Dérivée seconde totale de f par rapport à φ
$\partial f/\partial\varphi$	Dérivée partielle de f par rapport à φ
$\partial^2 f/\partial\varphi^2$	Dérivée seconde partielle de f par rapport à φ
∇f	Gradient de f
$\nabla \cdot \mathbf{u}$	Divergence de $\mathbf{u}$
$\nabla^2 f$	Laplacien de f
$\mathcal{E}\{f\}$ ou $\overline{f}$	Moyenne d'ensemble de f
$\mathcal{T}\{f\}$	Moyenne temporelle de f
$\mathcal{F}_T\{f\}$ ou $\hat{f}$	Transformée de Fourier de f
$< \cdot >$	Filtre URANS, LES ou TLES
$f = \mathcal{O}(g)$	f équivalent à g au voisinage de zéro ($\lim_{y \to 0} f/g = 1$)
$f \propto g$	f proportionnel à g (f/g = constante)
$\|a\|$	Module du nombre complexe a

Symboles Latins

$A_0 = L_z/h$	Rapport d'aspect de la marche
A_1	Constante du modèle EB-RSM
b_{ij}	Tenseur d'anisotropie dans la méthodologie RANS
$\tilde{b}_{ij}$	Tenseur d'anisotropie dans la méthodologie PITM
B_{log}	Constante de la loi logarithmique
$C_f = 2\tau_p/(\rho U_0^2)$	Coefficient de frottement
$C_g = \Delta_S/\Delta_m$	Constante supérieure à 2
C_K	Constante de Kolmogorov

C_s	Constante de Smagorinsky
C_S	Constante du modèle de transport turbulent
C_L	Constante du modèle EB-RSM
C_T	Constante du modèle EB-RSM
C_{ε_1}	Constante de l'équation de la dissipation
C'_{ε_1}	Constante du modèle EB-RSM
C_{ε_2}	Constante de l'équation de la dissipation
$C^*_{\varepsilon_1}$	Coefficient modifié de l'équation de la dissipation
$C^*_{\varepsilon_2}$	Coefficient modifié de l'équation de la dissipation
C_μ	Constante du modèle k–ε
D^P_{ij}	Tenseur de transport par la pression fluctuante
$D^P = \frac{1}{2}D^P_{kk} = \frac{1}{2}\phi^*_{kk}$	Terme de transport par la pression fluctuante
$D^P_{SGS} = \frac{1}{2}\phi^*_{kk\,SGS}$	Terme de transport par la pression de sous-maille
D^T_{ij}	Tenseur de transport turbulent
$D^T = \frac{1}{2}D^T_{kk}$	Terme de transport turbulent
$D^T_{ij\,SGS}$	Tenseur de transport turbulent par les échelles de sous-maille
$D^T_{SGS} = \frac{1}{2}D^T_{kk\,SGS}$	Terme de transport turbulent par les échelles de sous-maille
D^ν_{ij}	Tenseur de diffusion moléculaire
$D^\nu = \frac{1}{2}D^\nu_{kk}$	Terme de diffusion moléculaire
$D^\nu_{ij\,SGS}$	Tenseur de diffusion moléculaire pour les échelles de sous-maille
$D^\nu_{SGS} = \frac{1}{2}D^\nu_{kk\,SGS}$	Terme de diffusion moléculaire pour les échelles de sous-maille
$E_0 = H_2/H_1$	Taux d'expansion de la marche
E_S	Spectre spatial d'énergie fluctuante
E_T	Spectre temporel eulérien d'énergie fluctuante
$F_{ij} = \phi^*_{ij} - \varepsilon_{ij} + \varepsilon^w_{ij}$	Variable de la théorie de la relaxation elliptique
$f_{ij} = F_{ij}/k$	Variable de la théorie de la relaxation elliptique
$f_k = k_m/k$	Ratio énergie modélisée/énergie fluctuante totale
$f_p = P_m/P$	Ratio production modélisée/production totale
f_r	Facteur de raffinement du maillage dans chaque direction
f_{SGS}	Fonction de retour à l'isotropie des petites échelles
$f_1 = 1/T_1$	Fréquence caractéristique du *shedding*
$f_\varepsilon = \varepsilon_m/\varepsilon$	Ratio dissipation modélisée/dissipation totale
G_{Δ_S}	Filtre spatiale utilisé en LES
G_{Δ_T}	Filtre temporel utilisé en TLES
h	Hauteur de marche
h_0	Demi-hauteur de canal
$H = 2h_0$	Hauteur totale de canal
H_1	Hauteur du canal amont dans l'écoulement de marche
H_2	Hauteur du canal aval dans l'écoulement de marche

$k = \frac{1}{2}\overline{u_i u_i}$	Énergie fluctuante totale en décomposition RANS
k_{LES}	Énergie résolue explicitement en LES
k_m	Moyenne d'ensemble de l'énergie filtrée en URANS ou LES
k_r	Énergie résolue explicitement en URANS
$k_{SGS} = \frac{1}{2}\tau_{jj\,SGS}$	Énergie filtrée en LES
$k'' = \frac{1}{2}\langle u_i'' u_i'' \rangle$	Énergie filtrée en URANS
$L = k^{3/2}/\varepsilon$	Échelle intégrale de longueur de la turbulence
$l_m = \mathcal{K}y$	Longueur de mélange
$l_m^+ = \mathcal{K}y^+$	Longueur de mélange en unité pariétale
L_p	Longueur de corrélation des effets de paroi
L_{SGS}	Longueur de corrélation de sous-maille des effets de paroi
l_{r1}	Longueur moyenne de recirculation principale
l_{r2}	Longueur moyenne de recirculation secondaire
L_z	Largeur du canal dans l'écoulement de marche
$L_\eta = \nu^{3/4}\varepsilon^{-1/4}$	Échelle de longueur de Kolmogorov
$\mathbf{n}$	Vecteur unitaire normal à la paroi
N_{cell}	Nombre de cellules du maillage
n_ε	Exposant de la loi de décroissance en turbulence de grille
P^*	Pression instantanée
$\mathcal{P} = \overline{P^*}$	Moyenne d'ensemble de la pression
$p = P^* - \overline{P^*}$	Fluctuation de pression en décomposition RANS
P_{ij}	Tenseur de production de l'énergie cinétique fluctuante totale
$P = \frac{1}{2}P_{kk}$	Terme de production de l'énergie cinétique fluctuante totale
$P_{ij\,SGS}$	Tenseur de production de l'énergie de sous-maille
$P_{SGS} = \frac{1}{2}P_{kk\,SGS}$	Terme de production de l'énergie de sous-maille
$P_m = \overline{P_{SGS}}$	Moyenne d'ensemble de la production de l'énergie de sous-maille
Pe	Nombre de Peclet local
Re	Nombre de Reynolds
Re_τ	Nombre de Reynolds basé sur la vitesse de frottement
$Re_T = k^2/(\nu\varepsilon)$	Nombre de Reynolds turbulent
$R_{ij} = \overline{u_i u_j}$	Tenseur de Reynolds
S_{ij}	Tenseur de déformation basé sur le champ moyen RANS
$\tilde{S}_{ij}$	Tenseur de déformation basé sur le champ filtré URANS ou LES
s_{ij}	Tenseur de déformation basé sur le champ fluctuant RANS
$St_1 = \delta_\omega/(T_1 U_{sh})$	Nombre de Strouhal caractéristique du *shedding*
$St_2 = h/(T_2 U_0)$	Nombre de Strouhal caractéristique du *flapping*
t	Variable temps
$T = k/\varepsilon$	Échelle intégrale temporelle de la turbulence
T_p	Temps de corrélation des effets de paroi
T_{SGS}	Temps de corrélation de sous-maille des effets de paroi

T_1	Temps caractéristique du *shedding*
T_2	Temps caractéristique du *flapping*
$T_\eta = \sqrt{\nu/\varepsilon}$	Échelle temporelle de Kolmogorov
U_c	Vitesse de convection des structures issues du *shedding*
U_i^*	Vitesse instantanée (U^*, V^*, W^*)
$U_i = \overline{U_i^*}$	Moyenne d'ensemble de la vitesse (U, V, W)
$\tilde{U}_i = <U_i^*>$	Vitesse filtrée en URANS ou LES $(\tilde{U}, \tilde{V}, \tilde{W})$
U_0	Vitesse maximale en entrée de la marche
$U_{sh} = U_0/2$	Vitesse de cisaillement
$u_i = U_i^* - \overline{U_i^*}$	Fluctuation de vitesse en décomposition RANS (u, v, w)
$u_i' = \tilde{U}_i - \mathcal{T}\{\tilde{U}_i\}$	Vitesse fluctuante à grande échelle en URANS ou LES (u', v', w')
$u_i'' = U_i^* - \tilde{U}_i$	Vitesse résiduelle en décomposition URANS ou LES (u'', v'', w'')
$u_\tau = \sqrt{\tau_p/\rho}$	Vitesse de frottement
$U^+ = U/u_\tau$	Vitesse moyenne en unité pariétale
$\mathbf{x} = (x, y, z)$	Vecteur position
$y^+ = yu_\tau/\nu$	Distance à la paroi en unité pariétale

SYMBOLES GRECS

α	Coefficient de pondération elliptique du modèle EB-RSM
β_0	Constante intervenant dans la formulation de f_k
$\beta_0' = \beta_0(2/C_g)^{2/3}$	Constante intervenant dans la formulation de f_k
$\beta_\mathcal{N} = C_\mu^{-1/2}\beta_0'$	Constante intervenant dans la formulation de f_k
δ	Épaisseur de couche-limite à 99% en entrée de la marche
δ_{ij}	Symbole de Krönecker
δ_D	Distribution de Dirac
Δ_S	Largeur du filtre spatial utilisé en LES
Δ_T	Largeur du filtre temporel utilisé en TLES
Δt	Pas de temps
Δx	Taille de maille dans la direction longitudinale
Δy	Taille de maille dans la direction normale à la paroi
Δz	Taille de maille dans la direction transverse
$\Delta_m = (\Delta x \Delta y \Delta z)^{1/3}$	Taille locale de maille
δ_ω	Épaisseur locale de vorticité
ε_{ij}	Tenseur du taux de dissipation de l'énergie fluctuante

$\varepsilon = \frac{1}{2}\varepsilon_{kk}$	Taux de dissipation de l'énergie fluctuante
ε_{ij}^h	Modèle quasi-homogène du tenseur de dissipation
ε_{ij}^w	Modèle en proche paroi du tenseur de dissipation
$\varepsilon_{ij_{SGS}}$	Tenseur du taux de dissipation de l'énergie de sous-maille
$\varepsilon_{SGS} = \frac{1}{2}\varepsilon_{kk_{SGS}}$	Taux de dissipation de l'énergie de sous-maille
$\varepsilon_m = \overline{\varepsilon_{SGS}}$	Moyenne d'ensemble du taux de dissipation de sous-maille
ϕ_{ij}	Corrélation pression-déformation
ϕ_{ij}^*	Corrélation vitesse-gradient de pression
ϕ_{ij}^h	Modèle quasi-homogène du terme de pression
ϕ_{ij}^w	Modèle en proche paroi du terme de pression
$\phi_{ij_{SGS}}^*$	Corrélation vitesse-gradient de pression de sous-maille
γ	Constante du terme de pression dans le modèle PITM
Γ	Coefficient de diffusion d'une variable générique
$\eta_{c0} = \kappa_c L$	Nombre d'onde de coupure adimensionné
$\eta_c = \pi L / \Delta_m$	Nombre d'onde de coupure adimensionné
κ	Nombre d'onde
κ_c	Nombre d'onde de coupure
κ_d	Nombre d'onde tel que $\kappa_d \geqslant \kappa_c$
μ	Viscosité dynamique du fluide
$\nu = \mu/\rho$	Viscosité cinématique du fluide
$\nu_{T_{SGS}}$	Viscosité turbulente de sous-maille
θ	Épaisseur de quantité de mouvement en entrée de la marche
ρ	Masse volumique du fluide
$\tau_{ij_{SFS}}$	Tenseur de sous-filtre
$\tau_{ij_{SGS}}$	Tenseur de sous-maille
$\tau_\nu = \mu(\partial U/\partial y)$	Contrainte visqueuse de cisaillement
$\tau_t = -\rho\overline{uv}$	Contrainte turbulente de cisaillement
$\tau_{tot} = \tau_\nu + \tau_t$	Contrainte de cisaillement totale
$\tau_p = \mu(\partial U/\partial y)_{y=0}$	Contrainte de cisaillement pariétale
ω	Fréquence
ω_c	Fréquence de coupure
ω_d	Fréquence telle que $\omega_d \geqslant \omega_c$
Ω_{ij}	Tenseur de rotation basé sur le champ moyen RANS
$\tilde{\Omega}_{ij}$	Tenseur de rotation basé sur le champ filtré URANS ou LES
$\xi_c = \omega_c T$	Fréquence de coupure adimensionnée

AUTRES SYMBOLES

$\mathcal{C}_{ij} = \langle \tilde{U}_i u_j'' \rangle + \langle u_i'' \tilde{U}_j \rangle$ Tenseur des termes croisés
$\mathcal{E}_T$ Spectre temporel lagrangien d'énergie fluctuante
$\mathcal{H}$ Fonction de Heaviside
$\mathcal{I}$ Tenseur identité
$\mathcal{K}$ Constante de Von Kármán
$\mathcal{L}_{ij} = \langle \tilde{U}_i \tilde{U}_j \rangle - \tilde{U}_i \tilde{U}_j$ Tenseur de Léonard
$\mathcal{N}_c = (\pi/\Delta_m)\mathcal{K}y$ Nombre d'onde de coupure adimensionné
$\mathcal{R}_{ij} = \langle u_i'' u_j'' \rangle$ Tenseur de Reynolds de sous-maille

Acronymes

ADM	Approximate Deconvolution Model
CDS	Central-Difference Scheme
CPU	Central Processing Unit
DES	Detached Eddy Simulation
DNS	Direct Numerical Simulation
EB-RSM	Elliptic Blending Reynolds-Stress Model
EVM	Eddy Viscosity Model
IP	Isotropization of Production
LES	Large Eddy Simulation
LNS	Limited Numerical Scales
LRR	Launder, Reece, Rodi
OES	Organized Eddy Simulation
PANS	Partially-Averaged Navier-Stokes
PITM	Partially Integrated Transport Model
QDNS	Quasi-Direct Numerical Simulation
QI	Quasi-Isotropization
RANS	Reynolds-Averaged Navier-Stokes
rms	Root-Mean Square
RSM	Reynolds-Stress Model
SAS	Scale Adaptative Simulation
SDM	Semi-Deterministic Model
SFS	Sub-Filter Scale
SGS	Sub-Grid Scale
SSG	Speziale, Sarkar, Gatski
TLES	Temporal Large Eddy Simulation
T-PITM	Temporal Partially Integrated Transport Model
TRANS	Time-dependent Reynolds-Averaged Navier-Stokes
UDS	Upwind-Difference Scheme
URANS	Unsteady Reynolds-Averaged Navier-Stokes
VLES	Very Large Eddy Simulation

Chapitre 1

Introduction

1.1 Principaux axes de modélisation

Malgré une recherche intensive depuis plus d'un siècle appliquée aux écoulements en régime turbulent, leur modélisation reste un grand défi à relever encore aujourd'hui. Trois axes principaux de simulation se dégagent : la simulation numérique directe, la simulation des grandes échelles et la modélisation purement statistique. Selon la théorie de Kolmogorov [99], l'agitation turbulente est composée de structures tourbillonnaires dont les tailles sont réparties de façon continue sur une plage d'échelles de longueur, bornée supérieurement par la géométrie de l'écoulement, et inférieurement par l'échelle de Kolmogorov, siège de la dissipation visqueuse. La simulation numérique directe (DNS en anglais, pour *Direct Numerical Simulation*) [1] consiste à résoudre explicitement toutes les échelles de la turbulence en résolvant numériquement les équations de Navier-Stokes. Le champ tridimensionnel et instationnaire obtenu décrit de façon fiable et précise l'agitation turbulente, car aucune modélisation n'est pratiquée. La simulation des grandes échelles (LES en anglais, pour *Large Eddy Simulation*) consiste à résoudre les équations filtrées de Navier-Stokes. Le champ obtenu est également tridimensionnel et instationnaire, mais il caractérise uniquement les structures tourbillonnaires aux grandes échelles. Les petites échelles, qui ont un comportement plus universel, sont modélisées. La LES résout ainsi explicitement une partie des échelles turbulentes (les grandes échelles) alors qu'une autre partie (les petites échelles) est modélisée. La modélisation statistique considère l'agitation turbulente comme un processus purement stochastique. Toutes les échelles de la turbulence sont modélisées. Les grandeurs instantanées (vitesse, pression, température, *etc.*) sont décomposées en une partie moyenne et une partie fluctuante, suivant la décomposition proposée par Reynolds à la fin du XIXème siècle. L'introduction de cette décomposition et l'application de

---

[1]. On utilisera les sigles anglo-saxons par commodité.

Stratégie	Dépendance en Re	Empirisme	Maillage	Pas de temps	Disponibilité
RANS	Faible	Fort	10^7	10^3	1985
LES	Moyenne	Faible	$10^{11.5}$	$10^{6.7}$	2070
DNS	Forte	Aucun	10^{16}	$10^{7.7}$	2080

TABLE 1.1 – Évaluation, selon Spalart [173], des stratégies de calcul et de leur disponibilité pour les applications industrielles en aérodynamique externe.

l'opérateur moyenne statistique[2] aux équations instantanées de Navier-Stokes permettent d'obtenir les équations RANS (*Reynolds-Averaged Navier-Stokes*).

Les différentes approches présentées ci-dessus n'ont pas les mêmes objectifs concernant les informations obtenues sur l'écoulement traité, ni ne requièrent les mêmes exigences en matière de coût de calcul. Par exemple, la DNS fournit des informations précises concernant l'écoulement : topologie, corrélations spatio-temporelles, fréquences caractéristiques, champs moyens, statistiques de la turbulence, *etc*. Une estimation du ratio entre les échelles dissipatives et les échelles les plus énergétiques montre que le nombre de points dans chaque direction est de l'ordre de $Re^{3/4}$ en turbulence homogène [150]. La turbulence étant tridimensionnelle et instationnaire, le coût du calcul est proportionnel à Re^3. Dans un écoulement industriel, le nombre de Reynolds est typiquement de l'ordre de plusieurs millions, rendant la DNS hors de portée avec la puissance et la capacité mémoire des machines actuelles et dans les soixante années à venir [173]. A faibles nombres de Reynolds, la DNS reste un outil formidable pour la recherche fondamentale et la compréhension de divers mécanismes de la turbulence.

Au contraire, un calcul RANS est peu dépendant du nombre de Reynolds et peu gourmand en temps CPU, mais ne fournit qu'une information limitée : champs moyens et statistiques en un point de la turbulence uniquement. Les modèles RANS présentent par ailleurs un fort degré d'empirisme, les rendant peu fiables dans certains types d'écoulement. La LES est à mi-chemin entre la DNS et la modélisation RANS en ce qui concerne les informations obtenues sur l'écoulement et le coût de calcul. Le tableau (1.1) compare les exigences de la DNS, de la LES et de la modélisation RANS. Cette dernière reste largement utilisée dans le monde industriel pour son coût de calcul faible, pour des écoulements à grand nombre de Reynolds.

1.2 Modélisation RANS

Les équations RANS font apparaître des corrélations inconnues que sont les tensions de Reynolds. L'obtention des champs moyens nécessite alors un modèle de fermeture pour celles-ci. La première grande classe de modèles de turbulence sont ceux basés sur la viscosité turbulente (EVM en anglais,

---

2. La *moyenne statistique* est également dénommée *moyenne d'ensemble* ou *moyenne de Reynolds*.

pour *Eddy Viscosity Model*), également appelé *modèle au premier ordre*. La seconde classe des modèles de turbulence résout des équations de transport pour les tensions de Reynolds. Elle est qualifiée de *modèle aux tensions de Reynolds* (RSM en anglais, pour *Reynolds-Stress Model*) ou *modèle au second ordre*.

1.2.1 Modèles à viscosité turbulente

Dans un modèle EVM linéaire, l'anisotropie des tensions de Reynolds est supposée être proportionnelle au tenseur de déformation du champ moyen, suivant la relation de Boussinesq. Le coefficient de proportionnalité est un scalaire ayant les dimensions d'une viscosité, et est appelée *viscosité turbulente*. Cette loi de comportement du « matériau turbulent » est analogue à celle d'un fluide visqueux newtonien, mais pose de nombreux problèmes de modélisation. Elle induit, par exemple, une réponse instantanée de la turbulence à une variation du champ moyen. Ce résultat est faux : l'étude de l'effet d'une contraction axisymétrique sur une turbulence homogène montre qu'il existe un temps d'adaptation de la turbulence et que cette dernière possède une mémoire de son passé [150]. Par ailleurs, les modèles EVM linéaires induisent une très mauvaise reproduction de l'anisotropie de la turbulence, rendant impossible la prédiction des effets de cette anisotropie sur l'écoulement, comme par exemple la génération d'écoulements secondaires en conduite de section carré. En outre, dans le cadre de simulations instationnaires, Carpy [25] et Carpy & Manceau [26] ont montré que les modèles EVM linéaires donnent une dynamique complètement fausse, du fait que les tensions de Reynolds et le tenseur de déformation sont toujours alignés, d'après l'hypothèse de Boussinesq. La production de la turbulence est donc surestimée, entraînant une trop forte diffusivité turbulente, et les structures cohérentes sont très vite dissipées. D'autres défauts sont à signaler tels que l'insensibilité à une rotation d'ensemble ou à la courbure des lignes de courants [176, 110].

Pour corriger ces défauts, des modèles EVM non-linéaires ont vu le jour [170, 14, 101, 155]. Leur principe est d'utiliser une loi de comportement non-linéaire pour le « matériau turbulent », en faisant apparaître des termes quadratiques ou cubiques en gradient de vitesse moyenne. Les modèles EVM non-linéaires sont ainsi plus sujets aux instabilités numériques.

Le point commun à tous modèles EVM (linéaires ou non-linéaires) est de définir la viscosité turbulente à partir de deux variables indépendantes, pour lesquelles on résout des équations de transport. Le modèle le plus célèbre est sans doute le modèle linéaire k–ε proposé par Launder & Spalding [115], dans les années 1970. Comme l'indique son nom, celui-ci résout des équations de transport pour l'énergie cinétique fluctuante k et la dissipation visqueuse ε. Ce modèle a eu un formidable succès à l'époque dans les écoulements cisaillés et il est encore largement utilisé dans l'industrie pour sa robustesse et sa simplicité. Par la suite, une multitude de modèles EVM a vu le jour. On peut, par exemple, citer les modèles $k - \omega$ [189], $q - \zeta$ [64] ou encore $k - \tau$ [178].

1.2.2 Modèles aux tensions de Reynolds

L'équation de transport des tensions de Reynolds fait apparaître quatre corrélations inconnues : les termes de *transport turbulent*, de *transport par la pression*, de *dissipation* et la corrélation *pression-déformation*. Ces termes seront explicités au chapitre 2. La modélisation des trois premiers termes est très similaire à un modèle EVM. Le terme de *pression-déformation*, étant de trace nulle, disparaît de l'équation de l'énergie cinétique fluctuante. Il est dit *redistributif* car il ne crée pas ni ne détruit l'énergie cinétique fluctuante. Par exemple, la partie lente du terme de pression redistribue l'énergie fluctuante de la composante riche vers les composantes pauvres des tensions de Reynolds, tendant ainsi vers l'isotropisation de la turbulence. On verra qu'il a une importance primordiale dans les écoulements de paroi. De nombreux modèles quasi-homogènes, c'est-à-dire valables loin des paroi, ont été proposés : Rotta+IP [3] [157, 141], modèle QI de Launder *et al.* [112], modèle SSG de Speziale *et al.* [179], modèle JM de Jones & Musonge [87], *etc.*

Les modèles RSM ont montré une supériorité indéniable concernant la prédiction de l'anisotropie (cas des ondes de chocs, zones proches des parois, décollement, *etc.*) et des écoulements soumis à une rotation d'ensemble [176, 110, 70]. Par ailleurs, le terme de production est un terme exact dans les modèles RSM et ne nécessite donc pas de modèle. Puisque la supériorité des modèles RSM est prouvée, pourquoi ne pas utiliser systématiquement ce niveau de modélisation ? Une idée *a priori* est d'invoquer un coût de calcul élevé car il faut résoudre six équations de transport pour chaque composante du tenseur de Reynolds, au lieu d'une seule pour l'énergie cinétique fluctuante dans les modèles EVM. Cela n'est pas tout à fait vrai : l'expérience montre généralement une augmentation du temps de calcul de l'ordre de 30% par rapport à l'utilisation d'un modèle EVM, avec le même maillage [70, 8]. En réalité, si les modèles RSM n'ont pas la faveur des ingénieurs, c'est principalement dû à des difficultés numériques rencontrées lors de leur utilisation. Les progrès en analyse numérique ont permis d'élaborer des schémas précis et stables, applicables à des configurations géométrique complexes et des maillages non-structurés.

1.3 Modélisation des effets de paroi

Les écoulements de jet et de couche de mélange, et quelques cas d'école comme la turbulence de grille ou la turbulence homogène cisaillée, sont dits *libres* par opposition aux écoulements de paroi. La plupart des écoulements réels ou industriels font intervenir des parois : écoulement autour d'un véhicule ou d'un profil d'aile (écoulements dits *externes*), ou écoulement confiné par des parois solides, comme dans une conduite ou une chambre de combustion (écoulements dits *internes*). La paroi est à l'origine de phénomènes énergétiques importants qui sont caractérisés au niveau moyen par la *production turbulente* et la *dissipation visqueuse*. La production « alimente » la turbulence car c'est un phénomène de conversion de l'énergie cinétique du mouvement moyen en énergie

---

3. IP signifie *Isotropisation de la Production*. Le modèle Rotta+IP est également dénommé LRR.

cinétique turbulente. La dissipation tend au contraire à faire diminuer l'intensité de la turbulence en transformant son énergie cinétique en énergie interne. Son maximum est atteint à la paroi même d'après les résultats de DNS [140]. L'influence de la paroi se fait sentir sur toute la couche limite par le biais de phénomènes de transport : diffusion moléculaire, transport turbulent et transport par la pression.

Par ailleurs, dans un cadre industriel, les quantités intéressantes sont souvent celles qui se mesurent à la paroi même : coefficients de pression et de frottement pour calculer la portance et la force de traînée exercées sur un corps, nombre de Nusselt pour calculer les échanges thermiques entre solide et fluide. Des études [126] ont montré que, même avec un modèle thermique très simple, le champ thermique peut être bien prédit si le modèle de turbulence reproduit avec précision le champ dynamique. Il est donc nécessaire de bien modéliser la zone de proche paroi pour prédire correctement ces quantités ainsi que la turbulence dans toute la couche limite. Cependant, la résolution des équations de transport jusqu'à la paroi nécessite des maillages très raffinés, avec suffisamment de points dans la sous-couche visqueuse pour capter les très forts gradients de cette zone. Le coût du calcul peut devenir prohibitif dans les applications industrielles. L'utilisation des lois de paroi a l'avantage de ne pas nécessiter l'intégration des équations jusqu'à la paroi. Ces modèles, qualifiés de *haut-Reynolds*, consiste à placer la première maille à la paroi dans la zone logarithmique où les différentes grandeurs moyennes suivent un comportement « universel », c'est-à-dire indépendant du nombre de Reynolds. En réalité, ce comportement « universel » n'est qu'une approximation du premier ordre : la correction au second ordre fait apparaître une dépendance en fonction du nombre de Reynolds [183]. En ce qui concerne le nombre de Nusselt par exemple, les lois de paroi donnent des résultats totalement erronés dès que l'écoulement n'est plus parallèle à la paroi (jet impactant) ou lorsque les conditions aux limites thermiques varient brutalement [109]. D'autre part, les lois de paroi doivent être ajustées d'un écoulement à un autre : le cas de la convection naturelle le long d'une plaque plane nécessite des lois de paroi particulières [191]. So & Yoo [171] recensent de nombreuses autres situations pour lesquelles les lois de paroi sont complètement inadaptées : gradient de pression adverse, séparation, relaminarisation, transpiration, écoulement tridimensionnel.

Pour éviter l'utilisation des lois de paroi, de nombreux efforts ont été dirigés depuis une trentaine d'années vers l'intégration des équations jusqu'à la paroi. Ces modèles sont dits *bas-Reynolds*. L'idée principale est de simuler l'effet de celle-ci à l'aide de fonctions d'amortissement empiriques. Van Driest [186] fut sans doute le premier à proposer une telle fonction. Elle a servi de base à un grand nombre de modèles. D'autres fonctions empiriques ont ensuite été proposées et dépendent en général du nombre de Reynolds turbulent [74, 151, 171, 89, 104] ou du paramètre d'aplatissement de Lumley [116], mais elles n'ont pas de caractère universel et font souvent intervenir explicitement la distance à la paroi, les rendant difficile à utiliser sur une géométrie complexe. L'inconvénient des modèles RSM bas-Reynolds classiques est qu'ils découlent de modèles haut-Reynolds, basés sur des hypothèses de quasi-homogénéité locale (faible gradient de vitesse moyenne) et de localité du terme de pression. La première n'est plus valable dans les situations fortement inhomogènes, ce qui est le cas à proximité d'une paroi. On verra également que le terme de pression est non-local. Pour développer des modèles RSM bas-Reynolds, on introduit des corrections empiriques ou des termes dits d'*écho de paroi* [65] pour correctement simuler les effets de paroi.

Durbin [47, 48] propose une approche tout à fait différente, qui évite l'introduction de termes empiriques et non-linéaires en résolvant six équations différentielles supplémentaires dites de *relaxation elliptique*, pour chaque composante du tenseur de Reynolds. L'influence de la paroi se fait alors sentir à travers l'opérateur elliptique qui préserve le caractère non-local de la pression. Cette approche s'est révélée prometteuse mais pose des problèmes d'instabilités numériques et de coût de calcul. Des modèles simplifiés et plus robustes ont été proposés. Par exemple, le modèle EVM $\overline{v^2}$–f a donné de bons résultats en écoulement de canal [47], mais souffre des mêmes défauts que les autres modèles EVM linéaires, et donne de mauvais résultats dans le cas des jets impactants multiples par exemple [185]. Des modèles RSM basés sur une pondération elliptique ont été récemment proposés [131, 128]. La prise en compte des effets de paroi sur la turbulence sera un aspect important de la thèse.

1.4 Structures cohérentes et calcul instationnaire

1.4.1 Instationnarités à grande échelle

Les instabilités naturelles existant dans le sein d'un écoulement sont à l'origine de l'existence de structures organisées dans les écoulements laminaires. Il est par exemple bien connu que l'instabilité de Kelvin-Helmholtz est à l'origine de structures tourbillonnaires dans une couche de mélange plane. La théorie classique de la turbulence considère celle-ci comme étant la superposition d'un champ moyen déterministe et prédictible par les équations de Navier-Stokes moyennées, et d'un champ chaotique, considéré comme aléatoire et décrit par des modèles statistiques. A partir de la fin des années 1960, et grâce aux développements technologiques en électronique, optique et informatique, de nouvelles méthodes ont été mise en œuvre pour dégager, au sein de l'agitation turbulente, des éléments structurels d'organisation. L'expérience de Brown & Roshko [23] en 1974 a mis en évidence, dans une couche de mélange plane turbulente ($Re = 10^6$), l'existence de structures organisées à grandes échelles, bidimensionnelles et d'axes perpendiculaires à la direction de l'écoulement, et ayant une échelle temporelle beaucoup plus longue que celle caractérisant la turbulence de fond. Ces structures, dites *cohérentes* [4], avaient été auparavant mises en évidence dans les écoulements pariétaux [97, 36]. Leurs caractéristiques (forme, taille, temps de vie, énergie, *etc.*) varient d'un écoulement à un autre, mais leur persistance spatio-temporelle, même en situation de turbulence pleinement développée à grand nombre de Reynolds, est aujourd'hui largement reconnue et leur procure un caractère déterministe et prédictible. Les structures cohérentes peuvent avoir un impact important sur l'écoulement [16] et être à l'origine d'effets indésirables tels que la génération

---

4. On tentera de donner une définition des structures cohérentes au chapitre 2.

de bruit, la fatigue thermique du matériau ou des problèmes de résonance [101]. Leur prise en compte dans les modèles de turbulence doit permettre d'obtenir des prédictions plus fiables.

1.4.2 Modélisation instationnaire

Dans un cadre industriel, la possession d'informations concernant les instationnarités des grandeurs globales est cruciale dans de nombreux domaines : prédiction et contrôle du bruit ou du frottement en aéronautique ou dans le transport terrestre [10, 86, 100], problème de résonance dû à l'injection pariétale en aérospatiale [101], fatigue du matériau due aux pics de température, *etc.* Comme on l'a déjà mentionné, la DNS et la LES permettent d'obtenir ce type d'informations en résolvant explicitement les structures cohérentes à grande échelle. Cependant, ces simulations sont très coûteuses en temps CPU de par la présence de parois dans l'écoulement et de leur forte dépendance au nombre de Reynolds, et sont donc difficilement applicables dans des configurations industrielles. Au contraire, un modèle RANS est peu gourmand en temps CPU mais il est incapable de donner une information instationnaire, par essence. En effet, dans la majorité des cas, les écoulements sont statistiquement stationnaires (canal, sillage, jet, couche de de mélange, marche descendante, *etc.*) et le champ résolu correspond à la moyenne temporelle par ergodicité. Ainsi, le champ résolu est indépendant du temps et ne contient aucune information instationnaire.

Depuis les années 1990, une multitude de méthodologies instationnaires et peu coûteuses, en comparaison à la LES, a vu le jour : VLES (*Very Large-Eddy Simulation*) [177], LNS (*Limited Numerical Scales*) [13, 12], DES (*Detached Eddy Simulation*) [77, 11, 103], URANS (*Unsteady Reynolds-Averaged Navier-Stokes*) [83, 17, 108, 42, 156, 107], SDM (*Semi-Deterministic Model*) [6, 102, 101], SAS (*Scale-Adaptative Simulation*) [134, 135], PANS (*Partially Averaged Navier-Stokes*) [68, 67, 66], PITM (*Partially Integrated Transport Model*) [166, 28], filtre additif RANS/DNS [59, 61], *etc.* Cette liste n'est pas exhaustive et donne un aperçu de l'intense activité de recherche dans le domaine de la modélisation instationnaire. D'autres méthodologies instationnaires sont présentées dans le livre de Sagaut *et al.* [160].

Le point commun à la plupart de ces modèles est de partir d'un modèle RANS et de le modifier sur des bases plus ou moins empiriques pour tenter de résoudre les structures instationnaires à grande échelle. Ainsi, une part de l'énergie est résolue tandis qu'une autre partie est modélisée, similairement à une LES. La question du filtrage et de la décomposition résultante devra être soulevée dans ces types d'approches instationnaires.

Certains de ces modèles sont qualifiés de *modèles hybrides RANS-LES* dans la mesure où certaines zones de l'écoulement sont simulées par un modèle RANS et d'autres zones par un modèle LES. En écoulement de paroi, par exemple, la zone RANS se trouvera typiquement à proximité des parois, alors que la zone LES sera effective dans des zones loin des parois où dominent des structures à grande échelle. On parlera en particulier de *modèle hybride RANS-LES à transition continue* ou *non-zonal*[5] quand les zones RANS et LES ne sont pas définies de façon explicite, signifiant que le passage de l'un à l'autre se fait de façon automatique par le modèle, et que celui-ci est compatible avec les deux limites RANS et DNS. De nombreux auteurs ([181, 15] par exemple) proposent une méthodologie zonale qui consiste à imposer explicitement une frontière RANS-LES. Un modèle adéquat est alors utilisé dans chaque zone. La difficulté d'une telle approche réside dans les conditions aux frontières entre les zones RANS et LES. Au delà des instabilités de calcul aux premiers instants de la simulation, dues à la convergence des statistiques, il est facile d'obtenir les champs moyens à partir de la LES et de les fournir à la zone RANS. Il est beaucoup plus complexe de construire un champ turbulent chaotique à partir du modèle RANS, pour ensuite le fournir à la zone LES. On pourra se référer à la thèse de Sergent [169] pour plus de détails sur le sujet. Cette thèse a préféré se tourner vers les modèles à transition continue pour leur simplicité de mise en œuvre. Une critique justifiée de tels modèles est la suivante : les formalismes RANS et LES sont très différents par leur nature, car l'opérateur RANS correspond à une moyenne d'ensemble alors que l'opérateur LES est un filtrage spatial ; quelle est donc la signification d'un modèle hybride à transition continue ? On tentera d'apporter des éléments de réponse à cette question. Ci-dessous sont présentées succinctement les quelques voies de modélisation instationnaire proposées par divers auteurs.

1.4.2.1 Modèles hybrides

Les modèles présentés ci-dessous sont qualifiés d'*hybrides* dans la mesure où ils sont compatibles avec les deux limites extrêmes RANS et DNS.

- **VLES**. Ce sigle fut sans doute initialement introduit par Childs & Nixon [34], puis repris par Speziale [177]. Ce dernier propose de calculer les tensions de Reynolds classiques par un modèle RANS et de les pondérer par une fonction empirique $f_k \in [0,1]$ dépendant du rapport entre la taille locale de maille Δ_m et l'échelle de Kolmogorov L_η selon

$$R_{ij} = \underbrace{\left[1 - \exp\left(-\zeta \frac{\Delta_m}{L_\eta}\right)\right]^q}_{f_k} R_{ij}^{\text{RANS}} \tag{1.1}$$

où ζ et q sont des constantes. Lorsque la taille de maille est de l'ordre de l'échelle de Kolmogorov, les tensions de Reynolds R_{ij} tendent vers zéro et le modèle tend alors vers une DNS. Si la taille de maille est trop grande, on retrouve le modèle RANS. La VLES peut donc être qualifiée de modèle hybride. La formulation (1.1) montre que f_k est, par définition, le ratio de l'énergie modélisée $\frac{1}{2} R_{ii}$ et de l'énergie totale $\frac{1}{2} R_{ii}^{\text{RANS}}$ donnée par le modèle RANS.

- **LNS**. Cette méthode hybride est directement inspirée de la VLES et diffère de celle-ci dans

---
5. *Seamless model* en anglais.

la forme du coefficient de pondération f_k. Dans la formulation (1.1), la fonction de pondération f_k est maintenant donnée par le ratio de la viscosité de sous-maille ν_{TLES} donnée par un modèle LES, et de la viscosité turbulente ν_{TRANS} donnée par un modèle RANS :

$$f_k = \min\left(1, \frac{\nu_{TLES}}{\nu_{TRANS}}\right) \quad (1.2)$$

- **DES.** La DES consiste à remplacer empiriquement dans les équations RANS la longueur caractéristique de la turbulence L_{RANS} par

$$L_{DES} = \min\left(L_{RANS}, C_{DES}\Delta_m\right) \quad (1.3)$$

où C_{DES} est une constante empirique de l'ordre de l'unité dépendant du modèle de turbulence, et Δ_m une taille caractéristique locale de la maille. Si la taille de maille est trop grande pour capturer des structures, on a $L_{DES} = L_{RANS}$ et la DES fonctionne alors exactement comme le modèle RANS. C'est ce qui se passe en proche paroi. Loin de la paroi, on a $L_{DES} = C_{DES}\Delta_m$, et le modèle devient un modèle de sous-maille : la DES fonctionne alors comme une LES. La DES est un modèle hybride simple à mettre en œuvre et elle a montré qu'elle est capable de capturer les structures instationnaires à grande échelle [77, 103, 11].

- **PANS.** Cette méthodologie est basée sur un modèle RANS dans lequel la constante C_{ε_2} de l'équation de la dissipation est, suivant certaines hypothèses, modifiée selon

$$C_{\varepsilon_2}^* = C_{\varepsilon_1} + f_k(C_{\varepsilon_2} - C_{\varepsilon_1}) \quad (1.4)$$

où f_k est le ratio de l'énergie modélisée par l'énergie totale. Ce paramètre intervient également dans les méthodologies VLES et LNS. Par définition, on a $f_k \in [0,1]$ et la relation (1.4) montre que $C_{\varepsilon_2}^* \leqslant C_{\varepsilon_2}$. En contrôlant la valeur de f_k, l'utilisateur peut diminuer l'intensité turbulente en augmentant la dissipation, et permettre ainsi aux structures cohérentes de se développer. Ce modèle est hybride : la limite DNS correspond à $f_k = 0$ et la limite RANS à $f_k = 1$. Cependant, le filtrage et la décomposition résultante ne sont pas définis de façon explicite, tout comme en VLES, LNS ou DES. Ce modèle sera présenté plus en détails au chapitre 6.

- **PITM.** L'approche PITM s'inspire des modèles RANS multi-échelles [161, 162, 163, 29] et aboutit à une forme similaire au modèle PANS. La vision spectrale de la turbulence, utilisée dans le modèle PITM, permet de prendre en compte la variation de la position de la coupure dans le spectre d'énergie pour être compatible avec les deux limites extrêmes RANS et DNS. C'est un des rares modèles hybrides connus à ce jour où le filtrage est explicite, permettant de séparer de façon claire les échelles résolues des échelles modélisées par l'utilisation d'un filtre à coupure spectrale. Ce modèle sera présenté plus en détails au chapitre 6.

• **Filtre additif RANS/DNS.** Germano [59] et Germano & Sagaut [61] proposent d'introduire un filtre additif $\mathcal{F}_0$, linéaire et préservant les constantes, selon

$$\mathcal{F}_0 = a\mathcal{I} + (1-a)\mathcal{E} \qquad (1.5)$$

où $\mathcal{I}$ est l'opérateur identité et $\mathcal{E}$ la moyenne d'ensemble. Pour $a = 0$, le filtre $\mathcal{F}_0$ est égal à la moyenne d'ensemble et l'on retrouve la limite RANS. Pour $a = 1$, le filtrage ne modifie pas les équations instantanées : on atteint donc la limite DNS. Les valeurs intermédiaires de a permettent d'effectuer une LES plus ou moins bien résolue. Les équations de Navier-Stokes filtrées par $\mathcal{F}_0$ sont déduites : elles font apparaître les tensions de Reynolds classiques calculables par un modèle RANS et un terme supplémentaire dépendant des fluctuations à grande échelle (résolues) du champ de vitesse filtrée. Cette approche est encore formelle dans le sens où aucun test numérique n'a été réalisé. Un lien remarquable existe avec les modèles VLES, LNS, PANS et PITM. En effet, le coefficient a est lié au paramètre f_k par

$$a = \sqrt{1-f_k} \qquad (1.6)$$

On voit donc que le ratio de l'énergie modélisée par l'énergie totale est un paramètre important pilotant toutes ces approches hybrides, à l'exception de la DES.

1.4.2.2 Autres approches

Les modèles présentés ci-dessous ne sont pas qualifiés d'*hybrides* dans la mesure où ils ne sont pas compatibles avec la limite DNS.

• **URANS.** La méthodologie URANS, également appelée T-RANS (*Time-dependent RANS* ou aussi *Transient RANS*) par certains auteurs [73, 90], consiste simplement à résoudre les équations RANS avec une prise en compte du terme instationnaire $\partial/\partial t$ et sans modification de la valeur des constantes empiriques. Or dans un écoulement statistiquement stationnaire, le terme $\partial/\partial t$ est nul. Au fur et à mesure d'une simulation avec une marche en temps, il doit tendre vers zéro de telle sorte que la solution URANS et RANS soient identiques. Des tests ont montré de façon surprenante que les simulations URANS sont capables de capturer des structures cohérentes à grande échelle dans divers types d'écoulement, avec le bon ordre de grandeur du nombre de Strouhal : sillage [82, 83, 17, 143, 27, 54], marche descendante [108, 42], jets co-axiaux compressibles [156], injection de fluide par paroi poreuse [101]. De façon générale, la solution URANS moyennée dans le temps est plus réaliste que la solution RANS, par exemple dans la prédiction des longueurs moyennes de recollement dans les écoulements décollés, et donne les fréquences caractéristiques à un coût faible comparé à la LES [82, 83]. De ce fait, cette méthodologie s'est répandue dans le monde industriel. En réalité, la décomposition utilisée ne peut plus être celle proposée par Reynolds, mais sera considérée comme un filtre (cf. chapitre 5). L'URANS n'est pas un modèle hybride à proprement parler car elle n'est pas compatible avec la limite DNS.

- **SDM.** Ce modèle, également dénommé OES (*Organized Eddy Simulation*) [79], ressemble de près à l'URANS sauf que la valeur des constantes du modèle RANS sont modifiées. Par exemple, la constante C_μ intervenant dans la définition de la viscosité turbulente vaut 0.09 classiquement dans un modèle RANS, et est diminuée à 0.02 [102] ou 0.06 [6] dans le modèle SDM sur l'écoulement de marche descendante. On diminue ainsi la viscosité turbulente pour permettre aux structures cohérentes de se développer. Ha Minh & Kourta [102] justifient cette diminution de C_μ : la valeur classique est calibrée par mesure expérimentale de k/u_τ^2 dans la zone logarithmique, qui est une zone en équilibre spectral. Dans un écoulement hors-équilibre où existent des structures cohérentes, cette valeur peut être remise en cause. Récemment, la mesure expérimentale de C_μ sur un profil NACA à $Re = 10^5$ par l'utilisation d'une moyenne de phase a montré que ce coefficient est quasiment constant, de l'ordre de 0.02 [79]. Cette valeur permet en fait de prendre en compte, dans les modèles EVM linéaires, le déphasage entre le tenseur d'anisotropie et de déformation.

- **SAS.** La méthodologie SAS est basée sur un modèle EVM avec des équations de transport sur l'énergie et l'échelle de longueur. On ajoute un terme source dans l'équation concernant l'échelle de longueur. Ce terme additionnel est fonction du rapport entre l'échelle intégrale et celle de Von Kármán $\mathcal{K}S/U''$ où $S = \sqrt{2S_{ij}S_{ij}}$ et $U'' = ||\nabla^2 \mathbf{U}||$. L'idée est d'adapter les échelles du modèle en fonction de la courbure du profil de vitesse, de manière à promouvoir la génération de structures instationnaires dans les zones à profil de vitesse inflexionnel. Ce modèle a donné de bons résultats dans une cavité acoustique et une chambre de combustion [134].

1.4.3 Quel choix de modélisation instationnaire ?

Les modèles instationnaires à plus faible coût que la LES sont nombreux. Des choix sont à faire dans le cadre de cette thèse. Les méthodologies VLES, LNS et DES n'ont pas de fondements théoriques, et la zone grise de transition entre le modèle RANS et LES reste floue. A l'heure actuelle, la modélisation SDM manque de généralité dans le choix de la valeur de C_μ, et semble ne pas s'appliquer avec des modèles RSM où ce coefficient C_μ n'intervient pas. Cette thèse s'est tournée, dans un premier temps, vers la modélisation URANS pour plusieurs raisons. D'abord, celle-ci a été largement testée, à partir des années 1990, dans divers types d'écoulement : sillage, jet, couche de mélange, marche descendante. Elle a donné de nombreux succès dans la prédiction des fréquences caractéristiques et des quantités moyennes, et est largement utilisé aujourd'hui dans l'industrie aéronautique ou automobile. Par ailleurs, sa simplicité de mise en œuvre à partir d'un code RANS pré-existant est également un point fort. Au-delà des résultats pratiques obtenus, cette méthodologie reste cependant entourée d'un certain flou. Quelle est la décomposition URANS entre le champ résolu et modélisé ? Quelle est la validité d'un modèle RANS appliqué dans la méthodologie URANS ? Cette thèse tentera d'apporter des éléments de réponse. On verra que les résultats obtenus avec l'URANS ne sont pas satisfaisants, ce qui amènera à l'étude du modèle PITM.

1.5 Objectifs de l'étude

1.5.1 Démarche générale

Cette thèse, effectuée au sein du *Laboratoire d'Études Aérodynamiques* de Poitiers, s'inscrit dans le cadre de la compréhension et de la prédiction de la dynamique des écoulements présentant des instationnarités naturelles, dues à des mécanismes intrinsèques à l'écoulement. L'objectif de ce travail est d'améliorer la prédiction de la structure des écoulements instationnaires à partir de méthodes avancées à plus faible coût qu'une LES classique, telles que modélisation URANS et hybride RANS-LES. La question du niveau de modélisation a été soulevée par la thèse de Carpy [25]. Celle-ci a montré, dans le cas d'un écoulement statistiquement périodique tel que le jet pulsé, que les modèles classiques RSM sont capables de capturer les structures instationnaires à grande échelle, sans modification particulière des constantes. Les modèles linéaires EVM, beaucoup trop diffusifs, donnent une dynamique complètement fausse. Par ailleurs, La prise en compte des effets de paroi dans les modèles RSM, sans lois de paroi ou fonctions d'amortissement, sera un objectif primordial de cette thèse, tout en gardant à l'esprit que le modèle résultant devra être simple, robuste, peu coûteux en temps CPU et facilement applicable à des géométries complexes, critères indispensables pour une utilisation industrielle.

1.5.2 Organisation du manuscrit

Le manuscrit fait l'objet de sept chapitres, en comptant le présent chapitre d'introduction.

Le chapitre 2 présente la physique complexe de proche paroi et les effets induits par la paroi sur la turbulence à prendre en compte dans un modèle bas-Reynolds.

Le chapitre 3 s'intéresse à la modélisation des effets de paroi par relaxation elliptique. Il est bien connu que le modèle original de Durbin [47, 48] est instable numériquement. La nécessité d'aboutir à un modèle RSM bas-Reynolds, simple et robuste, a conduit à étudier le modèle à pondération elliptique EB-RSM, proposé initialement par Manceau & Hanjalić [131] puis modifié par Manceau [128].

Le chapitre 4 présente *Code_Saturne* [4] et les schémas numériques utilisés. Ce code a été développé par *Électricité de France* et mis à disposition du *Laboratoire d'Études Aérodynamiques* dans le cadre d'un partenariat [6]. Le modèle EB-RSM, implémenté dans *Code_Saturne*, est validé en écoulement de canal pour une large gamme de nombre de Reynolds.

---

6. *Code_Saturne* vient récemment de passer en *open source*.

Le chapitre 5 présente le formalisme de l'URANS ainsi que les définitions possibles du filtre URANS. Les résultats du modèle EB-RSM, appliqué à la marche descendante dans le cadre de la méthodologie URANS, sont analysés. Dans le cadre de la modélisation instationnaire, cet écoulement académique présente plusieurs mécanismes physiques complexes et pose de nombreux problèmes de modélisation. Malgré ce que l'on pensait depuis l'article de Lasher & Taulbee [108], on montrera que l'URANS n'est pas adapté à ce type d'écoulement. Une explication détaillée des comportements observés sera donnée.

La nécessité de développer de nouveaux modèles instationnaires mène au chapitre 6 à se tourner vers les modèles hybrides RANS-LES. Parmi ceux-ci, le modèle PITM, proposé par Schiestel & Dejoan [166] avec un modèle EVM, puis Chaouat & Schiestel [28] avec un modèle RSM, est un des rares modèles hybrides où la coupure est clairement définie. Une question importante est soulevée : quelle est la signification d'un modèle hybride à transition continue dans un écoulement inhomogène lorsqu'on s'approche de la paroi et que l'on passe du modèle LES au modèle RANS ? Pour concilier les formalismes RANS et LES, certains auteurs [153, 38, 39] ont proposé la TLES (*Temporal Large Eddy Simulation*) qui consiste à utiliser un filtrage temporel au lieu d'un filtrage spatial classiquement effectué dans le formalisme de la LES. Selon la largeur du filtre temporel, les deux limites RANS et DNS sont formellement vérifiées. Un travail théorique est mené dans le cadre de la TLES pour aboutir au modèle T-PITM (*Temporal Partially Integrated Transport Model*) qui donne un cadre théorique cohérent aux modèles hybrides RANS-LES à transition continue en écoulement inhomogène, tels que les écoulements de paroi. Enfin, un modèle hybride à pondération elliptique, alliant le modèle bas-Reynolds EB-RSM à la méthodologie PITM, est développé. Il pose de nombreuses questions au niveau de la modélisation, questions auxquelles on tentera de répondre. Les résultats en écoulement de canal à $Re_\tau = 395$ seront présentés.

Le chapitre 7 clôt ces travaux de thèse par une conclusion générale et les perspectives possibles.

Chapitre 2

Physique de proche paroi

Les écoulements réels font généralement intervenir des parois. Il est donc nécessaire de bien comprendre les effets induits par la paroi sur la turbulence, pour pouvoir les modéliser correctement. Ce chapitre s'intéresse à la phénoménologie de proche paroi, et présente les effets de paroi qui peuvent être de nature très différente. La dernière section présente les lois dites « universelles » de la turbulence, permettant d'aboutir aux lois de paroi qui sont utilisées dans les simulations haut-Reynolds. On verra également leurs limitations. Dans le présent chapitre, ainsi que les chapitres 3 et 4, on s'intéressera plus particulièrement à l'écoulement de canal plan, d'axe longitudinal **x** et transverse **z**. La direction normale à la paroi est notée **y**. Les composantes de la vitesse sont notées (U, V, W).

2.1 Phénoménologie

Il est aujourd'hui admis que des éléments structurels d'organisation existent au sein de l'agitation turbulente, même à très haut nombre de Reynolds. Il est difficile de donner une définition objective et précise de ces structures, qualifiées de *cohérentes*. Hussain [80] propose par exemple la définition suivante : « une structure cohérente est une masse de fluide turbulent, connexe et à grande échelle, et dont la vorticité évolue en corrélation de phase sur l'ensemble de son étendue spatiale ». Cette définition reste qualitative. En pratique, la mise en évidence de ces structures fait intervenir des moyennes conditionnelles qui font intervenir la subjectivité de l'expérimentateur [5]. Une définition plus objective et quantitative est donnée par Lumley [125] : il assimile la structure cohérente à une combinaison des modes propres les plus énergétiques de la décomposition POD (*Proper Orthogonal Decomposition*).

Pour les écoulements pariétaux, l'expérience [97] et, plus récemment, les simulations numériques

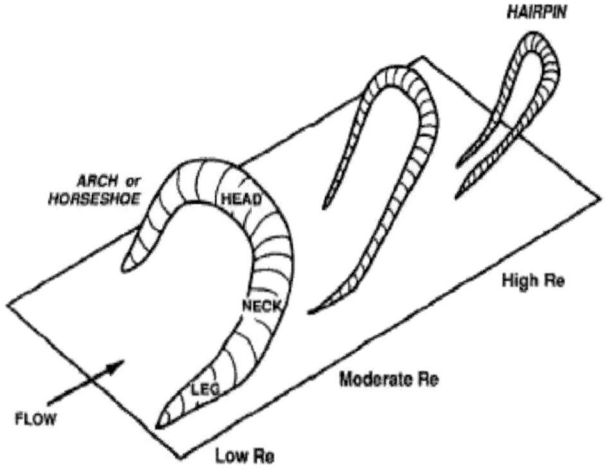

FIGURE 2.1 – Vue schématique des tourbillons en Ω ou en épingle à cheveux [76].

[93, 92, 138, 94] ont montré l'existence de *streaks*[1] dans la région pariétale ($y^+ < 40$), très allongés dans la direction de l'écoulement. La distance entre les *streaks* varie aléatoirement de 80 à 120, en unité pariétale (adimensionnées par ν/u_τ), indépendemment du nombre de Reynolds, et leur longueur peut atteindre 1000 [95, 97]. Les *streaks* correspondent à des zones de basse vitesse, comparée à la vitesse moyenne longitudinale locale, alors que la zone entre les *streaks* sont des zones de haute vitesse. Un *streak* a tendance à s'éloigner lentement de la paroi, mais en un point donné (typiquement $y^+ \approx 10$), il se déstabilise et s'éloigne beaucoup plus rapidement de la paroi ($u < 0$, $v > 0$). Ce phénomène est appelé *éjection*. Aux *streaks* à basse vitesse sont associés des *tourbillons en épingle à cheveux* (*hairpin vortices* en anglais), dont les jambes sont des tourbillons contra-rotatifs disposés de part et d'autre des *streaks*. Ces tourbillons sont d'une extension longitudinale bien moindre que celles des *streaks*, et sont inclinés de 45° par rapport à la paroi [138, 94]. Leur tête, qui relie les deux jambes, est pincée à la base et quasi-circulaire, prenant une forme en Ω (ou en fer à cheval) pour des nombres de Reynolds modérés et ressemblant à des épingles à cheveux pour des nombres de Reynolds plus élevés [76] (cf. fig. (2.1)).

Du fluide s'éloignant de la paroi par le phénomène d'éjection, la conservation de la masse nécessite un écoulement vers la paroi dans une autre région. Corino & Brodkey [36] ont identifié des régions à

---
1. Stries en français. On utilisera par commodité les termes anglo-saxon.

haute vitesse ($u > 0$) où le fluide se dirige vers la paroi ($v < 0$). Cet évènement est dénommé *sweep* (balayage). Il existe une très forte corrélation entre les *sweeps* et les éjections, et l'ensemble des phénomènes décrits ci-dessus (*sweep*, formation des *streaks* et des tourbillons en épingle à cheveux, éjection) forment un processus désigné par le terme *explosion* (*burst* en anglais). Il semble que ce sont les *sweeps* qui provoquent le déclenchement de tout le processus d'explosion. Les phénomènes d'éjection et de *sweep* ont un rôle important dans la production de la turbulence, ce que l'on montre au paragraphe suivant.

2.2 Lien entre structures instantanées et champ moyen

On introduit la décomposition classique de Reynolds des variables instantanées (U_i^*, P^*) en partie moyenne et fluctuante

$$U_i^* = U_i + u_i \qquad (2.1)$$
$$P^* = \mathcal{P} + p \qquad (2.2)$$

où $U_i = \overline{U_i^*}$ et $\mathcal{P} = \overline{P^*}$ sont respectivement les moyennes d'ensemble de la vitesse et de la pression instantanée. Le champ instantané d'un écoulement de fluide newtonien est régi par les équations de Navier-Stokes [2], sans forces volumiques ni rotation d'ensemble

$$\frac{\partial U_i^*}{\partial t} + U_j^* \frac{\partial U_i^*}{\partial x_j} = -\frac{1}{\rho}\frac{\partial P^*}{\partial x_i} + \nu \frac{\partial^2 U_i^*}{\partial x_j \partial x_j} \qquad (2.3)$$

et par l'équation de conservation de la masse (ou équation de continuité), qui s'écrit pour un écoulement incompressible

$$\frac{\partial U_i^*}{\partial x_i} = 0 \qquad (2.4)$$

En appliquant la moyenne d'ensemble aux équations de Navier-Stokes et en introduisant la décomposition de Reynolds, on obtient

$$\frac{\partial U_i}{\partial t} + U_j \frac{\partial U_i}{\partial x_j} = -\frac{1}{\rho}\frac{\partial \mathcal{P}}{\partial x_i} + \nu \frac{\partial^2 U_i}{\partial x_j \partial x_j} - \frac{\partial R_{ij}}{\partial x_j} \qquad (2.5)$$

avec $R_{ij} = \overline{u_i u_j}$ le tenseur de Reynolds [3]. L'équation de continuité devient

$$\frac{\partial U_i}{\partial x_i} = 0 \qquad (2.6)$$

---

[2]. On utilisera la convention de sommation d'Einstein sur les indices répétés, sauf indication contraire.
[3]. De façon plus exacte, le tenseur de Reynolds est $-\rho \overline{u_i u_j}$.

Le champ moyen est également incompressible. Par soustraction des équations du champ instantané et du champ moyenné, on obtient l'équation des fluctuations de vitesse

$$\frac{\partial u_i}{\partial x_i} = 0 \tag{2.7}$$

$$\frac{\partial u_i}{\partial t} + \frac{\partial}{\partial x_k}\left(u_i u_k - \overline{u_i u_k} + U_i u_k + U_k u_i\right) = -\frac{1}{\rho}\frac{\partial p}{\partial x_i} + \nu \frac{\partial^2 u_i}{\partial x_k \partial x_k} \tag{2.8}$$

Les équations de transport des tensions de Reynolds se déduisent de l'équation (2.8)

$$\frac{\partial \overline{u_i u_j}}{\partial t} + \underbrace{U_k \frac{\partial \overline{u_i u_j}}{\partial x_k}}_{C_{ij}} = \underbrace{\nu \frac{\partial^2 \overline{u_i u_j}}{\partial x_k \partial x_k}}_{D^\nu_{ij}} - \underbrace{\frac{\partial \overline{u_i u_j u_k}}{\partial x_k}}_{D^T_{ij}} \underbrace{- \frac{1}{\rho}\overline{u_i \frac{\partial p}{\partial x_j}} - \frac{1}{\rho}\overline{u_j \frac{\partial p}{\partial x_i}}}_{\phi^*_{ij}}$$

$$\underbrace{- \overline{u_i u_k}\frac{\partial U_j}{\partial x_k} - \overline{u_j u_k}\frac{\partial U_i}{\partial x_k}}_{P_{ij}} \underbrace{- 2\nu \overline{\frac{\partial u_i}{\partial x_k}\frac{\partial u_j}{\partial x_k}}}_{\varepsilon_{ij}} \tag{2.9}$$

où C_{ij}, D^ν_{ij}, D^T_{ij}, ϕ^*_{ij}, P_{ij} et ε_{ij} sont appelés respectivement terme de convection, de diffusion moléculaire, de transport turbulent, de corrélation vitesse-gradient de pression (ou plus simplement terme de pression), de production de la turbulence et de dissipation visqueuse. L'équation de l'énergie cinétique fluctuante $k = \frac{1}{2}\overline{u_i u_i}$ s'obtient de l'équation (2.9) par contraction des indices

$$\frac{\partial k}{\partial t} + U_j \frac{\partial k}{\partial x_j} = \underbrace{\nu \frac{\partial^2 k}{\partial x_j \partial x_j}}_{D^\nu} - \underbrace{\frac{1}{2}\frac{\partial \overline{u_i u_i u_j}}{\partial x_j}}_{D^T} - \underbrace{\frac{1}{\rho}\frac{\partial \overline{p u_j}}{\partial x_j}}_{D^P} - \underbrace{\overline{u_i u_j}\frac{\partial U_i}{\partial x_j}}_{P} - \underbrace{\nu \overline{\frac{\partial u_i}{\partial x_j}\frac{\partial u_i}{\partial x_j}}}_{\varepsilon} \tag{2.10}$$

avec $P = \frac{1}{2}P_{ii}$, $\varepsilon = \frac{1}{2}\varepsilon_{ii}$ et $D = D^\nu + D^T + D^P$. Les phénomènes d'éjection et de *sweep* participent tous les deux à la production d'énergie turbulente. Lors d'un *sweep*, du fluide venant de l'extérieur vient impacter la paroi ($v < 0$) et provoque localement une fluctuation de vitesse $u > 0$. Il crée donc de l'énergie turbulente sur la composante $\overline{u^2}$ du tenseur de Reynolds. Il en est de même pour le phénomène d'éjection ($v > 0$) de fluide à basse vitesse ($u < 0$). Dans un écoulement de canal pleinement développé, le seul terme intervenant dans la production turbulente est P_{11}

$$P = \frac{1}{2}P_{11} = -\overline{uv}\frac{\partial U}{\partial y} > 0 \tag{2.11}$$

Puisque le gradient de vitesse moyenne est positif, et que u et v sont de signe contraire pendant un *sweep* ou une éjection, la production turbulente est positive. De plus, les éjections sont responsables d'un fort transport turbulent. En effet, si elles produisent de l'énergie turbulente vers

$y^+ \approx 12$ (maximum de production), le fluide éjecté continue sur son élan à s'éloigner de la paroi, contribuant ainsi au transport turbulent. La déstabilisation du fluide éjecté par les gradients de vitesse instantanée provoque des mouvements chaotiques dont les plus violents peuvent impacter la paroi [36], contribuant ainsi également au transport turbulent en direction de la paroi. Corino & Brodkey [36] définissent ainsi trois zones différentes dans l'écoulement :

- $y^+ < 5$: c'est une zone passive mais absolument pas laminaire car on y trouve des mouvements désordonnés dus à l'influence de la zone au-dessus d'elle ;
- $5 < y^+ < 70$: c'est une zone active, siège du phénomène d'explosion à l'origine de la production turbulente ;
- $70 < y^+$: cette zone contient de nombreux tourbillons originaires de la zone active, dont la taille croît au fur et à mesure qu'ils s'éloignent de la paroi.

On voit donc que les événements qui ont lieu près de la paroi sont riches et complexes, et les structures cohérentes qui leur sont associées jouent un rôle déterminant : ils sont à l'origine de la production de la turbulence et influence une grande partie de l'écoulement par transport turbulent.

2.3 Effets induits par la paroi

Le but de cette section est de recenser les effets les plus importants induits par la paroi sur les grandeurs moyennes. On classera ceux-ci en deux catégories qui correspondent à des phénomènes physiques de nature différente : les effets visqueux et les effets inviscides.

2.3.1 Effets visqueux

2.3.1.1 Cisaillement moyen

La condition d'adhérence à la paroi fait apparaître un fort gradient de vitesse moyenne qui est à l'origine de la production de la turbulence. L'écoulement est fortement inhomogène dans la direction normale à la paroi, faisant apparaître des phénomènes de transport. Dans les modèles RSM, dans lesquels on résout les équations de transport du tenseur de Reynolds, le terme de production P_{ij} est exact et ne nécessite aucune modélisation.

2.3.1.2 Amortissement visqueux

La condition d'adhérence des vitesses fluctuantes entraîne une chute de la turbulence à l'approche de la paroi où l'énergie cinétique turbulente est dissipée en chaleur. Ainsi [4], $u = \mathcal{O}(y)$ et $w = \mathcal{O}(y)$.

---

[4]. La notation $f = \mathcal{O}(g)$ signifie que f est équivalent à g au voisinage de 0, c'est-à-dire $\lim_{y \to 0} f/g = 1$.

Il en résulte l'apparition d'inhomogénéités, qui génèrent des phénomènes de transport turbulent. Dans une couche limite, l'effet de la viscosité se fait sentir progressivement dans des zones de plus en plus éloignées de la paroi, par l'intermédiaire de la diffusion moléculaire.

2.3.1.3 Effet bas-Reynolds

Lorsque le nombre de Reynolds turbulent $Re_T = k^2/\nu\varepsilon$ est suffisamment élevé, les gros tourbillons, qui sont les plus énergétiques, et les petits, qui sont le siège de la dissipation, correspondent à des échelles séparées de plusieurs ordres de grandeur. Cette séparation d'échelle permet de considérer que les grosses structures ne sont pas influencées par la viscosité moléculaire et que les structures dissipatives sont isotropes [99]. Lorsque le nombre de Reynolds turbulent décroît, les échelles des tourbillons énergétiques et dissipatifs commencent à se recouvrir mutuellement : la viscosité se fait sentir sur les grosses structures et les petites structures, influencées par les grandes, ne sont plus isotropes.

2.3.2 Effets inviscides

2.3.2.1 Echo de paroi

En prenant la divergence de l'équation (2.8) des fluctuations de vitesse pour un fluide incompressible, on montre que la pression fluctuante obéit à une équation de Poisson

$$\frac{1}{\rho}\nabla^2 p = -2\frac{\partial U_i}{\partial x_j}\frac{\partial u_j}{\partial x_i} - \frac{\partial^2}{\partial x_i \partial x_j}(u_i u_j - \overline{u_i u_j}) \tag{2.12}$$

La pression fluctuante peut être décomposée en trois contributions [150]

$$p = p^{(r)} + p^{(s)} + p^{(h)} \tag{2.13}$$

La pression $p^{(r)}$ est définie par

$$\begin{cases} \dfrac{1}{\rho}\nabla^2 p^{(r)} &= -2\dfrac{\partial U_i}{\partial x_j}\dfrac{\partial u_j}{\partial x_i} \\ \left(\dfrac{\partial p^{(r)}}{\partial y}\right)_{y=0} &= 0 \end{cases} \tag{2.14}$$

et elle est appelée *pression rapide* car elle répond instantanément à une variation du gradient du champ moyen. A l'inverse, la partie *lente* $p^{(s)}$ dépend uniquement des fluctuations de vitesse

$$\begin{cases} \dfrac{1}{\rho}\nabla^2 p^{(s)} &= -\dfrac{\partial^2}{\partial x_i \partial x_j}(u_i u_j - \overline{u_i u_j}) \\ \left(\dfrac{\partial p^{(s)}}{\partial y}\right)_{y=0} &= 0 \end{cases} \qquad (2.15)$$

La contribution harmonique $p^{(h)}$ vérifie l'équation de Laplace et porte la condition aux limites inhomogène sur la pression fluctuante

$$\begin{cases} \nabla^2 p^{(h)} &= 0 \\ \left(\dfrac{\partial p^{(h)}}{\partial y}\right)_{y=0} &= \mu \left(\dfrac{\partial^2 v}{\partial y^2}\right)_{y=0} \end{cases} \qquad (2.16)$$

La condition aux limites associée à (2.16) découle d'une étude asymptotique [150] de l'équation (2.8). Les données DNS de Mansour et al. [133] révèlent que la pression harmonique [5] est négligeable dans le bilan des tensions de Reynolds, ce qui permet de supposer une condition de réflexion totale à la paroi sur la pression fluctuante

$$\left(\dfrac{\partial p}{\partial y}\right)_{y=0} = 0 \qquad (2.17)$$

On considère un écoulement dans un domaine Ω borné par une plaque plane infinie située en $y=0$. La solution de l'équation de Poisson (2.12) s'écrit [132]

$$p(\mathbf{x}) = -\int_\Omega \nabla^2 p(\mathbf{x}')\Big(\dfrac{1}{4\pi||\mathbf{x}'-\mathbf{x}||} + \dfrac{1}{4\pi||\mathbf{x}'^*-\mathbf{x}||}\Big)\,\mathrm{d}\mathbf{x}' \qquad (2.18)$$

où $\mathbf{x}'^*$ représente l'image de $\mathbf{x}'$ par symétrie par rapport à la paroi. La condition de réflexion totale (2.17) permet d'éliminer une intégrale de surface qui devrait apparaître dans (2.18). On peut faire deux remarques. D'abord, la pression en un point du domaine dépend de la vitesse sur l'ensemble du domaine : elle est dite non-locale. Puis, tout se passe comme si la pression était influencée par la turbulence dans le domaine et par son image par symétrie par rapport à la paroi, d'où l'appellation *écho de paroi*, par analogie avec l'acoustique. Le fluide étant incompressible, l'écho est instantanée. La corrélation pression-déformation ϕ_{ij} se déduit de l'équation (2.18)

$$\rho\phi_{ij}(\mathbf{x}) = 2\overline{ps_{ij}} = -\int_\Omega 2\overline{s_{ij}(\mathbf{x})\nabla^2 p(\mathbf{x}')}\Big(\dfrac{1}{4\pi||\mathbf{x}'-\mathbf{x}||} + \dfrac{1}{4\pi||\mathbf{x}'^*-\mathbf{x}||}\Big)\,\mathrm{d}\mathbf{x}' \qquad (2.19)$$

où s_{ij} est le taux de déformation fluctuant

$$s_{ij} = \dfrac{1}{2}\left(\dfrac{\partial u_i}{\partial x_j} + \dfrac{\partial u_j}{\partial x_i}\right) \qquad (2.20)$$

---

5. La pression harmonique est dénommée *pression de Stokes* dans Mansour et al. [133].

Le terme ϕ_{ij} se décompose naturellement en une partie rapide et lente, découlant de la définition (2.13), et il est non-local et est sujet à l'écho de paroi. La non-localité de la pression fait que la présence de la paroi est ressentie partout dans l'écoulement, même si cette dernière est éloignée. Pour $y^+ > 5$ en écoulement de canal, les données DNS [140] montrent que $\phi_{11} < 0$, $\phi_{22} > 0$ et $\phi_{33} > 0$: la corrélation pression-déformation redistribue l'énergie de la composante riche ($\overline{u^2}$) vers les pauvres ($\overline{v^2}$ et $\overline{w^2}$), ayant ainsi tendance à rétablir l'isotropie de la turbulence. Cependant, en très proche paroi ($y^+ < 5$), on remarque que $\phi_{11} > 0$, $\phi_{22} < 0$ et $\phi_{33} > 0$: la composante pauvre $\overline{v^2}$ redonne de l'énergie vers la composante riche $\overline{u^2}$ et atténue ainsi le retour à l'isotropie. Launder et al. [112] expliquent ce phénomène par l'écho de paroi. Manceau et al. [132] montrent que cette conclusion est erronée car l'écho de paroi ne peut qu'amplifier la fluctuation de pression et la corrélation pression-déformation. La cause de ce phénomène est l'effet de blocage de la paroi sur la composante normale des tensions de Reynolds. Cet effet est présenté au paragraphe suivant.

2.3.2.2 Effet de blocage

La condition d'imperméabilité de la paroi impose la condition aux limites $v = 0$. Les fluctuations normales à la paroi sont donc bloquées par celle-ci. L'équation de continuité impose $\partial v/\partial y = 0$. Ainsi, $v = \mathcal{O}(y^2)$ alors que la viscosité impose $u = \mathcal{O}(y)$ et $w = \mathcal{O}(y)$: la valeur rms [6] de v subit un amortissement bien plus fort que celui de u et w, et la turbulence atteint près de la paroi un état limite à deux composantes. En très proche paroi ($y^+ < 5$), $\overline{v^2}$ alimente $\overline{u^2}$ et $\overline{w^2}$, ce qui a tendance à atténuer le retour à l'isotropie. Ceci est un effet de la pression. Pour bien le comprendre, on peut imaginer un instant que le fluide est compressible. Une fluctuation de vitesse en direction de la paroi crée une augmentation de la pression (compression du fluide près de la paroi). Le fluide se détend ensuite et distribue l'énergie de $\overline{v^2}$ dans toutes les directions. C'est ensuite l'amortissement visqueux qui intervient pour réduire $\overline{u^2}$ et $\overline{w^2}$. Lorsque la compressibilité tend vers zéro, l'effet de blocage devient instantané, alors que l'amortissement visqueux ne l'est pas. Dans les simulations, l'effet de blocage est reproduit si l'on impose explicitement la condition d'incompressibilité sur les vitesses fluctuantes, ce qui n'est pas possible pour un calcul RANS. On verra comment la relaxation elliptique impose cet effet par l'intermédiaire du terme de pression dans l'équation des tensions de Reynolds.

2.3.3 Conséquences pour la modélisation

Les effets induits par la paroi ont une influence sur la turbulence sur des échelles de longueur très différentes, selon leur nature (effets visqueux ou inviscides). Les effets visqueux se manifestent dans une région très proche de la paroi, d'une taille proportionnelle à la sous-couche visqueuse, tandis que les effets non-visqueux se font sentir jusque dans la zone logarithmique [71]. On pourra se reporter

---

6. La valeur rms (*root-mean square*) d'une variable aléatoire ϕ est définie par $\phi_{rms} = \sqrt{\overline{(\phi - \overline{\phi})^2}}$

au paragraphe 2.5 pour une définition précise de ces zones. L'approche bas-Reynolds qui cherche à reproduire l'impact de la paroi sur l'écoulement grâce à des fonctions d'amortissement dépendant uniquement de Re_T est insuffisante. Il est nécessaire d'introduire également une information sur la présence de la paroi pour prendre en compte les effets inviscides induits par la géométrie. Une dépendance directe avec la distance à la paroi doit être évitée car difficile à appliquer sur des géométries complexes. On verra que les méthodes à relaxation elliptique ont l'avantage de ne pas faire explicitement intervenir la distance à la paroi.

2.4 Conditions aux limites et étude asymptotique

A la paroi, la viscosité et la condition d'imperméabilité imposent :

$$\begin{cases} U_i = 0 & \forall i \\ \overline{u_i u_j} = 0 & \forall i, \forall j \\ k = 0 \end{cases} \quad (2.21)$$

Une étude asymptotique de l'équation (2.10) de l'énergie cinétique fluctuante montre que les termes dominants en proche paroi sont la dissipation et la diffusion visqueuse [126]

$$\varepsilon = \nu \frac{\partial^2 k}{\partial y^2} + \mathcal{O}(y) \quad (2.22)$$

A la paroi, on a donc

$$(\varepsilon)_{y=0} = \nu \left(\frac{\partial^2 k}{\partial y^2} \right)_{y=0} \quad (2.23)$$

Numériquement, il est difficile d'imposer cette condition qui fait intervenir une dérivée seconde, pouvant poser des problèmes d'instabilité. Asymptotiquement, l'équation (2.23) est équivalente à

$$(\varepsilon)_{y=0} = 2\nu \lim_{y \to 0} \frac{k}{y^2} \quad (2.24)$$

Une étude asymptotique de l'équation des tensions de Reynolds [126], pour un canal plan, montre que

$$\phi_{ij}^* = \varepsilon_{ij} - D_{ij}^\nu + \mathcal{O}(y^n) \quad (2.25)$$

avec $n \geqslant 3$ quelle que soit la valeur des indices i et j. Le tableau (2.1) donne le comportement asymptotique des différents termes de l'équation des tensions de Reynolds. Tout modèle de turbulence, pour être valable en proche paroi, se doit de respecter l'équilibre (2.25). Sinon, il n'est pas possible d'obtenir les bons comportements asymptotiques des différentes tensions de Reynolds et de prédire correctement la limite à deux composantes de la turbulence en proche paroi.

	D_{ij}^T	ϕ_{ij}^*	P_{ij}	$\varepsilon_{ij} - D_{ij}^\nu$	ε_{ij}	D_{ij}^ν
$\overline{u^2}$	$\mathcal{O}(y^3)$	$\mathcal{O}(y)$	$\mathcal{O}(y^3)$	$\mathcal{O}(y)$	$\mathcal{O}(1)$	$\mathcal{O}(1)$
$\overline{v^2}$	$\mathcal{O}(y^5)$	$\mathcal{O}(y^2)$	0	$\mathcal{O}(y^2)$	$\mathcal{O}(y^2)$	$\mathcal{O}(y^2)$
$\overline{w^2}$	$\mathcal{O}(y^3)$	$\mathcal{O}(y)$	0	$\mathcal{O}(y)$	$\mathcal{O}(1)$	$\mathcal{O}(1)$
$\overline{uv}$	$\mathcal{O}(y^4)$	$\mathcal{O}(y)$	$\mathcal{O}(y^4)$	$\mathcal{O}(y)$	$\mathcal{O}(y)$	$\mathcal{O}(y)$

TABLE 2.1 – Comportement asymptotique des différents termes de l'équation des tensions de Reynolds en écoulement de canal.

2.5 Lois universelles

Dans le cas d'un écoulement le long d'une plaque plane, bidimensionnelle en moyenne, et à un nombre de Reynolds suffisamment grand, on peut montrer que les différentes grandeurs moyennes de l'écoulement suivent un comportement universel, c'est-à-dire indépendant du nombre de Reynolds. Les résultats qui suivent sont exposés en détail dans Pope [150]. On retrace ici les grandes lignes pour un écoulement de canal pleinement turbulent, de demi-hauteur h_0. L'intégration analytique des équations de Navier-Stokes moyennées, possible dans ce cas, montre que la contrainte totale τ_{tot}, somme de la contrainte visqueuse $\tau_\nu = \mu \frac{\partial U}{\partial y}$ et de la contrainte de cisaillement turbulente $\tau_t = -\rho\overline{uv}$, varie linéairement en fonction de la distance y à la paroi [150]

$$\tau_{tot}(y) = \mu \frac{\partial U}{\partial y} - \rho\overline{uv} = \tau_p \left(1 - \frac{y}{h_0}\right) \quad (2.26)$$

avec $\tau_p = (\tau_{tot})_{y=0} = \mu(\partial U/\partial y)_{y=0}$ la contrainte de cisaillement pariétale. On définit la vitesse de frottement u_τ selon

$$\tau_p = \rho u_\tau^2 \quad (2.27)$$

L'écoulement de canal turbulent est entièrement déterminé par la variable y et trois paramètres : ν, h_0 et u_τ. Deux paramètres indépendants et sans dimension peuvent être construits : $\eta = y/h_0$ et $y^+ = yu_\tau/\nu$. L'idée qui se cache derrière ce choix est que y^+ est l'échelle appropriée dans la zone interne ($\eta \ll 1$), alors que η est l'échelle correcte dans la zone externe ($y^+ \gg 1$). Une analyse dimensionnelle simple montre que le gradient de la vitesse moyenne peut s'écrire

$$\frac{dU}{dy} = \frac{u_\tau}{y} F_0\left(y^+, \eta\right) \quad (2.28)$$

où F_0 est une fonction à déterminer. Il serait plus naturel de déterminer la forme de la vitesse moyenne. Cependant, la quantité importante, au niveau dynamique, est le gradient de vitesse moyenne. Celui-ci détermine, en effet, la production et la contrainte visqueuse. En zone interne ($\eta \ll 1$), on peut supposer que la fonction F_0 ne dépend plus de η et le gradient de vitesse s'écrit

avec
$$\frac{dU}{dy} = \frac{u_\tau}{y} F(y^+) \tag{2.29}$$

$$F(y^+) = \lim_{\eta \to 0} F_0\left(y^+, \eta\right) \tag{2.30}$$

On pose $U^+ = U/u_\tau$. L'équation (2.29) donne

$$\frac{dU^+}{dy^+} = \frac{1}{y^+} F(y^+) \tag{2.31}$$

d'où finalement, par intégration

$$U^+ = f_w(y^+) = \int_0^{y^+} \frac{1}{y'} F(y') dy' \tag{2.32}$$

Puisque la demi-hauteur du canal n'intervient pas, la fonction f_w est universelle, c'est-à-dire indépendante du nombre de Reynolds, non seulement en écoulement de canal, mais aussi en écoulement de conduite ou dans une couche limite pleinement turbulente. On va maintenant déterminer la forme de f_w pour les faibles et grandes valeurs de y^+.

2.5.1 Sous-couche visqueuse

Par définition de U^+, y^+ et u_τ, on peut écrire

$$\tau_\nu = \tau_p f'_w(y^+) \Longrightarrow f'_w(0) = 1 \tag{2.33}$$

La fonction f_w ne dépendant que de la variable y^+, sa dérivée f'_w est définie sans ambiguïté. La condition d'adhérence à la paroi impose $f_w(0) = 0$. Ainsi, pour de faibles valeurs de y^+, le développement limité de $f_w(y^+)$ donne

$$U^+ = y^+ + \mathcal{O}(y^{+2}) \tag{2.34}$$

En réalité, une étude plus précise montre que le prochain terme non-nul est d'ordre y^{+4} [150]. Ainsi, en très proche paroi, U^+ est une fonction linéaire de y^+. Cette zone s'appelle la *sous-couche visqueuse* et elle est dominée par la contrainte visqueuse. La figure (2.2) montre le profil de U^+ issu d'une simulation DNS à $Re_\tau = 395$ et $Re_\tau = 590$ [140], où $Re_\tau = h_0 u_\tau/\nu$. La valeur communément admise pour la zone linéaire est $y^+ < 5$.

2.5.2 Zone logarithmique

La zone logarithmique est définie par le recouvrement des zones où $y^+ \gg 1$ et $\eta \ll 1$. Dans l'équation (2.28), $F_0(y^+, \eta)$ ne dépend ni de y^+ ni de η et vaut une constante notée $\mathcal{K}^{-1}$. L'équation (2.28) s'écrit alors

$$\frac{dU^+}{dy^+} = \frac{1}{\mathcal{K}y^+} \qquad (2.35)$$

Après intégration, on obtient une loi logarithmique

$$U^+ = \frac{1}{\mathcal{K}} \ln y^+ + B_{log} \qquad (2.36)$$

avec $\mathcal{K}$ la constante de Von Kármán et B_{log} une autre constante, déterminées par l'expérience et/ou la DNS. Cette zone, dominée par la contrainte de cisaillement turbulente, est appelée *zone logarithmique* ou plus simplement *zone log*. Elle correspond à $y^+ > 30$ d'après la DNS [140] (cf. fig. (2.2)) et à $y/h < 0.3$ approximativement [150]. On peut également montrer que, dans cette zone, on a les relations suivantes :

$$\begin{aligned} -\overline{uv} &= u_\tau^2 \\ k &= u_\tau^2 C_\mu^{-1/2} \\ \varepsilon &= P \\ P &= \frac{u_\tau^3}{\mathcal{K}y} \end{aligned} \qquad (2.37)$$

avec $C_\mu = 0.09$, déterminé par l'expérience. Ces relations peuvent être très utiles pour calibrer des modèles de turbulence.

2.5.3 Zone tampon

On appelle *zone tampon* la zone intermédiaire entre la sous-couche visqueuse, dominée par la contrainte visqueuse, et la zone logarithmique, dominée par la contrainte turbulente. Elle correspond à la zone $5 < y^+ < 30$. Il n'existe pas de théorie générale donnant la forme du profil de vitesse moyenne dans cette zone. Cependant, dans le cadre d'une hypothèse de longueur de mélange, Van Driest [186] donne une solution élégante. La contrainte de cisaillement s'écrit dans ce cas

$$\tau_t = \rho\nu_T \frac{\partial U}{\partial y} = \rho l_m^2 \left(\frac{\partial U}{\partial y}\right)^2 \qquad (2.38)$$

On pose $l_m^+ = l_m u_\tau / \nu$. Après adimensionnalisation, la contrainte totale s'écrit

$$\frac{\tau_{tot}}{\tau_p} = 1 - \frac{y^+}{Re_\tau} = \frac{\partial U^+}{\partial y^+} + \left(l_m^+ \frac{\partial U^+}{\partial y^+}\right)^2 \qquad (2.39)$$

C'est une équation du second degré en $\partial U^+/\partial y^+$ dont la résolution donne $\partial U^+/\partial y^+$, puis U^+ après intégration. Dans la limite des grands nombres de Reynolds ($y^+ \ll Re_\tau$), on a $\tau_{tot} \approx \tau_p$ et

$$U^+ = \int_0^{y^+} \frac{2}{1 + \sqrt{1 + 4l_m^{+2}}} \, dy' \qquad (2.40)$$

Il faut estimer la longueur de mélange l_m^+ dans la zone tampon. En zone logarithmique, elle est donnée par $l_m^+ = \mathcal{K}y^+$ [150]. Van Driest [186] choisit d'utiliser cette relation mais en utilisant une fonction d'amortissement f_a pour que la longueur de mélange diminue lorsqu'on s'approche de la paroi. Il propose de façon empirique

$$l_m^+ = \mathcal{K}y^+ \underbrace{\left(1 - e^{-y^+/A^+}\right)}_{f_a} \qquad (2.41)$$

où $A^+ = 26$. La fonction f_a est appelée *fonction d'amortissement de Van Driest*. Les constantes A^+ et B_{log} de la loi logarithmique ne sont pas indépendantes. La valeur $A^+ = 26$ correspond à $B_{log} = 5.3$ [150]. L'intégration numérique de l'équation (2.40) avec l'utilisation de la loi (2.41) permet de déduire la forme du profil de vitesse dans la zone tampon. La figure (2.2) montre un accord remarquable avec la DNS.

2.5.4 Validité du comportement universel

Le comportement de la vitesse moyenne et de la turbulence dans les différentes zones d'un canal est qualifié d'universel dans la mesure où il ne dépend pas du nombre de Reynolds. Ces lois sont également valables dans un écoulement de conduite ou une couche limite turbulente. Ainsi, dans les simulations qualifiées de *haut-Reynolds*, on peut utiliser la technique des fonctions de paroi, qui consiste à appliquer, en un point à l'intérieur de la zone logarithmique, des conditions aux limites dérivées des lois (2.36) et (2.37). Cette technique a l'avantage d'éviter un maillage très raffiné en paroi. Cependant, le comportement universel n'est valable que sous certaines hypothèses : grand nombre de Reynolds, écoulement bidimensionnel en moyenne, paroi plane et écoulement parallèle à la paroi. Pour des écoulements fortement tridimensionnels et décollés comme la marche descendante ou les jets impactants, les lois universelles ne s'appliquent plus. Tennekes & Lumley [183] montrent qu'en présence d'un gradient de pression, favorable ou adverse, les lois obtenues précédemment ne sont que des approximations au premier ordre par rapport au gradient de pression. Par exemple, les paramètres $\mathcal{K}$ et B_{log} de la loi logarithmique sont alors dépendants du nombre de Reynolds.

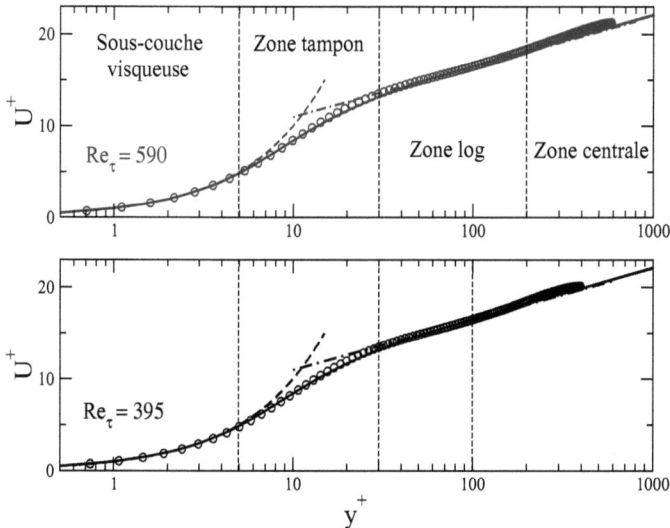

FIGURE 2.2 – Profil de vitesse moyenne U^+ en fonction de y^+, pour $Re_\tau = 395$ et $Re_\tau = 590$. ○ DNS [140]; – – – loi linéaire (2.34); – · – · loi logarithmique (2.36) avec $\mathcal{K} = 0.41$ et $B_{log} = 5.3$; —— loi de Van Driest (2.40).

Il existe d'autres types d'écoulements pour lesquels les lois « universelles » ne sont plus valables : aspiration ou soufflage à la paroi, rotation d'ensemble, forces de flottabilité. La raison principale est qu'il n'y a plus unicité des échelles de longueur et de vitesse : ν/u_τ et u_τ dans la zone de proche paroi; h_0 et u_τ dans la zone centrale. Pour les écoulements décollés, de nouvelles lois de paroi ont été proposées. Breuer et al. [22] proposent par exemple de construire une nouvelle vitesse de frottement à partir de τ_p et du gradient de pression longitudinal. Ces lois manquent toutefois d'universalité car elles s'appliquent à un type d'écoulement donné.

2.6 Conclusions du chapitre

La phénoménologie de proche paroi, en régime turbulent, a montré une grande richesse et complexité des phénomènes physiques. Leurs conséquences, comme la production ou le transport turbulent par exemple, apparaissent très importantes au niveau moyen. Les effets de paroi sur la turbulence, qu'ils soient visqueux ou inviscides, ainsi que les comportements asymptotiques qu'ils induisent, doivent être correctement pris en compte dans un modèle bas-Reynolds. Un effet crucial à reproduire est l'effet de blocage de la paroi sur la composante normale des tensions de Reynolds. Cet effet, non-local et instantané, est due à l'incompressibilité du champ fluctuant, et il est à l'origine de l'atténuation du retour à l'isotropie. Les modèles bas-Reynolds classiques sont souvent basés sur les mêmes hypothèses que les modèles haut-Reynolds, telles que localité du terme de pression et quasi-homogénéité de la vitesse, hypothèses non valables au voisinage de la paroi [126, 132]. Il est nécessaire de développer de nouvelles approches pour prendre en compte les effets de paroi, tout en restant simple, le plus général possible et abordable dans un cadre industriel.

Chapitre 3

Modélisation des effets de paroi par pondération elliptique

Tout calcul RANS nécessite un modèle de fermeture pour les tensions de Reynolds. Dans le cadre des modèles RSM, l'équation de transport (2.9) est résolue pour chaque composante du tenseur de Reynolds. Dans cette équation, le terme de production P_{ij} est exact, contrairement aux modèles à viscosité turbulente, ainsi que le terme de diffusion visqueuse D_{ij}^{ν}. Seules trois termes sont à modéliser : le terme de pression ϕ_{ij}^*, de dissipation ε_{ij} et de diffusion turbulente D_{ij}^T. Dans le cas du canal, les modèles RANS classiques ont des difficultés à reproduire correctement le comportement asymptotique de $\overline{v^2}$ en y^4 (**y** est la direction normale à la paroi, la paroi étant elle-même située en $y = 0$). Le résultat est une surestimation de $\overline{v^2}$ dans la sous-couche visqueuse et la zone tampon, et conjointement une sous-estimation du pic de $\overline{u^2}$. La raison d'un tel comportement est que les modèles bas-Reynolds classiques découlent en général des modèles haut-Reynolds, basés sur des hypothèses de localité du terme de pression et de quasi-homogénéité de la vitesse, non-valides en proche paroi [126, 132]. Ils nécessitent l'introduction de termes correctifs pour prendre en compte les effets de paroi tels que fonction d'amortissement et termes d'écho de paroi [126]. Ces termes sont empiriques, non-universels, et peuvent avoir une grande influence sur le type de solution obtenue, comme par exemple une relaminarisation non physique [158]. Durbin [47, 48] propose une nouvelle approche pour prendre en compte l'effet de blocage de la paroi dans les modèles RANS : la relaxation elliptique. Elle permet d'éviter l'utilisation de fonctions d'amortissement. Ce chapitre présente cette théorie et les hypothèses utilisées. Le modèle initial étant trop complexe et instable pour être utilisé dans l'industrie, des modèles simplifiés et plus robustes sont proposés.

3.1 La relaxation elliptique

3.1.1 Terme de pression

Classiquement, on décompose le terme de pression ϕ_{ij}^* en deux contributions

$$\phi_{ij}^* = \underbrace{\frac{1}{\rho}\overline{p\left(\frac{\partial u_i}{\partial x_j} + \frac{\partial u_j}{\partial x_i}\right)}}_{\phi_{ij}} - \underbrace{\frac{1}{\rho}\frac{\partial}{\partial x_k}(\overline{pu_i}\delta_{jk} + \overline{pu_j}\delta_{ik})}_{D_{ij}^p} \tag{3.1}$$

La première contribution ϕ_{ij} est de trace nulle en écoulement incompressible. Elle n'intervient donc pas dans le bilan de l'énergie cinétique turbulente : c'est un terme de redistribution d'énergie entre les composantes du tenseur de Reynolds. L'origine physique du terme D_{ij}^p est la moyenne de la puissance des forces de pression fluctuante dans le mouvement fluctuant. Ce terme apparaît sous la forme d'une divergence : il ne correspond pas à une création d'énergie, mais plutôt à un transport d'énergie entre différentes régions. C'est pourquoi il est abusivement appelé terme de *diffusion par la pression*. La décomposition (3.1) permet d'introduire deux termes de signification physique simple pour mieux comprendre le rôle de ϕ_{ij}^*. Cependant cette décomposition n'est pas unique comme l'a noté Lumley [124], qui propose la décomposition suivante

$$\phi_{ij}^* = \underbrace{-\frac{1}{\rho}\left(\overline{u_i\frac{\partial p}{\partial x_j}} + \overline{u_j\frac{\partial p}{\partial x_i}}\right) + \frac{2}{3\rho}\frac{\partial}{\partial x_k}\overline{u_k p}\delta_{ij}}_{dev(\phi_{ij}^*)} - \underbrace{\frac{2}{3\rho}\frac{\partial}{\partial x_k}\overline{u_k p}\delta_{ij}}_{D_{ij}^{p'}} \tag{3.2}$$

avec $dev(\phi_{ij}^*)$ la partie déviatrice de ϕ_{ij}^* définie par

$$dev(\phi_{ij}^*) = \phi_{ij}^* - \frac{1}{3}\phi_{kk}^*\delta_{ij} \tag{3.3}$$

Par définition, $dev(\phi_{ij}^*)$ est de trace nulle : c'est un terme redistributif comme ϕ_{ij} précédemment. Et $D_{ij}^{p'}$ est un terme de diffusion par la pression. La non-unicité d'une telle décomposition en partie redistributive et diffusive, ainsi que divers arguments plaident également en défaveur de la décomposition (3.1) ou (3.2). Speziale [175] note que les termes ainsi introduits ne sont pas indépendants de la rotation du repère dans la limite de la turbulence à deux composantes. De plus, la décomposition (3.1) introduit des comportements asymptotiques difficiles à reproduire. Par exemple, dans l'équation de $\overline{v^2}$, les développements asymptotiques de ϕ_{22} et D_{22}^p s'écrivent [126]

$$\phi_{22} = A(x,z,t)y + B(x,z,t)y^2 + \mathcal{O}(y^3) \tag{3.4}$$
$$D_{22}^p = -A(x,z,t)y + C(x,z,t)y^2 + \mathcal{O}(y^3) \tag{3.5}$$

On voit que chacun de ces termes se comporte en y au voisinage de la paroi, alors que leur somme se comporte en y^2. La décomposition (3.2) fait apparaître le même type de problème. Il est donc préférable de modéliser ϕ_{ij}^* sans introduire de décomposition, même si la signification physique de ce terme est moins claire que celle des deux termes de sa décomposition. Loin des parois, la *diffusion par la pression* est en général négligeable, et ϕ_{ij}^* représente essentiellement la redistribution d'énergie entre composantes. Près des parois, ϕ_{ij}^* doit équilibrer la différence entre la dissipation et la diffusion moléculaire (équation (2.25)). On modélise donc directement le terme ϕ_{ij}^* défini par

$$\rho\phi_{ij}^* = -\overline{u_i\frac{\partial p}{\partial x_j}} - \overline{u_j\frac{\partial p}{\partial x_i}} \tag{3.6}$$

On a vu que la pression fluctuante obéit à une équation de Poisson (équation (2.12)). On en déduit que le gradient de pression obéit également à une équation de Poisson

$$\nabla^2 \frac{\partial p}{\partial x_k} = \rho\frac{\partial}{\partial x_k}\left(-2\frac{\partial U_i}{\partial x_j}\frac{\partial u_j}{\partial x_i} - \frac{\partial^2}{\partial x_i \partial x_j}(u_i u_j - \overline{u_i u_j})\right) \tag{3.7}$$

On a vu que l'on peut supposer à la paroi une condition de réflexion totale sur la fluctuation de pression (équation (2.17)). On étend ce résultat au gradient de pression fluctuante. On suppose, à la paroi, une condition de Neumann homogène sur le gradient de pression fluctuante

$$\left(\frac{\partial}{\partial y}\frac{\partial p}{\partial x_k}\right)_{y=0} = 0 \tag{3.8}$$

On peut ainsi négliger les intégrales de surface dans la solution de $\partial p/\partial x_k$ qui s'écrit, en utilisant le formalisme de Green [52, 132]

$$\frac{\partial p}{\partial x_k}(\mathbf{x}) = \int_\Omega \nabla^2 \frac{\partial p}{\partial x_k}(\mathbf{x}')G_\Omega(\mathbf{x},\mathbf{x}')\,\mathrm{d}\mathbf{x}' \tag{3.9}$$

où G_Ω est une fonction de Green associée à l'opérateur ∇^2 dans le domaine Ω. L'équation intégrale de ϕ_{ij}^* s'en déduit

$$\rho\phi_{ij}^*(\mathbf{x}) = \int_\Omega \Psi_{ij}(\mathbf{x},\mathbf{x}')G_\Omega(\mathbf{x},\mathbf{x}')\,\mathrm{d}\mathbf{x}' \tag{3.10}$$

avec

$$\Psi_{ij}(\mathbf{x},\mathbf{x}') = -\overline{u_i(\mathbf{x})\nabla^2\frac{\partial p}{\partial x_j}(\mathbf{x}')} - \overline{u_j(\mathbf{x})\nabla^2\frac{\partial p}{\partial x_i}(\mathbf{x}')} \tag{3.11}$$

Cette équation fait intervenir des corrélations en deux points. Dans le cadre des modèles de fermeture en un point de la turbulence, comme les modèles RANS, on doit modéliser $\Psi_{ij}(\mathbf{x},\mathbf{x}')$ en fonction de $\Psi_{ij}(\mathbf{x}',\mathbf{x}')$. La relation linéaire la plus générale liant la corrélation en deux points $\Psi_{ij}(\mathbf{x},\mathbf{x}')$ à la corrélation en un point $\Psi_{ij}(\mathbf{x}',\mathbf{x}')$ est

$$\Psi_{ij}(\mathbf{x},\mathbf{x}') = \Psi_{kl}(\mathbf{x}',\mathbf{x}')f_{ijkl}(\mathbf{x},\mathbf{x}') \qquad (3.12)$$

Le tenseur f_{ijkl} d'ordre quatre contient 81 coefficients dont la modélisation serait trop complexe, sinon impossible. On se contente d'un tenseur d'ordre zéro c'est-à-dire un scalaire $f(\mathbf{x},\mathbf{x}')$ tel que

$$\Psi_{ij}(\mathbf{x},\mathbf{x}') = \Psi_{ij}(\mathbf{x}',\mathbf{x}')f(\mathbf{x},\mathbf{x}') \qquad (3.13)$$

ce qui implique que l'effet non-local de la pression soit le même pour toutes les composantes ϕ_{ij}^*. En utilisant des résultats de DNS en écoulement de canal à $Re_\tau = 590$ [140], Manceau et al.[132] ont montré que les fonctions de corrélations sont similaires en ce qui concerne leurs formes et leurs évolutions au travers du canal, mais que l'échelle de corrélation dépend de la composante. On ne peut pas résoudre ce problème de façon simple, en définissant par exemple une longueur de corrélation pour chaque composante, car le modèle ne serait plus invariant par changement de repère. On pourra se reporter à Manceau [126] et Manceau et al. [132] pour une discussion approfondie sur le sujet. Durbin [47] propose de prendre simplement

$$f(\mathbf{x},\mathbf{x}') = e^{-r/L_p} \qquad (3.14)$$

où $r = ||\mathbf{x} - \mathbf{x}'||$ et L_p est une longueur de corrélation des effets de pression. La fonction de corrélation f, modélisée par (3.14), est isotrope. En réalité, elle est asymétrique dans la direction normale à la paroi et jusque dans la région logarithmique. Une conséquence de cette erreur de modélisation est l'amplification de ϕ_{ij}^* dans la zone logarithmique qui peut être corrigée en modifiant le modèle pour prendre en compte l'anisotropie de la fonction de corrélation [126, 132, 129, 130] . Si l'on suppose que $\Omega = \mathbb{R} \times \mathbb{R}^+ \times \mathbb{R}$ (domaine semi-infini limité par une paroi en $y = 0$), alors une fonction de Green associée à l'opérateur ∇^2 dans ce domaine vaut [52, 132]

$$G_\Omega(\mathbf{x},\mathbf{x}') = -\frac{1}{4\pi r} - \frac{1}{4\pi r^*} \qquad (3.15)$$

où $r^* = ||\mathbf{x} - \mathbf{x}'^*||$, $\mathbf{x}'^*$ étant le symétrique de $\mathbf{x}'$ par rapport à la paroi. Ainsi, l'équation intégrale (3.10) de ϕ_{ij}^* s'écrit

$$\rho\phi_{ij}^*(\mathbf{x}) = -\int_\Omega \Psi_{ij}(\mathbf{x}',\mathbf{x}') \underbrace{\left(\frac{e^{-r/L_p}}{4\pi r} + \frac{e^{-r/L_p}}{4\pi r^*}\right)}_{\mathcal{M}_\Omega} \mathrm{d}\mathbf{x}' \qquad (3.16)$$

On montre que la fonction de Green de l'espace Ω associée à l'opérateur $\nabla^2 - 1/L_p^2$ vaut [132]

32

$$\mathcal{G}_\Omega(\mathbf{x},\mathbf{x}') = -\frac{e^{-r/L_p}}{4\pi r} - \frac{e^{-r^*/L_p}}{4\pi r^*} \qquad (3.17)$$

Si le point courant $\mathbf{x}'$ est loin de la paroi, alors on a $r \ll r^*$, signifiant que le terme d'écho est négligeable dans les relations (3.16) et (3.17), et finalement $\mathcal{M}_\Omega \simeq \mathcal{G}_\Omega$. Si le point courant $\mathbf{x}'$ est en proche paroi, alors on a $r \simeq r^*$, montrant que les termes d'echo dans (3.16) et (3.17) sont quasiment égaux et que $\mathcal{M}_\Omega \simeq \mathcal{G}_\Omega$. Ansi, on peut supposer $\mathcal{M}_\Omega \simeq \mathcal{G}_\Omega$ quelle que soit la position du point courant $\mathbf{x}'$ dans le domaine. En supposant que L_p est constant dans tout le domaine, le produit de convolution (3.16) peut être inversé, montrant que ϕ_{ij}^* est solution de

$$\nabla^2 \phi_{ij}^*(\mathbf{x}) - \frac{1}{L_p^2}\phi_{ij}^*(\mathbf{x}) = \frac{1}{\rho}\Psi_{ij}(\mathbf{x},\mathbf{x}) \qquad (3.18)$$

En écoulement homogène, le terme en laplacien disparaît. Ainsi, le membre de droite de l'équation (3.18), qui est inconnu, peut être modélisé par n'importe quel modèle quasi-homogène ϕ_{ij}^h, valable loin des parois, tel que

$$\phi_{ij}^* - L_p^2 \nabla^2 \phi_{ij}^* = \phi_{ij}^h \qquad (3.19)$$

Les modèles pour ϕ_{ij}^h sont nombreux : modèle Rotta+IP [157, 141], modèle SSG de Speziale *et al.* [179], modèle QI de Launder *et al.* [112], modèle JM de Jones & Musonge [87], *etc.* L'équation différentielle (3.19) est connue sous le nom d'*équation de relaxation elliptique*. En pratique, la longueur de corrélation n'est pas constante et le passage de l'équation globale (3.16) à l'équation locale (3.18) n'est pas exact. Les conséquences de cette erreur d'inversion sont difficiles à évaluer. Cependant, on voit intuitivement que la variation de L_p et l'asymétrie de la fonction de corrélation f sont liées. Il est possible de travailler dans un espace transformé dans lequel L_p est constant, ce qui permet d'aboutir à de nouvelles formes de l'équation de relaxation elliptique [126, 132].

En conclusion, le terme de pression est solution d'une équation différentielle linéaire et elliptique, qui permet de prendre en compte l'effet non-local de la pression. Les conditions aux limites, présentées en détail à la section (3.1.3), vont permettre d'imposer un comportement correct de ϕ_{ij}^* à la paroi et le caractère elliptique de l'équation (3.19) permet de « raccorder » la zone de proche paroi à la zone lointaine, où le modèle ϕ_{ij}^h est valable.

3.1.2 Terme de dissipation

Les modèles classiques font intervenir une fonction de pondération qui permet de basculer de ε_{ij}^w, le tenseur de dissipation en proche paroi et fortement anisotrope, à ε_{ij}^h, le tenseur de dissipation loin des parois. Ces fonctions dépendent en général du nombre de Reynolds turbulent [74, 151, 171, 89, 104] ou du paramètre d'aplatissement de Lumley [116], et n'ont pas de caractère universel. C'est pourquoi Durbin [48] propose de résoudre également une équation elliptique pour modéliser ε_{ij}, du type

$$(\varepsilon_{ij} - \varepsilon_{ij}^w) - L_p^2 \nabla^2 (\varepsilon_{ij} - \varepsilon_{ij}^w) = \varepsilon_{ij}^h - \varepsilon_{ij}^w \qquad (3.20)$$

avec la condition aux limites $\left(\varepsilon_{ij} - \varepsilon_{ij}^w\right)_{y=0} = 0$. Il n'y a là aucun fondement théorique, tout comme l'utilisation des fonctions de pondération dans les modèles classiques. Loin des parois, on peut supposer une forme isotrope de la dissipation

$$\varepsilon_{ij}^h = \frac{2}{3} \varepsilon \delta_{ij} \qquad (3.21)$$

En ce qui concerne ε_{ij}^w, la première proposition est due à Rotta [157]

$$\varepsilon_{ij}^w = \frac{\overline{u_i u_j}}{k} \varepsilon \qquad (3.22)$$

Le comportement asymptotique à la paroi du tenseur de dissipation ε_{ij} est donné par Launder & Reynolds [113] :

$$\frac{\varepsilon_{11}}{\varepsilon} \frac{k}{\overline{u^2}} = 1 \,; \quad \frac{\varepsilon_{22}}{\varepsilon} \frac{k}{\overline{v^2}} = 4 \,; \quad \frac{\varepsilon_{33}}{\varepsilon} \frac{k}{\overline{w^2}} = 1 \,; \quad \frac{\varepsilon_{12}}{\varepsilon} \frac{k}{\overline{uv}} = 2 \qquad (3.23)$$

Le modèle de Rotta donne un comportement asymptotique erroné pour les composantes ε_{22} et ε_{12}. Par exemple, pour corriger ces défauts, Launder & Reynolds [113] proposent la forme suivante

$$\varepsilon_{ij}^w = F_\varepsilon \frac{\varepsilon}{k} \left(\overline{u_i u_j} + \overline{u_i u_k} n_j n_k + \overline{u_j u_k} n_i n_k + \overline{u_k u_l} n_k n_l \delta_{ij} \right) \qquad (3.24)$$

où

$$F_\varepsilon = \left(1 + \frac{5}{2} n_l n_m \frac{\overline{u_l u_m}}{k} \right)^{-1} \qquad (3.25)$$

La fonction F_ε est introduite de telle sorte que ε_{ij}^w se contracte bien en 2ε, et il tend vers 1 quand on s'approche de la paroi. Par simplicité, on utilisera le modèle de Rotta [157] tout au long de ce manuscrit. Dans l'équation des tensions de Reynolds intervient le terme $\phi_{ij}^* - \varepsilon_{ij}$. Par linéarité de l'équation de relaxation elliptique, il suffit donc de résoudre une seule équation de relaxation elliptique pour $F_{ij} = \phi_{ij}^* - (\varepsilon_{ij} - \varepsilon_{ij}^w)$

$$F_{ij} - L_p^2 \nabla^2 F_{ij} = \phi_{ij}^h - \varepsilon_{ij}^h + \varepsilon_{ij}^w \qquad (3.26)$$

avec les conditions aux limites $(F_{ij})_{y=0} = 0$.

3.1.3 Conditions aux limites

3.1.3.1 Bilan asymptotique de $\overline{v^2}$

Une propriété importante de la turbulence à reproduire par un modèle est la limite à deux composantes de la turbulence en proche paroi. Il est donc nécessaire de respecter l'équilibre du bilan de $\overline{v^2}$ en zone de proche paroi (équation (2.25)). Cet équilibre s'écrit à l'ordre dominant

$$\phi_{22}^* + D_{22}^\nu - \varepsilon_{22} = 0 \tag{3.27}$$

soit en utilisant F_{ij} et le modèle de Rotta [157] pour ε_{ij}^w

$$F_{22} = \frac{\varepsilon}{k}\overline{v^2} - \nu\frac{\partial^2 \overline{v^2}}{\partial y^2} = \mathcal{O}(y^2) \tag{3.28}$$

La section précédente montre que le modèle de Rotta donne un comportement asymptotique erroné pour la composante ε_{22}. Cependant, pour obtenir le bon comportement de $\overline{v^2}$, l'essentiel est de respecter l'équilibre (3.28), même si ε_{22}^w n'est pas correctement modélisé. La condition $(F_{22})_{y=0} = 0$ n'est pas suffisante. On introduit le tenseur f_{ij} défini par

$$f_{ij} = \frac{F_{ij}}{k} \tag{3.29}$$

tel que $f_{22} = \mathcal{O}(1)$ en proche paroi. Une étude asymptotique montre que [126]

$$(f_{22})_{y=0} = -\frac{20\nu^2}{\varepsilon}\lim_{y \to 0}\frac{\overline{v^2}}{y^4} \tag{3.30}$$

La condition aux limites (3.30) permet d'assurer l'équilibre (3.28) et donc d'obtenir le bon comportement de $\overline{v^2}$ à la paroi. Désormais, on résout une équation elliptique non pas pour F_{ij} mais pour f_{ij}

$$f_{ij} - L_p^2 \nabla^2 f_{ij} = \frac{1}{k}\left(\phi_{ij}^h - \varepsilon_{ij}^h + \varepsilon_{ij}^w\right) \tag{3.31}$$

C'est l'équation (3.31) qui sera résolue conjointement aux équations de transport des tensions de Reynolds, dans lesquelles $\phi_{ij}^* - \varepsilon_{ij}$ sera modélisée par $kf_{ij} - \varepsilon_{ij}^w$. Les conditions aux limites sur les f_{ij} sont précisées à la section suivante. On ne peut pas, *a priori*, passer de l'équation (3.26) à l'équation (3.31) par linéarité de l'équation de relaxation elliptique, car k varie dans le domaine. Une justification théorique est cependant donnée par Manceau [126] si l'on choisit la fonction de corrélation f selon

$$f(\mathbf{x}, \mathbf{x}') = \frac{k(\mathbf{x})}{k(\mathbf{x}')}e^{-r/L_p} \tag{3.32}$$

3.1.3.2 Comportement asymptotique des tensions de Reynolds

L'équilibre en proche paroi (équation (2.25)) s'écrit avec les notations nouvellement introduite

$$k f_{ij} = \varepsilon_{ij}^w - D_{ij}^\nu \qquad (3.33)$$

soit avec le modèle de Rotta pour ε_{ij}^w

$$\nu \frac{\partial^2 \overline{u_i u_j}}{\partial y^2} - \frac{\overline{u_i u_j}}{k}\varepsilon = -k f_{ij} \qquad (3.34)$$

En utilisant $\varepsilon/k = 2\nu/y^2$ (condition (2.24)) et en se limitant au premier terme des développements asymptotiques, l'équation (3.34) s'écrit

$$\nu \frac{\partial^2 \overline{u_i u_j}}{\partial y^2} - \overline{u_i u_j}\frac{2\nu}{y^2} = -\frac{\varepsilon y^2}{2\nu} f_{ij} \qquad (3.35)$$

En notant que ε et f_{ij} sont d'ordre 1 dans la zone de proche paroi, la solution de cette équation différentielle est

$$\overline{u_i u_j} = B y^2 + \frac{A}{y} - \frac{\varepsilon}{20\nu^2} y^4 f_{ij} \qquad (3.36)$$

où B et A sont deux constantes d'intégration qui dépendent des indices i et j. La condition d'adhérence à la paroi impose $A = 0$ pour tout i et j, et la solution s'écrit

$$\overline{u_i u_j} = B y^2 - \frac{\varepsilon}{20\nu^2} y^4 f_{ij} \qquad (3.37)$$

La condition aux limites sur les f_{ij} fixera le bon comportement asymptotique des tensions de Reynolds. Il convient ici de distinguer les différentes tensions de Reynolds.

• **Composante** $\overline{v^2}$: il faut imposer $B = 0$ pour avoir le bon comportement asymptotique de $\overline{v^2}$ en y^4. On en déduit

$$(f_{22})_{y=0} = -\frac{20\nu^2}{\varepsilon} \lim_{y \to 0} \frac{\overline{v^2}}{y^4} \qquad (3.38)$$

On retrouve bien la condition aux limites (3.30).

• **Composantes** $\overline{u^2}$ **et** $\overline{w^2}$: on veut un comportement en y^2 ; l'équation (3.37) montre que cette condition est vérifiée quelle que soit la valeur de B ($B \neq 0$), $(f_{11})_{y=0}$ ou $(f_{33})_{y=0}$. Par commodité, on prendra

$$(f_{11})_{y=0} = (f_{33})_{y=0} = 0 \tag{3.39}$$

- **Composante** $\overline{uv}$: on veut un comportement en y^3. Or il n'y a pas de terme d'ordre y^3 dans l'équation (3.37). Si on impose $\overline{uv} = Cy^3$ dans (3.35), on arrive à

$$(f_{12})_{y=0} = -\frac{8\nu^2}{\varepsilon} \frac{\overline{uv}}{y^4} = \mathcal{O}(y^{-1}) \tag{3.40}$$

Ce type de condition sur f_{12} peut entraîner des instabilités numériques, en raison des grandes valeurs que peut prendre $(f_{12})_{y=0}$. C'est pourquoi on préfère utiliser la condition aux limites qui annule B, d'où l'on déduit

$$(f_{12})_{y=0} = -\frac{20\nu^2}{\varepsilon} \lim_{y \to 0} \frac{\overline{uv}}{y^4} \tag{3.41}$$

Ainsi, on sous estime $\overline{uv}$ (comportement en y^4 au lieu de y^3). Ce défaut est relativement mineur : dans un canal par exemple, $\overline{uv}$ extrait de l'énergie de l'écoulement moyen pour alimenter la composante $\overline{u^2}$, à travers le terme de production P_{11}. Or son trop fort amortissement est sensible uniquement dans la sous-couche visqueuse, où la production est négligeable. Il est donc préférable de sous-estimer $\overline{uv}$ dans cette région.

- **Composante** $\overline{uw}$: en canal, ce terme est nul, mais il se comporte de façon générale en y^2. On impose $(f_{13})_{y=0} = 0$ comme pour $(f_{11})_{y=0}$ et $(f_{33})_{y=0}$.

- **Composante** $\overline{vw}$: de la même manière que $\overline{uv}$, $\overline{vw}$ se comporte en y^3. Il n'y a donc pas de condition aux limites de Dirichlet appropriée, et pareillement à $\overline{uv}$, on sous-estime $\overline{vw}$ en appliquant la condition suivante

$$(f_{23})_{y=0} = -\frac{20\nu^2}{\varepsilon} \lim_{y \to 0} \frac{\overline{vw}}{y^4} \tag{3.42}$$

3.1.3.3 Récapitulatif des conditions aux limites sur f_{ij}

La condition aux limites sur f_{22} est exacte, et celle sur f_{11}, f_{33} et f_{13} est arbitraire. La condition sur f_{12} et f_{23} tend à sous-estimer $\overline{uv}$ et $\overline{vw}$.

$$\begin{cases} (f_{11})_{y=0} = 0 \\ (f_{22})_{y=0} = -\dfrac{20\nu^2}{\varepsilon} \lim_{y\to 0} \dfrac{\overline{v^2}}{y^4} \\ (f_{33})_{y=0} = 0 \\ (f_{12})_{y=0} = -\dfrac{20\nu^2}{\varepsilon} \lim_{y\to 0} \dfrac{\overline{uv}}{y^4} \\ (f_{13})_{y=0} = 0 \\ (f_{23})_{y=0} = -\dfrac{20\nu^2}{\varepsilon} \lim_{y\to 0} \dfrac{\overline{vw}}{y^4} \end{cases} \qquad (3.43)$$

3.2 La pondération elliptique

Le modèle de Durbin reste difficile à utiliser dans un cadre industriel. En effet, en plus de la résolution des équations des tensions de Reynolds (six équations) et de la dissipation (une équation), il nécessite la résolution de six équations supplémentaires (équations des f_{ij}) pour prendre en compte les effets de paroi (essentiellement l'effet non-local de blocage de la paroi). De plus, les conditions aux limites sur les f_{ij} en $\overline{u_i u_j}/y^4$ posent des problèmes de stabilité numérique, et nécessitent un couplage des tensions de Reynolds et des f_{ij}, ce qui augmente la complexité de l'implémentation du modèle dans un code. C'est pourquoi Durbin a introduit le modèle à viscosité turbulente $\overline{v^2}$–f [47, 49], qui ne résout plus que quatre équations pour les variables k, ε, $\overline{v^2}$ et f_{22}. La viscosité turbulente est calculée selon

$$\nu_T = C_S \overline{v^2} T_p \qquad (3.44)$$

Cette relation est à comparer avec le modèle (3.54) de Daly & Harlow [40] en écoulement de canal. L'échelle de temps T_p sera explicitée par la suite. L'équation de transport de $\overline{v^2}$ est résolue conjointement à l'équation elliptique portant sur f_{22} pour prendre en compte l'effet de blocage de la paroi. Dans le cas d'un canal, la variable $\overline{v^2}$ représente bien la tension de Reynolds normale à la paroi. Dans un cadre plus général, il ne faut pas voir $\overline{v^2}$ comme une composante tensorielle mais plutôt comme une échelle scalaire permettant de prendre en compte l'effet de blocage de la paroi. Malgré les succès de ce modèle, il hérite des mêmes problèmes que les modèles à viscosité turbulente, et donne de mauvais résultats dans le cas des jets impactants multiples par exemple [185]. La section qui suit présente le modèle à pondération elliptique EB-RSM [131, 128] (*Elliptic Blending Reynolds-Stress Model*) [1]. Ce modèle RSM, basé sur la relaxation elliptique, a l'avantage d'être plus robuste et de ne résoudre qu'une équation supplémentaire pour prendre en compte les effets de paroi.

---

1. Le sigle EBM pour *Elliptic Blending Model* n'a pas été utilisé pour éviter les confusions avec le modèle de combustion *Eddy Breakup Model*.

3.2.1 Terme de pression

Les équations sur les f_{ij} sont quelque part redondantes car l'échelle de longueur ne dépend pas de la composante résolue. L'idée est donc d'introduire un coefficient de pondération $\alpha \in [0;1]$ et un entier positif p tels que [128]

$$\phi_{ij}^* = (1-\alpha^p)\phi_{ij}^w + \alpha^p \phi_{ij}^h \qquad (3.45)$$

Les exposants w et h se rapportent respectivement à la valeur de la variable en zone de proche paroi et à la zone quasi-homogène (loin de la paroi). En supposant que l'écoulement est limité par une seule paroi en $y = 0$, le coefficient de pondération doit vérifier les conditions aux limites suivantes :

$$\lim_{y \to 0} \alpha = 0 \qquad (3.46)$$
$$\lim_{y \to \infty} \alpha = 1 \qquad (3.47)$$

Ainsi, en proche paroi, on a $\phi_{ij}^* = \phi_{ij}^w$ et loin de la paroi $\phi_{ij}^* = \phi_{ij}^h$. Pour prendre en compte l'effet non-local de blocage de la paroi, une équation différentielle elliptique et linéaire est proposée pour α, similaire à l'équation (3.31) portant sur les f_{ij} dans la relaxation elliptique

$$\alpha - L_p^2 \nabla^2 \alpha = 1 \qquad (3.48)$$

Si l'échelle de longueur L_p est prise constante, en première approximation, une solution analytique existe en écoulement de canal

$$\alpha(y) = 1 - e^{-y/L_p} \qquad (3.49)$$

On retrouve bien les conditions aux limites (3.46) et (3.47).

Le choix de ϕ_{ij}^w doit se faire d'une telle manière que la prédiction de $\phi_{ij}^* - \varepsilon_{ij} = k f_{ij} - \varepsilon_{ij}^w$ soit correcte. Pour être consistent avec le modèle de Durbin, ϕ_{ij}^w/k doit tendre vers $(f_{ij})_{y=0}$ (conditions aux limites (3.43)), ce qui mène à :

$$\begin{aligned}
\phi_{11}^w &= \frac{5}{2}\frac{\varepsilon}{k}\overline{v^2}, & \phi_{22}^w &= -5\frac{\varepsilon}{k}\overline{v^2}, & \phi_{33}^w &= \frac{5}{2}\frac{\varepsilon}{k}\overline{v^2}, \\
\phi_{12}^w &= -5\frac{\varepsilon}{k}\overline{uv}, & \phi_{13}^w &= 0, & \phi_{23}^w &= -5\frac{\varepsilon}{k}\overline{vw}
\end{aligned} \qquad (3.50)$$

Plusieurs remarques s'imposent :

- tout comme la limite de f_{22} à la paroi, la valeur de ϕ_{22}^w est exacte et permet de bien prendre en compte l'effet de blocage de la paroi sur la composante importante $\overline{v^2}$;
- comme pour le modèle de Durbin, $\overline{uv}$ et $\overline{vw}$ ont un comportement asymptotique en y^4 au lieu de y^3. Ceci peut être évité en prenant $\phi_{12}^w = -2\dfrac{\varepsilon}{k}\overline{uv}$ et $\phi_{23}^w = -2\dfrac{\varepsilon}{k}\overline{vw}$. Cette voie a été testée par Manceau & Hanjalić [131], mais a donné paradoxalement de plus mauvais résultats en écoulement de canal ($Re_\tau = 590$) ;
- les conditions aux limites sur f_{11}, f_{33} et f_{13} sont arbitraires et ont été prises nulles par simplicité. Le choix de prendre $\phi_{11}^w = \phi_{33}^w$, et tel que la trace de ϕ_{ij}^w soit nulle, a donné de meilleurs résultats que de prendre $\phi_{11}^w = \phi_{33}^w = 0$. Ceci ne signifie pas que c'est uniquement la partie redistributive du terme de pression qui est modélisé. Il faut se rappeler que les conditions aux limites sur les f_{ij} découlent de l'équilibre entre la diffusion visqueuse, la dissipation et le terme de corrélation vitesse-gradient de pression. Ainsi, ϕ_{ij}^w contient bien le terme de diffusion par la pression pour la composante $\overline{v^2}$ mais il est supposé être négligeable ou assimilé de façon classique au modèle de diffusion turbulente, pour les composantes $\overline{u^2}$ et $\overline{w^2}$.

La relation (3.50) donnant ϕ_{ij}^w peut s'écrire de façon plus générale, indépendamment du repère choisi [131]

$$\phi_{ij}^w = -5\dfrac{\varepsilon}{k}\left(\overline{u_i u_k}n_j n_k + \overline{u_j u_k}n_i n_k - \dfrac{1}{2}\overline{u_k u_l}n_k n_l\left(n_i n_j + \delta_{ij}\right)\right) \quad (3.51)$$

où $\mathbf{n}$ est un vecteur unitaire normal à la paroi. Puisque α est nul à la paroi, le gradient de α est un vecteur orthogonal à la paroi. La normale peut donc être calculée par

$$\mathbf{n} = \dfrac{\boldsymbol{\nabla}\alpha}{||\boldsymbol{\nabla}\alpha||} \quad (3.52)$$

Cette relation est bien définie partout à l'intérieur du domaine. La normale ne peut pas être définie si $\boldsymbol{\nabla}\alpha = \mathbf{0}$, mais ceci a lieu certainement suffisamment loin de la paroi où la normale n'a plus d'intérêt. La définition (3.52) a de nombreux avantages :
- elle évite la discontinuité du vecteur normal dans un coin anguleux comme sur la marche descendante ;
- la normale est sensible au rayon de courbure de la paroi, pour une géométrie complexe ;
- il n'est pas utile de déterminer la paroi la plus proche, qui peut d'ailleurs être multiple, comme par exemple quand on se place sur la bissectrice au coin de la marche. La relation (3.52) prend en compte automatiquement toutes les parois présentes dans le domaine, contrairement aux définitions usuelles qui font intervenir la paroi la plus proche.

3.2.2 Modèle complet

Le modèle EB-RSM modélise le terme de pression ϕ_{ij}^*. Il reste d'autres termes à modéliser :
- terme de pression quasi-homogène ϕ_{ij}^h, valable loin des parois ;
- transport turbulent D_{ij}^T ;
- tenseur de dissipation ε_{ij} ;
- échelle de longueur L_p dans l'équation (3.48) de relaxation elliptique ;
- choix de la valeur de l'entier p intervenant dans l'équation de pondération (3.45).

3.2.2.1 Terme de pression quasi-homogène

Le modèle de Rotta [157] est souvent utilisé pour la partie lente du terme de pression. C'est un modèle linéaire de retour à l'isotropie. Pour la partie rapide, on peut utiliser le modèle IP [141] (*Isotropisation de la Production*). On évitera d'utiliser des modèles étendus au bas-Reynolds dans lesquels on a ajouté des fonctions d'amortissement ou des termes non-linéaires *ad hoc*, car ce serait contraire à l'esprit de la relaxation elliptique. Dans ce manuscrit, on utilise le modèle SSG [179], qui s'écrit

$$\begin{aligned}\phi_{ij}^h &= -\left(g_1 + g_1^* \frac{P}{\varepsilon}\right)\varepsilon b_{ij} + \left(g_3 - g_3^*\sqrt{b_{kl}b_{kl}}\right)kS_{ij} \\ &+ g_4 k\left(b_{ik}S_{jk} + b_{jk}S_{ik} - \frac{2}{3}b_{lm}S_{lm}\delta_{ij}\right) + g_5 k\left(b_{ik}\Omega_{jk} + b_{jk}\Omega_{ik}\right)\end{aligned} \quad (3.53)$$

avec b_{ij}, S_{ij} et Ω_{ij} respectivement les tenseurs d'anisotropie, de déformation et de rotation du champ moyen, définis à la section (3.2.3). La valeur des constantes est également donnée à la section (3.2.3). Le modèle SSG original fait intervenir un terme supplémentaire non-linéaire implicite en b_{ij}. Ce terme a été supprimé ici pour des raisons de stabilité numérique.

3.2.2.2 Transport turbulent

On utilise, de façon classique, le modèle à gradient généralisé de Daly & Harlow [40], qui s'écrit

$$D_{ij}^T = \frac{\partial}{\partial x_l}\left(\frac{C_S}{\sigma_k}\overline{u_l u_m}T_p\frac{\partial \overline{u_i u_j}}{\partial x_m}\right) \quad (3.54)$$

avec $C_S = 0.21$ et $\sigma_k = 1$. L'échelle de temps T_p est donnée par l'équation (3.59).

3.2.2.3 Terme de dissipation

Le tenseur de dissipation ε_{ij} est également pondéré selon

$$\varepsilon_{ij} = (1-\alpha^p)\varepsilon_{ij}^w + \alpha^p \varepsilon_{ij}^h \qquad (3.55)$$

De même que le modèle original de Durbin, on utilise le modèle (3.22) de Rotta [157] pour ε_{ij}^w, et de façon classique, la forme isotrope (3.21) pour ε_{ij}^h. L'équation exacte de la dissipation, détaillée par exemple dans Chassaing [30] ou Schiestel [165], fait intervenir des corrélations inconnues trop complexes à modéliser terme à terme. Par analogie avec l'équation de transport de l'énergie fluctuante, l'équation empirique de la dissipation s'écrit

$$\underbrace{\frac{\partial \varepsilon}{\partial t} + U_j \frac{\partial \varepsilon}{\partial x_j}}_{C_\varepsilon} = \underbrace{C'_{\varepsilon_1}\frac{P}{T_p}}_{P_\varepsilon} - \underbrace{C_{\varepsilon_2}\frac{\varepsilon}{T_p}}_{\varepsilon_\varepsilon} + \underbrace{\frac{\partial}{\partial x_l}\left(\frac{C_S}{\sigma_\varepsilon}\overline{u_l u_m} T_p \frac{\partial \varepsilon}{\partial x_m}\right)}_{D_\varepsilon^T} + \underbrace{\nu \frac{\partial^2 \varepsilon}{\partial x_j \partial x_j}}_{D_\varepsilon^\nu} \qquad (3.56)$$

avec C_ε, P_ε, ε_ε, D_ε^T et D_ε^ν respectivement le terme de convection, de génération de ε, de destruction de ε, de transport turbulent et de diffusion moléculaire. Le transport turbulent est donné par le modèle de Daly-Harlow [40]. La constante C'_{ε_1} est modifiée pour prendre en compte l'augmentation de la génération de la dissipation près de la paroi. Initialement, Durbin [49] propose de façon empirique

$$C'_{\varepsilon_1} = C_{\varepsilon_1}\left(1 + 0,1\frac{P}{\varepsilon}\right) \qquad (3.57)$$

Lien & Kalitzin [123] proposent de remplacer P/ε par $\sqrt{k/\overline{v^2}}$ dans la formulation (3.57). Cette modification a un avantage : en canal, ce terme se comporte en $1/y$, et donc force C'_{ε_1} à tendre vers C_{ε_1} loin des parois. Manceau [128] généralise la formulation de Lien & Kalitzin [123] selon

$$C'_{\varepsilon_1} = C_{\varepsilon_1}\left(1 + A_1(1-\alpha^p)\sqrt{\frac{k}{\overline{u_i u_j}n_i n_j}}\right) \qquad (3.58)$$

Cette formulation force également C'_{ε_1} à tendre vers C_{ε_1} loin des parois car α tend vers 1. La valeur des constantes de l'équation de la dissipation est donnée à la section (3.2.3). Suffisamment loin des parois, T_p est égale à l'échelle de temps de la turbulence. Dans (3.56) apparaît $1/T_p$ qui peut poser des instabilités numériques en zone de proche paroi car $\lim_{y\to 0} T_p = 0$. On borne donc T_p par l'échelle de temps de Kolmogorov

$$T_p = \max\left(\frac{k}{\varepsilon}, C_T\sqrt{\frac{\nu}{\varepsilon}}\right) \qquad (3.59)$$

avec $C_T = 6$. Pour la calibration de la constante C_T, on peut se reporter à Durbin [47]. Le modèle est peu sensible à la valeur de C_T : en pratique, l'échelle de Kolmogorov ne devient prépondérante sur l'échelle de la turbulence que dans la sous-couche visqueuse ($y^+ < 5$).

3.2.2.4 Échelle de longueur

L'échelle turbulente classique $k^{3/2}/\varepsilon$ est utilisée mais elle tend vers zéro à la paroi. Pour éviter une singularité de l'équation de relaxation elliptique, elle est bornée par l'échelle de Kolmogorov

$$L_p = C_L \max\left(\frac{k^{3/2}}{\varepsilon}, C_\eta \frac{\nu^{3/4}}{\varepsilon^{1/4}}\right) \quad (3.60)$$

avec $C_L = 0.161$ et $C_\eta = 80$. On peut se reporter à Durbin & Laurence [50] pour la calibration des constantes. Le choix (3.60) pour l'échelle de corrélation des effets de pression est justifié par Manceau et al. [132] par une analyse des données DNS de Moser et al. [140] à $Re_\tau = 590$.

3.2.2.5 Choix de l'entier p

A partir de tests a priori utilisant la base de données DNS de Moser et al. [140] à $Re_\tau = 590$, α^p peut se mesurer en inversant la formule (3.45), pour la composante la plus importante $\overline{v^2}$

$$\alpha^p = \frac{\phi_{22}^* - \phi_{22}^w}{\phi_{22}^h - \phi_{22}^w} \quad (3.61)$$

Le coefficient de pondération étant nul à la paroi, le premier terme de son développement asymptotique est en y, ce qui signifie $\alpha = \mathcal{O}(y)$. Une étude asymptotique (cf. tableau (3.1)) montre que $\alpha^p = \mathcal{O}(y^2)$ et donc $p = 2$. La figure (3.1) corrobore ce résultat. C'est donc ce choix qui a été retenu. Le tableau (3.1) montre que le comportement asymptotique en proche paroi de ε_{ij}^w est similaire à ε_{ij} alors que celui de ϕ_{11}^w et ϕ_{33}^w est faux en comparaison à ϕ_{ij}^*. On verra que cette erreur de modélisation en proche paroi sur les composantes $\overline{u^2}$ et $\overline{w^2}$ n'a pas d'incidence en pratique.

3.2.3 Formulation complète du modèle EB-RSM

On récapitule ci-dessous la formulation complète du modèle EB-RSM proposé par Manceau [128], avec la valeur des constantes associées et les conditions aux limites.

$$\phi_{ij}^* = (1-\alpha^2)\phi_{ij}^w + \alpha^2\phi_{ij}^h \quad (3.62)$$
$$\varepsilon_{ij} = (1-\alpha^2)\varepsilon_{ij}^w + \alpha^2\varepsilon_{ij}^h \quad (3.63)$$

	ϕ_{ij}^*	ϕ_{ij}^w	ϕ_{ij}^h	ε_{ij}	ε_{ij}^w	ε_{ij}^h
$\overline{u^2}$	$\mathcal{O}(y)$	$\mathcal{O}(y^2)$	$\mathcal{O}(1)$	$\mathcal{O}(1)$	$\mathcal{O}(1)$	$\mathcal{O}(1)$
$\overline{v^2}$	$\mathcal{O}(y^2)$	$\mathcal{O}(y^2)$	$\mathcal{O}(1)$	$\mathcal{O}(y^2)$	$\mathcal{O}(y^2)$	$\mathcal{O}(1)$
$\overline{w^2}$	$\mathcal{O}(y)$	$\mathcal{O}(y^2)$	$\mathcal{O}(1)$	$\mathcal{O}(1)$	$\mathcal{O}(1)$	$\mathcal{O}(1)$
$\overline{uv}$	$\mathcal{O}(y)$	$\mathcal{O}(y)$	$\mathcal{O}(y)$	$\mathcal{O}(y)$	$\mathcal{O}(y)$	0

TABLE 3.1 – Comportement asymptotique du terme de pression et de dissipation en écoulement de canal : valeur exacte pour ϕ_{ij}^* et ε_{ij} ; modèle (3.51) pour ϕ_{ij}^w, modèle (3.53) pour ϕ_{ij}^h ; modèle (3.22) pour ε_{ij}^w et modèle (3.21) pour ε_{ij}^h.

$$\alpha - L_p^2 \nabla^2 \alpha = 1 \tag{3.64}$$

$$\phi_{ij}^w = -5\frac{\varepsilon}{k}\left(\overline{u_i u_k} n_j n_k + \overline{u_j u_k} n_i n_k - \frac{1}{2}\overline{u_k u_l} n_k n_l \left(n_i n_j + \delta_{ij}\right)\right) \tag{3.65}$$

$$\mathbf{n} = \frac{\boldsymbol{\nabla}\alpha}{||\boldsymbol{\nabla}\alpha||} \tag{3.66}$$

$$\begin{aligned}\phi_{ij}^h &= -\left(g_1 + g_1^*\frac{P}{\varepsilon}\right)\varepsilon b_{ij} + \left(g_3 - g_3^*\sqrt{b_{kl}b_{kl}}\right)kS_{ij} \\ &+ g_4 k\left(b_{ik}S_{jk} + b_{jk}S_{ik} - \frac{2}{3}b_{lm}S_{lm}\delta_{ij}\right) + g_5 k\left(b_{ik}\Omega_{jk} + b_{jk}\Omega_{ik}\right)\end{aligned} \tag{3.67}$$

$$b_{ij} = \frac{\overline{u_i u_j}}{2k} - \frac{1}{3}\delta_{ij} \tag{3.68}$$

$$S_{ij} = \frac{1}{2}\left(\frac{\partial U_i}{\partial x_j} + \frac{\partial U_j}{\partial x_i}\right) \tag{3.69}$$

$$\Omega_{ij} = \frac{1}{2}\left(\frac{\partial U_i}{\partial x_j} - \frac{\partial U_j}{\partial x_i}\right) \tag{3.70}$$

$$\varepsilon_{ij}^w = \frac{\overline{u_i u_j}}{k}\varepsilon \tag{3.71}$$

$$\varepsilon_{ij}^h = \frac{2}{3}\varepsilon\delta_{ij} \tag{3.72}$$

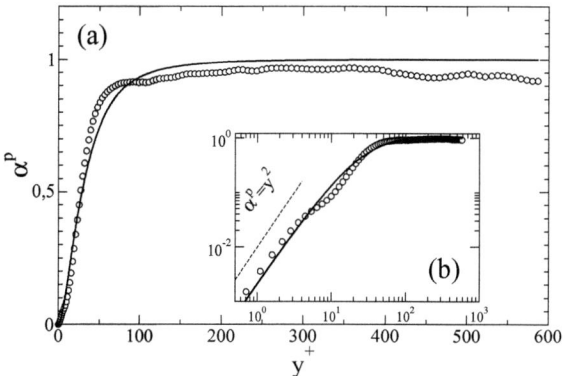

FIGURE 3.1 – DNS de Moser et al. [140] en écoulement de canal à $Re_\tau = 590$. (a) ○ coefficient de pondération α^p calculé *a priori* par la relation (3.61); —— coefficient de pondération α^2 calculé selon l'équation (3.48) où L_p est donnée par la DNS. (b) Même figure en échelle logarithmique.

$$\frac{\partial \varepsilon}{\partial t} + U_j \frac{\partial \varepsilon}{\partial x_j} = C'_{\varepsilon_1} \frac{P}{T_p} - C_{\varepsilon_2} \frac{\varepsilon}{T_p} + \frac{\partial}{\partial x_l}\left(\frac{C_S}{\sigma_\varepsilon}\overline{u_l u_m} T_p \frac{\partial \varepsilon}{\partial x_m}\right) + \nu \frac{\partial^2 \varepsilon}{\partial x_j \partial x_j} \qquad (3.73)$$

$$C'_{\varepsilon_1} = C_{\varepsilon_1}\left(1 + A_1(1-\alpha^2)\sqrt{\frac{k}{\overline{u_i u_j} n_i n_j}}\right) \qquad (3.74)$$

$$T_p = \max\left(\frac{k}{\varepsilon}, C_T \sqrt{\frac{\nu}{\varepsilon}}\right) \qquad (3.75)$$

$$L_p = C_L \max\left(\frac{k^{3/2}}{\varepsilon}, C_\eta \frac{\nu^{3/4}}{\varepsilon^{1/4}}\right) \qquad (3.76)$$

$$D^T_{ij} = \frac{\partial}{\partial x_l}\left(\frac{C_S}{\sigma_k}\overline{u_l u_m} T_p \frac{\partial \overline{u_i u_j}}{\partial x_m}\right) \qquad (3.77)$$

$g_1 = 3.4$;	$g_1^* = 1.8$;	$g_3 = 0.8$;	$g_3^* = 1.3$;	$g_4 = 1.25$;
$g_5 = 0.4$;	$C_{\varepsilon_1} = 1.44$;	$C_{\varepsilon_2} = 1.83$;	$C_S = 0.21$;	$\sigma_\varepsilon = 1.15$;
$A_1 = 0.03$;	$\sigma_k = 1$;	$C_L = 0.161$;	$C_\eta = 80$;	$C_T = 6$

TABLE 3.2 – Valeur des constantes du modèle EB-RSM.

$$U_i = 0; \quad \overline{u_i u_j} = 0; \quad \varepsilon = 2\nu \frac{k}{y^2}; \quad \alpha = 0$$

TABLE 3.3 – Conditions à la paroi du modèle EB-RSM.

3.3 Analyse critique du modèle EB-RSM

3.3.1 Améliorations apportées

• **Non-localité.** Le caractère non-local de la pression est reproduit par l'équation (3.48) de relaxation elliptique concernant le coefficient de pondération, et permet de prendre en compte l'effet de blocage sur la composante normale des tensions de Reynolds. Celui-ci est l'expression de l'incompressibilité du fluide au niveau fluctuant et est reproduit correctement à la paroi, en particulier sur la composante $\overline{v^2}$, grâce à l'imposition d'un équilibre correct entre la diffusion moléculaire, la dissipation et le terme de pression.

• **Non-utilisation de l'hypothèse quasi-homogène.** L'un des principaux points faibles des modèles classiques est l'utilisation de l'approximation du gradient de vitesse par son développement limité à l'ordre zéro dans l'expression intégrale du terme rapide de pression. Cette hypothèse n'est valide que pour $y^+ > 40$ [18] et oblige donc à introduire des corrections très fortes pour pouvoir intégrer les modèles classiques jusqu'à la paroi. Cependant, dans les modèles à relaxation elliptique et à pondération elliptique, cette hypothèse n'est utilisée que dans le terme quasi-homogène ϕ_{ij}^h, valable loin des parois. Laurence & Durbin [117] ont comparé les solutions données par l'équation de relaxation elliptique portant sur f_{22} avec deux modèles comme terme source : le modèle Rotta+IP [157, 141] et le modèle cubique de Craft & Launder [37]. Alors que ces deux modèles donnent des résultats très différents, les prédictions sont identiques pour $y^+ < 25$ quand ils sont utilisés comme terme source dans l'équation de relaxation elliptique. Ceci montre que les conditions aux limites sont suffisamment fortes pour imposer le bon comportement des tensions de Reynolds dans la sous-couche visqueuse et une partie de la zone tampon, et que l'hypothèse de quasi-homogénéité influence peu l'écoulement dans la sous-couche visqueuse et une partie de la zone tampon.

• **Simplicité et robustesse.** Tous les modèles basés sur la théorie de la relaxation elliptique ont l'avantage de ne pas faire intervenir explicitement la distance à la paroi et donc de pouvoir s'appliquer à des géométries complexes. Cependant, le modèle original de Durbin est instable et nécessite la résolution de six équations différentielles supplémentaires. Pour cette raison, Manceau & Hanjalić [131] proposent le modèle RSM à pondération elliptique qui ne résout plus qu'une seule équation supplémentaire. Il résout en plus le problème de l'amplification de la redistribution dans la zone logarithmique noté par certains auteurs [190, 126, 132, 129]. Le modèle de Manceau & Hanjalić [131] présente néanmoins certains défauts [128] :

- instabilités numériques dues à la non-linéarité de la fonction de pondération elliptique pour le tenseur de dissipation ;
- mauvais comportement de la fonction de pondération loin des parois où il ne tend pas exactement vers 1 ;
- mauvais comportement des termes non-linéaires dans un repère en rotation, menant à des profils de vitesse faux à faible nombre de rotation, et faisant exploser le calcul à plus grand nombre de rotation.

Un des objectifs principaux de la nouvelle version du modèle EB-RSM, proposé par Manceau [128], était d'améliorer la stabilité en se débarrassant des non-linéarités. C'est ce qui a été fait. D'abord, la fonction de pondération dans l'équation de la dissipation dans le modèle original de Manceau & Hanjalić [131] a été remplacée par α^2. Puis, le terme non-linéaire de la partie lente du terme de pression dans le modèle SSG a été retiré. Le modèle EB-RSM modifié est beaucoup plus robuste que le modèle original, ce que l'on montrera par des tests en canal au chapitre suivant, et il peut être facilement implémenté dans un code RANS pré-existant, utilisant des modèles RSM. Il est également plus simple et intuitif, puisque la valeur de α^2 donne une quantification directe des effets de paroi.

3.3.2 Problèmes non-résolus

Dans l'élaboration du modèle de Durbin, présenté dans ce chapitre, de nombreux éléments des modèles classiques ont été repris, et par conséquent, certains problèmes en découlent. Tout d'abord, l'équation de transport de la dissipation visqueuse est pratiquement la même, à part le fait que l'échelle se temps est bornée inférieurement par l'échelle de Kolmogorov. On rappelle que cette équation est empirique et calquée sur l'équation de transport de l'énergie cinétique turbulente. Cependant, Parneix et al. [145] ont montré, à partir d'une base de données DNS, que cette équation joue formidablement bien son rôle dans l'écoulement sur une marche descendante ($Re = 5100$), dans le cadre d'une simulation RANS stationnaire. Le cas de la marche descendante, dont l'intensité de la recirculation est sous-estimée par les modèles classiques, n'est pas mieux résolu par le modèle de Durbin [98, 144, 145]. L'hypothèse mise en cause est la modélisation des corrélations triples par un simple modèle de gradient généralisé. De même, le rétablissement de la couche limite en aval de la bulle de recirculation est toujours trop lent par rapport à l'expérience [49]. Ce défaut est commun à tous les modèles de turbulence [49], qu'ils soient du premier ordre (modèle EVM) ou du second ordre (modèle RSM).

3.4 Conclusions du chapitre

Le modèle à relaxation elliptique de Durbin [47, 48] reproduit l'effet non-local de la pression, par le biais d'une équation différentielle linéaire et elliptique pour le terme de corrélation vitesse-gradient de pression. Contrairement aux modèles bas-Reynolds classiques qui utilisent les hypothèse de localité du terme de pression et de quasi-homogénéité de la vitesse, il n'utilise pas de fonctions d'amortissement ou de termes non-linéaires empiriques et non-universels ajoutés dans les équations de transports. Manceau et al. [132] ont montré que les hypothèses, introduites au départ de manière intuitive par Durbin, sont globalement consistantes avec les données de DNS en canal. Le modèle à relaxation elliptique reste cependant difficile à utiliser dans un cadre industriel car, en plus de la résolution de six équations supplémentaires associées aux f_{ij}, il est instable.

Dans le cadre des modèles RSM, un modèle simplifié, découlant de la théorie de la relaxation elliptique, a été proposé par Manceau [128] : le modèle à pondération elliptique EB-RSM, beaucoup plus intuitif et robuste que le modèle original de Manceau & Hanjalić [131]. Remarquant que les équations sur les f_{ij} sont redondantes du fait que la longueur de corrélation est indépendante de la composante, ce modèle ne résout qu'une seule équation différentielle linéaire et elliptique sur le coefficient de pondération. Il sera implémenté dans *Code_Saturne* et validé en écoulement de canal pour une large gamme de nombre de Reynolds, au chapitre suivant. Il a également été testé dans un canal en rotation par Manceau [128]. Il est stable et donne de très bons résultats, même pour de forts taux de rotation. Le modèle EB-RSM a aussi été testé par Thielen et al. [185] dans le cas de jets multiples impactant sur une paroi plane où il a montré une meilleure prédiction que le modèle $\overline{v^2}$–f concernant le nombre de Nusselt.

Enfin pour terminer la conclusion de ce chapitre, on signale qu'un modèle algébrique explicite a été obtenu à partir du modèle EB-RSM [127]. Il a l'avantage de ne résoudre que trois équations de transport ($k-\varepsilon-\alpha$) où α est le coefficient de pondération elliptique. Il donne de très bons résultats dans un écoulement de canal pour différents nombres de Reynolds [127]. La thèse d'Oceni, en cours au *Laboratoire d'Études Aérodynamiques*, à Poitiers, consiste entre autre à tester et améliorer ce modèle algébrique dans d'autres types d'écoulements.

Chapitre 4

Méthodes numériques

La mise en équation pour modéliser et résoudre un écoulement turbulent aboutit à un système d'équations aux dérivées partielles non-linéaires et couplées. Ces équations sont impossibles à résoudre analytiquement dans le cas général, et c'est pourquoi l'on fait appel aux simulations numériques où la solution du problème est approximée. Selon les méthodes numériques utilisées, différents degrés de précision et de robustesse sont atteints. Le lecteur pourra se reporter à Ferziger & Perić [53] pour une revue détaillée des méthodes numériques existantes. Dans ce manuscrit, les simulations sont effectuées avec *Code_Saturne* [4], développé par *Électricité de France*. *Code_Saturne* est un code parallélisé, écrit en volumes finis pour maillage structuré ou non-structuré. La méthode des volumes finis est très intéressante en mécanique des fluides dans la mesure où elle conserve les quantités résolues, par construction, et peut s'appliquer à des géométries complexes grâce à l'utilisation de maillages non-structurés. Ce chapitre présente la méthode des volumes finis et les schémas numériques utilisés. Le modèle EB-RSM, implémenté dans *Code_Saturne* durant la thèse, est ensuite validé en écoulement de canal pour une large gamme de nombre de Reynolds.

4.1 La méthode des volumes finis

De façon générale, l'équation de transport d'une quantité ϕ en écoulement incompressible s'écrit en notation vectorielle

$$\underbrace{\frac{\partial}{\partial t}(\rho\phi)}_{a} + \underbrace{\nabla\cdot(\rho\phi\mathbf{U})}_{b} = \underbrace{\nabla\cdot(\Gamma\nabla\phi)}_{c} + S_\phi \tag{4.1}$$

où $\mathbf{U}$ est le vecteur vitesse, ρ la masse volumique du fluide, Γ le coefficient de diffusion et S_ϕ un terme source. Les termes a, b et c sont respectivement les termes instationnaire, convectif et de diffusion. Le principe de la méthode des volumes finis est de découper le domaine de calcul en un nombre fini de volumes de contrôle (ou cellules) de centre I et de volume Ω_I. Les équations de conservation sont intégrées sur chaque volume de contrôle selon

$$\frac{\partial}{\partial t}\int_{\Omega_I}\rho\phi\,\mathrm{d}\Omega + \int_{\Omega_I}\nabla\cdot(\rho\phi\mathbf{U})\,\mathrm{d}\Omega = \int_{\Omega_I}\nabla\cdot(\Gamma\nabla\phi)\,\mathrm{d}\Omega + \int_{\Omega_I}S_\phi\,\mathrm{d}\Omega \qquad (4.2)$$

Le théorème de la divergence, appliqué au terme de convection et de diffusion, permet de transformer les intégrales de volume en intégrales de surface

$$\frac{\partial(\rho_I\phi_I\Omega_I)}{\partial t} + \int_{S_I}\phi(\rho\mathbf{U}\cdot\mathbf{n})\,\mathrm{d}S = \int_{S_I}\Gamma(\nabla\phi)\cdot\mathbf{n}\,\mathrm{d}S + S_{\phi_I}\Omega_I \qquad (4.3)$$

où $\mathbf{n}$ est le vecteur unitaire normal extérieur à la surface S_I entourant le volume de contrôle Ω_I, et ϕ_I est la valeur moyenne de ϕ sur la cellule, supposée localisée au centre de gravité du volume de contrôle. Dans *Code_Saturne*, les variables sont colocalisées et calculées au centre de gravité de la cellule.

4.2 Terme de convection

Le terme de convection est très sensible aux schémas numériques utilisés. De nombreux schémas ont été proposés pour éviter les instabilités numériques dues à ce terme. Les deux schémas utilisés dans *Code_Saturne* sont le schéma *décentré amont* (UDS pour *Upwind-Difference Scheme*) d'ordre 1 en espace, et le schéma *centré* (CDS pour *Central-Difference Scheme*) d'ordre 2 en espace [53]. Est également disponible un schéma amont linéaire du second ordre (schéma SOLU, *Second Order Linear Upwind*), mais qui ne sera pas utilisé dans le présent travail. D'autres schémas convectifs plus élaborés et de précision plus élevée existent, comme par exemple le schéma QUICK [120] ou UMIST [121], mais leur implémentation dans un code non-structuré peut poser quelques difficultés dues aux interpolations nécessaires.

La figure (4.1) montre une configuration générale de deux cellules adjacentes internes au domaine, de centre I et J. Le point F est le centre de gravité de la surface de contact S_{IJ} entre les deux cellules. Le point O est l'intersection de (IJ) avec la surface S_{IJ}. Les points I' et J' sont respectivement les projections de I et J sur la droite passant par O et normale à la surface S_{IJ}. Le terme de convection est calculé par

$$\int_{S_I}\phi(\rho\mathbf{U}\cdot\mathbf{n})\,\mathrm{d}S \approx \sum_{J\in\mathcal{V}_I}\phi_{IJ}m_{IJ} \qquad (4.4)$$

où $\mathcal{V}_I$ est l'ensemble des cellules dans le voisinage de la cellule de centre I, et ϕ_{IJ} la valeur de ϕ sur la surface S_{IJ}. Par définition, on a

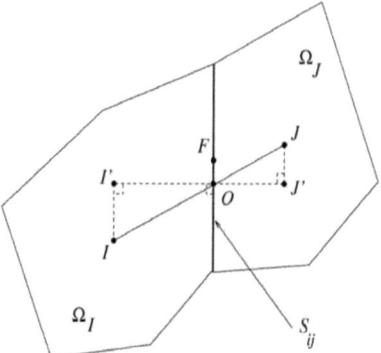

FIGURE 4.1 – Configuration générale de deux cellules adjacentes I et J internes au domaine.

$$\phi_{IJ} = \frac{1}{S_{IJ}} \int_{S_{IJ}} \phi \, \mathrm{d}S \qquad (4.5)$$

L'approximation du second ordre en espace $\phi_{IJ} \approx \phi_F$ est utilisée. La relation (4.4) montre qu'il faut interpoler ϕ au point F à partir de sa valeur connue au centre des cellules I et J. Le flux de masse m_{IJ} à travers la surface S_{IJ} est calculé selon

$$m_{IJ} = (\rho_{IJ} \mathbf{U_{IJ}} \cdot \mathbf{n_{IJ}}) S_{IJ} \qquad (4.6)$$

où $\mathbf{n_{IJ}}$ est le vecteur unitaire normal à la surface S_{IJ} allant de I vers J, et $\rho_{IJ} \mathbf{U_{IJ}}$ la valeur au point F de la quantité de mouvement.

4.2.1 Schéma décentré amont

Pour le schéma décentré amont [53], la valeur de ϕ au point F est donnée par

$$m_{IJ}\phi_{IJ} = \frac{1}{2}\Big[(m_{IJ} + |m_{IJ}|)\phi_I + (m_{IJ} - |m_{IJ}|)\phi_J\Big] \qquad (4.7)$$

ce qui donne $\phi_{IJ} = \phi_I$ si $m_{IJ} > 0$ et $\phi_{IJ} = \phi_J$ si $m_{IJ} < 0$. Cette méthode d'interpolation est simple, stable, bornée, mais introduit une diffusion numérique importante (cf. chapitre 5, section (5.5)). A moins que le maillage ne soit très raffiné, le schéma amont introduit des erreurs importantes quand la direction de l'écoulement n'est pas parallèle au maillage.

4.2.2 Schéma centré

Le schéma centré pondère les valeurs de ϕ_I et ϕ_J selon

$$\phi_{IJ} = \alpha_{IJ}\phi_I + (1 - \alpha_{IJ})\phi_J \tag{4.8}$$

où le facteur de pondération est défini par $\alpha_{IJ} = FJ'/I'J'$. Pour un maillage uniforme, on obtient $\alpha_{IJ} = 1/2$. Ce schéma peut introduire des oscillations numériques dans la solution (cf. chapitre 5, section (5.5)) et poser des problèmes de stabilité numérique. Il sera utilisé pour les calculs URANS, LES et hybrides RANS-LES qui nécessitent des schémas non-diffusifs et un degré de précision au moins d'ordre 2.

4.2.3 Reconstruction du flux

Les schémas amont et centré, disponibles dans *Code_Saturne*, sont implémentés avec une correction dans le cas de maillage non-orthogonal. On parle de non-orthogonalité du maillage lorsque $\beta \neq 0$ où β est l'angle entre la normale $\mathbf{n_{IJ}}$ et le vecteur $\mathbf{IJ}$ joignant les centres des cellules. En supposant que le gradient de ϕ_I est connu au centre I de la cellule (cf. paragraphe (4.4)), la valeur de ϕ au point I' est approximée par

$$\phi_{I'} = \phi_I + \mathbf{II'} \cdot (\boldsymbol{\nabla}\phi)_I \tag{4.9}$$

Selon le schéma convectif choisi, on remplace ϕ_I et ϕ_J par $\phi_{I'}$ et $\phi_{J'}$ dans les relations (4.7) et (4.8).

4.3 Terme de diffusion

Le terme de diffusion est approximé selon

$$\int_{S_I} \Gamma(\boldsymbol{\nabla}\phi) \cdot \mathbf{n}\,\mathrm{d}S \approx \sum_{J \in \mathcal{V}_I} \Gamma_{IJ}(\boldsymbol{\nabla}\phi)_{IJ} \cdot \mathbf{n_{IJ}} S_{IJ} \tag{4.10}$$

La viscosité Γ_{IJ} au point F est calculée par interpolation linéaire de sa valeur connue au point I et J

$$\Gamma_{IJ} = \alpha_{IJ}\Gamma_I + (1 - \alpha_{IJ})\Gamma_J \tag{4.11}$$

où $\alpha_{IJ} = FJ'/I'J'$. Le gradient normal de ϕ au point F est approximé par

$$(\boldsymbol{\nabla}\phi)_{IJ} \cdot \mathbf{n_{IJ}} \approx \frac{\phi_{J'} - \phi_{I'}}{I'J'} \qquad (4.12)$$

4.4 Calcul des gradients

Cette section présente le calcul du gradient de la variable ϕ au centre I du volume de contrôle. Deux méthodes sont disponibles dans *Code_Saturne* : une méthode dite standard et une méthode dite des moindres carrés, plus rapide que la première mais beaucoup moins robuste. Pour plus de détails sur cette dernière méthode, le lecteur pourra se reporter à Archambeau *et al.* [4]. On présente ci-dessous la première technique, plus coûteuse en temps de calcul mais plus robuste, utilisée lorsque le maillage est non-orthogonal. On peut écrire par définition

$$(\boldsymbol{\nabla}\phi)_I = \frac{1}{\Omega_I} \int_{\Omega_I} \boldsymbol{\nabla}\phi \, d\Omega \qquad (4.13)$$

et en utilisant le théorème de la divergence, on obtient

$$(\boldsymbol{\nabla}\phi)_I = \frac{1}{\Omega_I} \sum_{J \in \mathcal{V}_I} \int_{S_{IJ}} \phi \mathbf{n_{IJ}} \, dS \qquad (4.14)$$

En utilisant la définition (4.5) et l'approximation du second ordre en espace $\phi_{IJ} \approx \phi_F$, on a

$$(\boldsymbol{\nabla}\phi)_I = \frac{1}{\Omega_I} \sum_{J \in \mathcal{V}_I} \phi_F \mathbf{n_{IJ}} S_{IJ} \qquad (4.15)$$

Le calcul du gradient de ϕ au centre I de la cellule nécessite donc d'interpoler la valeur de ϕ au point F à partir de sa valeur au centre des cellules. Pour cela, on effectue un développement limité au premier ordre de ϕ_F selon

$$\phi_F \approx \phi_O + \mathbf{OF} \cdot (\boldsymbol{\nabla}\phi)_O \qquad (4.16)$$

On estime ϕ_O et $(\boldsymbol{\nabla}\phi)_O$ par

$$\phi_O = \alpha_{IJ}\phi_I + (1 - \alpha_{IJ})\phi_J \qquad (4.17)$$

$$(\boldsymbol{\nabla}\phi)_O = \frac{1}{2}\big((\boldsymbol{\nabla}\phi)_I + (\boldsymbol{\nabla}\phi)_J\big) \qquad (4.18)$$

où $\alpha_{IJ} = FJ'/I'J'$. On obtient finalement

$$(\boldsymbol{\nabla}\phi)_I = \frac{1}{\Omega_I}\sum_{J\in\mathcal{V}_I}\mathbf{n_{IJ}}S_{IJ}\left(\alpha_{IJ}\phi_I + (1-\alpha_{IJ})\phi_J + \frac{1}{2}\mathbf{OF}\cdot\left((\boldsymbol{\nabla}\phi)_I + (\boldsymbol{\nabla}\phi)_J\right)\right) \quad (4.19)$$

L'inversion de ce système implicite par une méthode itérative permet d'obtenir le gradient de la variable au centre de la cellule.

4.5 Résolution des équations

Le terme source est décomposé en une partie explicite A_I et une partie implicite $B_I\phi_I$ selon

$$S_{\phi_I} = A_I + B_I\phi_I \quad (4.20)$$

Pour chaque élément de volume, l'équation discrétisée résultant de l'équation continue (4.3) s'écrit alors

$$\Omega_I D_I \phi_I + \sum_{J\in\mathcal{V}_I}\left[\phi_{IJ}m_{IJ} - \Gamma_{IJ}\frac{\phi'_J - \phi'_I}{I'J'}S_{IJ}\right] = \Omega_I A_I \quad (4.21)$$

où D_I inclut la dérivée temporelle ainsi que le terme source implicite. L'équation (4.21) mène à un système linéaire du type $\bar{\bar{E}}_0 \mathbf{X} = \mathbf{F_0}$ de taille N_{cell}, où N_{cell} est le nombre de cellules du maillage ; $\mathbf{F_0}$ est le second membre de (4.21) et $\mathbf{X}$ le vecteur des inconnues ϕ_I ($1 \leqslant I \leqslant N_{cell}$). Le système linéaire est multiplié de chaque côté par une matrice de préconditionnement $\bar{\bar{P}}$. On obtient donc un système linéaire $\bar{\bar{E}}\mathbf{X} = \mathbf{F}$, où $\bar{\bar{E}} = \bar{\bar{P}}\bar{\bar{E}}_0$ et $\mathbf{F} = \bar{\bar{P}}\mathbf{F_0}$. Cette méthode permet d'augmenter la prédominance diagonale de la matrice résultante $\bar{\bar{E}}$, de stabiliser le calcul et d'augmenter la vitesse de convergence. Un algorithme itératif de Jacobi est utilisé pour inverser la matrice $\bar{\bar{E}}$.

4.6 Discrétisation temporelle

On s'intéresse ici à la résolution de l'équation de continuité, de quantité de mouvement et de l'équation de transport d'un scalaire a. Par souci de simplicité, on ne prend pas en compte les termes turbulents pour l'instant. En écoulement incompressible, le système s'écrit vectoriellement

$$\begin{cases} \boldsymbol{\nabla}\cdot\mathbf{u} = 0 \\ \rho\dfrac{\partial\mathbf{u}}{\partial t} + \boldsymbol{\nabla}\cdot(\rho\mathbf{u}\otimes\mathbf{u}) = -\boldsymbol{\nabla}P + \boldsymbol{\nabla}\cdot(\mu\boldsymbol{\nabla}\mathbf{u}) + \mathbf{S_u} \\ \rho\dfrac{\partial a}{\partial t} + \boldsymbol{\nabla}\cdot(\rho\mathbf{u}a) = \boldsymbol{\nabla}\cdot(\mu_a\boldsymbol{\nabla}a) + S_a \end{cases} \quad (4.22)$$

où $[\mathbf{u} \otimes \mathbf{v}]_{ij} = u_i v_j$ par définition, et S_ϕ est le terme source associé à la variable ϕ. La discrétisation temporelle du système (4.22) se fait par une méthode dite *fractionnée* [4], qui peut être associée à l'algorithme SIMPLEC [53] pour la résolution de l'équation de Poisson concernant la pression. Soit Δt le pas de temps et $\phi^{(n)}$ la valeur supposée connue de la variable $\phi(t)$ à l'instant $t = t^{(n)}$. La résolution temporelle de l'instant $t = t^{(n)}$ à l'instant $t = t^{(n+1)} = t^{(n)} + \Delta t$ se fait en trois étapes.

- La première étape consiste à prédire la vitesse en résolvant le système (4.22) avec un gradient de pression explicite. La valeur d'une variable quelconque ϕ obtenue à la fin de cette première étape est notée ϕ^*. Le terme source de l'équation de quantité de mouvement est décomposé selon $\mathbf{S_u} = \mathbf{A} + \bar{\bar{B}}\mathbf{u}$ de telle sorte qu'il puisse être partiellement implicité. Le système (4.22) s'écrit alors

$$\begin{cases} P^* = P^{(n)} \\ \rho \dfrac{\mathbf{u}^* - \mathbf{u}^{(n)}}{\Delta t} + \nabla \cdot (\rho \mathbf{u}^* \otimes \mathbf{u}^{(n)} - \mu \nabla \mathbf{u}^*) = -\nabla P^{(n)} + \mathbf{A}^{(n)} + \bar{\bar{B}}^{(n)} \mathbf{u}^* \\ a^* = a^{(n)} \end{cases} \quad (4.23)$$

La résolution de ce système permet d'obtenir $\mathbf{u}^*$. Ce champ ne vérifie pas la condition $\nabla \cdot \mathbf{u}^* = 0$.

- La seconde étape consiste à corriger la vitesse en apportant une correction au gradient de pression, tout en négligeant les variations du terme source et des termes de convection et de diffusion. Le système s'écrit alors

$$\begin{cases} \nabla \cdot \mathbf{u}^{**} = 0 \\ \rho(\mathbf{u}^{**} - \mathbf{u}^*) = -\Delta t\, \nabla (P^{**} - P^*) \\ a^{**} = a^* \end{cases} \quad (4.24)$$

En pratique, on prend la divergence de la deuxième équation du système pour obtenir une équation de Poisson sur l'incrément de pression $\delta P = P^{**} - P^*$

$$\begin{cases} \nabla \cdot (\rho \mathbf{u}^*) = \Delta t\, \nabla^2 (P^{**} - P^*) \\ \rho(\mathbf{u}^{**} - \mathbf{u}^*) = -\Delta t\, \nabla (P^{**} - P^*) \\ a^{**} = a^* \end{cases} \quad (4.25)$$

La résolution de ce système permet d'obtenir P^{**} puis $\mathbf{u}^{**}$. Le champ de vitesse corrigée $\mathbf{u}^{**}$ vérifie maintenant $\nabla \cdot \mathbf{u}^{**} = 0$.

- La troisième étape consiste à résoudre l'équation de transport pour le scalaire a. Le terme source est également décomposé selon $S_a = A_a + B_a a$. Le système à résoudre s'écrit

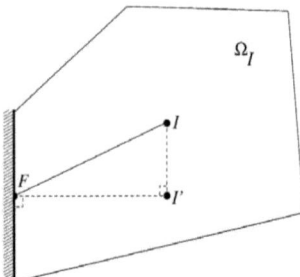

FIGURE 4.2 – Configuration générale d'une cellule I au bord du domaine.

$$\begin{cases} \rho \mathbf{u}^{(n+1)} = \rho \mathbf{u}^{**} \\ P^{(n+1)} = P^{**} \\ \rho \dfrac{a^{(n+1)} - a^{**}}{\Delta t} + \nabla \cdot (a^{(n+1)} \rho \mathbf{u}^{**} - \mu_a \nabla a^{(n+1)}) = A_a{}^{(n)} + B_a{}^{(n)} a^{(n+1)} \end{cases} \quad (4.26)$$

Quand un modèle de turbulence est utilisé, la résolution du champ turbulent se fait entre les étapes 2 et 3. Dans un modèle RSM, les équations de chaque composante des tensions de Reynolds sont traitées de la même manière que l'équation concernant le scalaire a (terme instationnaire, de convection, de diffusion et terme source). La dépendance par rapport aux autres variables turbulentes est explicite : ainsi chaque équation est résolue indépendamment.

4.7 Conditions aux limites

La figure (4.2) montre la configuration générale d'une cellule I au bord du domaine. Trois types de conditions aux limites peuvent être choisis : condition de Dirichlet, de Neumann ou condition périodique.

4.7.1 Condition de Dirichlet

Cette condition est typiquement utilisée en entrée ou à la paroi. Elle consiste à imposer la valeur de la variable au point F selon

$$\phi_F = \phi^{Dir} \quad (4.27)$$

où ϕ^{Dir} est imposé par l'utilisateur. Par exemple $\phi^{Dir} = 0$ à la paroi pour la vitesse et les tensions de Reynolds.

4.7.2 Condition de Neumann

Cette condition consiste à imposer la valeur du flux à la surface de bord. Dans *Code_Saturne*, cette condition s'écrit

$$\phi_F = (\boldsymbol{\nabla}\phi^{Neu}) \cdot \mathbf{I'F} + \phi_{I'} \quad (4.28)$$

où $\boldsymbol{\nabla}\phi^{Neu}$ est la valeur imposée du flux par l'utilisateur. Elle est typiquement utilisée en sortie ou dans un plan de symétrie, où l'on impose une condition de Neumann homogène ($\boldsymbol{\nabla}\phi^{Neu} = 0$).

4.7.3 Condition périodique

Cette condition est utile lorsqu'on veut simuler un écoulement turbulent pleinement développé et suppose la répétition des propriétés de l'écoulement dans une direction donnée. L'utilisateur indique le type de périodicité (translation et/ou rotation) et indique la valeur du vecteur de translation et/ou l'angle de rotation. La figure (4.3) permet de bien expliquer la mise en œuvre de la périodicité dans *Code_Saturne*. On considère un maillage monodimensionel composé de quatre cellules numérotées de 1 à 4. Des cellules fictives, nommées *1 bis* et *4 bis*, sont créées aux bords du domaine, dans le cas d'une périodicité de translation : les variables de la cellule *1 bis* et *4 bis* prennent respectivement les mêmes valeurs que celles de la cellule numéro 1 et 4.

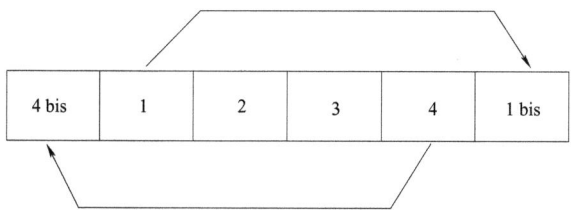

FIGURE 4.3 – Mise en œuvre de la périodicité dans *Code_Saturne*.

4.8 Validation du modèle EB-RSM en canal

Durant la thèse, le modèle EB-RSM a été implémenté dans *Code_Saturne*, puis validé, pour une large gamme de nombre de Reynolds, dans un écoulement de canal de demi-hauteur h_0. Une première comparaison est faite avec un code 1D pour trouver les erreurs de codage. Une deuxième phase de validation consiste à comparer les résultats à la DNS de Moser *et al.* [140] pour les faibles nombres de Reynolds ($Re_\tau \leqslant 590$) ou à l'expérience de Wei & Willmarth [188] pour des nombres de Reynolds plus élevés. La première maille à la paroi est placée en $y_1^+ < 1$. Une condition de périodicité est imposée dans les directions homogènes. On montre facilement que la quantité qui se conserve par périodicité n'est pas la pression moyenne $\mathcal{P}$ mais la quantité $\mathcal{P}^*$ définie par

$$\mathcal{P}^* = \mathcal{P} - K_p x \qquad (4.29)$$

où $K_p < 0$ est le gradient de pression longitudinal et x la position longitudinale dans le canal. L'équilibre entre les forces de pression et de viscosité montre que

$$K_p = -\frac{\rho u_\tau^2}{h_0} \qquad (4.30)$$

Les équations (4.29) et (4.30) montrent que le gradient de pression moyenne s'écrit

$$-\frac{\partial \mathcal{P}}{\partial x} = -\frac{\partial \mathcal{P}^*}{\partial x} + \frac{\rho u_\tau^2}{h_0} \qquad (4.31)$$

Le terme source $\rho u_\tau^2/h_0$ est donc ajouté dans l'équation longitudinale de quantité de mouvement pour compenser le gradient de pression. Pour tester la robustesse du modèle, l'initialisation se fait brutalement, en imposant des profils homogènes partout dans l'écoulement, comme le montre le tableau (4.1).

La figure (4.4) présente le profil de vitesse moyenne, qui est très satisfaisant dans la zone logarithmique. L'erreur maximale sur la vitesse débitante est de 3%. La figure (4.5) donne les tensions de Reynolds ainsi que le tenseur d'anisotropie pour $Re_\tau = 590$. La position des pics et leur valeur sont très satisfaisantes. La limite à deux composantes de la turbulence est reproduite en proche paroi, avec la valeur limite cruciale $b_{22} = -1/3$. La figure (4.6) montre l'influence de ϕ_{ij}^w et ϕ_{ij}^h dans le terme de pression ϕ_{ij}^*. On voit que le modèle SSG, seul, se comporte de façon erronée en s'approchant de la paroi, mais que les conditions aux limites ϕ_{ij}^w et la pondération (3.62) permettent d'obtenir des résultats proches de la DNS. La dissipation est également satisfaisante (cf. figure (4.7)) : le plateau vers $y^+ \simeq 10$ est cependant difficile à reproduire. Dans le modèle EB-RSM, la valeur de α^2 donne directement une estimation des effets de paroi (cf. équation (3.62)). La figure (4.8) montre qu'au delà de $y^+ = 100$ les effets de paroi sont quasiment négligeables puisque $\alpha^2 > 95\%$.

On peut dès à présent faire quelques remarques qui serviront au chapitre 6. En inversant la relation (3.49), on peut écrire

$$L_p(y) = -\frac{y}{\ln(1-\alpha)} \quad (4.32)$$

Une valeur moyenne de $L_p(y)$ est calculée sur toute la hauteur du canal selon

$$L_p = \frac{1}{h_0} \int_0^{h_0} L_p(y)\,\mathrm{d}y = 0.056 h_0 \quad (4.33)$$

Des tests *a posteriori* montre que la relation (3.49) est bien vérifiée pour $L_p \simeq 0.04 h_0$, comme le montre la figure (4.8).

On écrit maintenant la relation (3.49) avec la variable y^+, ce qui donne

$$\alpha(y^+) = 1 - \exp\left(-\frac{h_0 y^+}{Re_\tau L_p}\right) \quad (4.34)$$

On s'attend *a priori* que $\alpha(y^+)$ soit indépendant du nombre de Reynolds, ce qui est vérifié *a posteriori* sur la figure (4.9). On en déduit que $Re_\tau L_p / h_0$ est une constante indépendante du nombre de Reynolds. Ainsi, en connaissant la valeur de L_p pour un nombre de Reynolds donné, on peut déduire sa valeur pour n'importe quel nombre de Reynolds. Cette remarque, ainsi que la relation (3.49) peuvent être très utiles pour imposer *a priori* la valeur de α, comme on le verra au chapitre 6.

$U = 20 u_\tau$;	$\overline{uv} = -u_\tau^2$;	$\varepsilon = 14 u_\tau^3 / h_0$;	$\alpha = 1$
$\overline{u^2} = 2/3 I_U^2 u_\tau^2$;	$\overline{v^2} = 2/3 I_U^2 u_\tau^2$;	$\overline{w^2} = 2/3 I_U^2 u_\tau^2$;	

TABLE 4.1 – Conditions initiales de l'écoulement de canal à $Re_\tau = 590$ pour les variables non nulles. L'intensité initiale de la turbulence I_U est imposée à 7%.

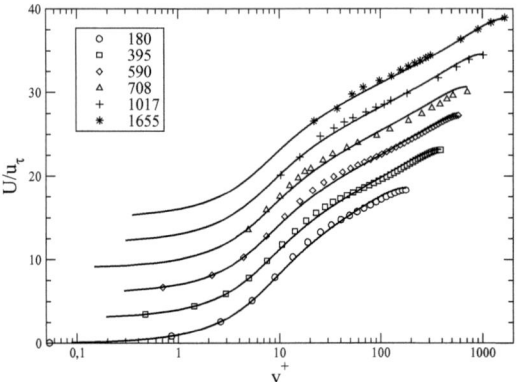

FIGURE 4.4 – Profil de vitesse moyenne prédit par le modèle EB-RSM, pour une large gamme du nombre de Reynolds. Les profils sont décalés vers le haut pour plus de lisibilité. Comparaison avec la DNS [140] pour $Re_\tau \leqslant 590$ et l'expérience [188] pour des nombres de Reynolds plus élevés.

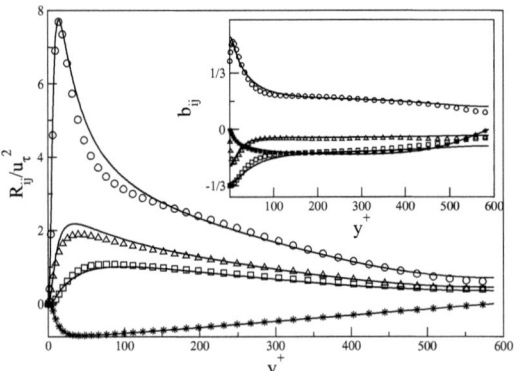

FIGURE 4.5 – Profil des tensions de Reynolds et de l'anisotropie prédites par le modèle EB-RSM, pour $Re_\tau = 590$. Comparaison avec la DNS [140]. ○ $\overline{u^2}$, □ $\overline{v^2}$, △ $\overline{w^2}$, ∗ $\overline{uv}$.

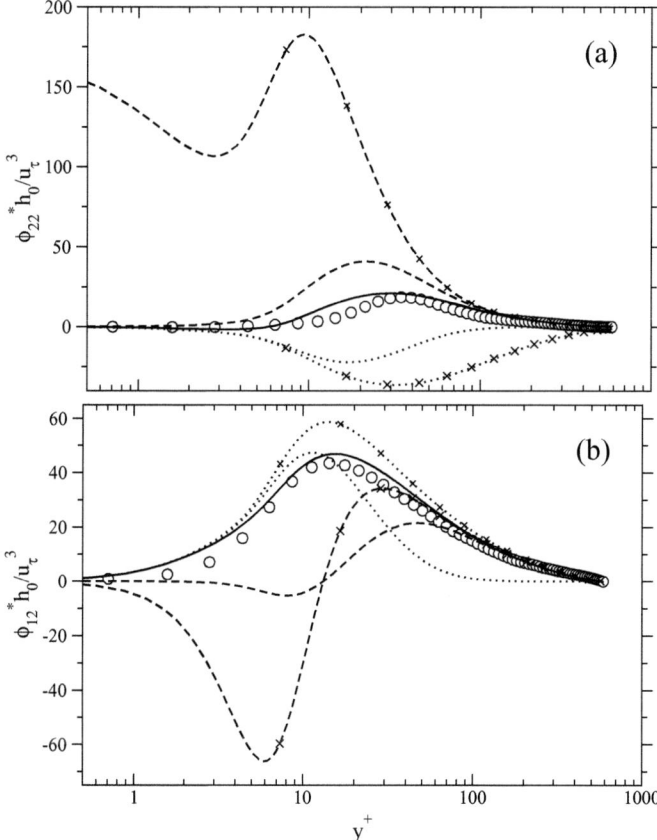

FIGURE 4.6 – Ecoulement de canal à $Re_\tau = 590$. Décomposition du terme de pression. ○ ϕ^*_{ij} donné par la DNS [140]. ×− − − × ϕ^h_{ij} (modèle SSG [179]) ; − − − $\alpha^2 \phi^h_{ij}$; ×⋯× ϕ^w_{ij} ; ⋯ $(1-\alpha^2)\phi^w_{ij}$; —— total : $\phi^*_{ij} = (1-\alpha^2)\phi^w_{ij} + \alpha^2 \phi^h_{ij}$. (a) ϕ^*_{22}. (b) ϕ^*_{12}.

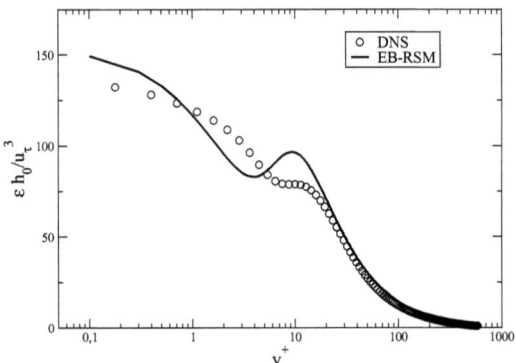

FIGURE 4.7 – Profil de la dissipation prédit par le modèle EB-RSM, pour $Re_\tau = 590$. Comparaison avec la DNS [140].

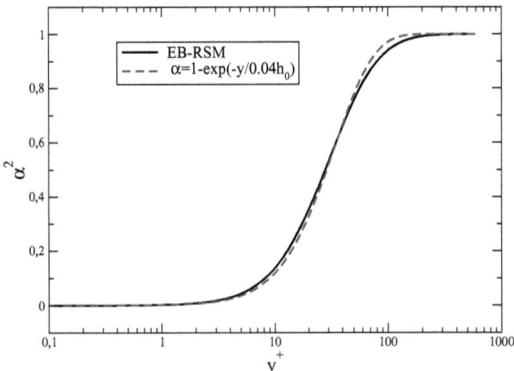

FIGURE 4.8 – Profil du coefficient de pondération α^2 prédit par le modèle EB-RSM, pour $Re_\tau = 590$. Comparaison avec la loi (3.49), avec $L_p = 0.04 h_0 = 24\nu/u_\tau$.

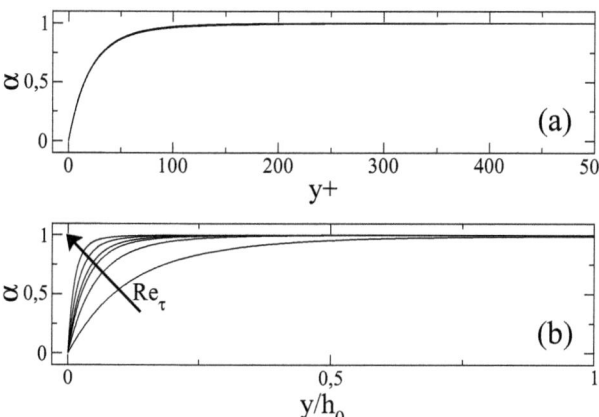

FIGURE 4.9 – (a) Coefficient de pondération α en fonction de y^+ pour différents nombres de Reynolds (toutes les courbes sont confondues). (b) Coefficient de pondération α en fonction de y/h_0 pour différents nombres de Reynolds.

Chapitre 5

Simulations URANS

Dans un cadre industriel, il est nécessaire de posséder des informations instationnaires concernant l'écoulement. Elles sont cruciales, par exemple, pour la prédiction des pics de force, en études de fatigue thermique, pour les interactions fluide/structure, ou encore la prédiction du bruit généré par l'écoulement autour d'un corps. Il y a encore vingt ans, seules la DNS et la LES fournissaient une information sur l'instationnarité. La DNS résout toutes les échelles de la turbulence et son coût de calcul est proportionnel à Re^3. Dans un écoulement industriel, le nombre de Reynolds est typiquement de l'ordre de plusieurs millions, rendant la DNS hors de portée avec la puissance et la capacité mémoire des machines actuelles, et à venir dans les soixante ans [173]. Une alternative possible est la LES. Le nombre de points nécessaires pour une LES avec résolution pariétale est de l'ordre de $Re^{1.8}$ [150]. Cette contrainte mène à qualifier ce type de LES de QDNS (*Quasi-Direct Numerical Simulation*), car le maillage en proche paroi est quasiment aussi raffiné que dans une DNS. Le coût du calcul devient vite prohibitif dans les applications industrielles. L'utilisation des lois de paroi [148, 22] a l'avantage de ne pas nécessiter l'intégration des équations jusqu'à la paroi et permet de diminuer le coût de calcul qui devient proportionnel à $Re^{0.5}$, ce qui reste encore élevé. Il faut donc trouver d'autres alternatives, moins coûteuses que la DNS et la LES. Récemment, une multitude de simulations instationnaires a vu le jour (cf. chapitre 1). Parmi tous ces types de simulations instationnaires, on trouve l'URANS (*Unsteady Reynolds-Averaged Navier-Stokes*). Cette méthodologie consiste à résoudre les équations modèles RANS en prenant en compte le terme instationnaire $\partial/\partial t$ dans toutes les équations. Des tests ont montré, de façon surprenante, que les simulations URANS sont capables de capturer des structures instationnaires à grande échelle dans divers types d'écoulement, avec le bon ordre de grandeur du nombre de Strouhal. De façon générale, la solution URANS moyennée dans le temps est plus réaliste que la solution RANS [83]. De ce fait, cette méthodologie s'est répandue dans le monde industriel. L'objectif de ce chapitre est de l'appliquer à un cas test présentant de fortes instationnarités naturelles, dues à des mécanismes intrinsèques à l'écoulement, tout en s'intéressant à la modélisation des effets de paroi avec le modèle EB-RSM. La marche descendante est un écoulement académique complexe qui offre ces deux aspects. Lasher & Taulbee [108] ont montré en 1992 que les modèles RSM, dans le cadre des simulations URANS, sont capables de capturer le lâcher tourbillonnaire, avec un nombre de Strouhal correct. Ce résultat est en partie à l'origine du développement des simulations URANS dans l'industrie.

A l'heure actuelle, il faut savoir qu'il n'existe pas de consensus général concernant la méthodologie URANS. Ce chapitre présente d'abord cette méthodologie selon la vision de l'auteur, suivie d'une analyse critique. Les résultats sur la marche descendante sont ensuite étudiés. La base de données expérimentales de Driver & Seegmiller [44] et Driver et al. [45] a été choisie pour les comparaisons expérience/simulation. Différents modèles RANS seront testés sur la marche : le modèle bas-Reynolds EB-RSM [128] sera comparé au modèle standard k–ε linéaire [115] et au modèle standard au second ordre LRR [112], avec utilisation de lois de paroi. On tentera de répondre à la question suivante : la méthodologie URANS est-elle capable de prédire quantitativement, et de façon fiable, les fréquences caractéristiques et l'amplitude de l'énergie contenue dans les structures à grande échelle, dans un écoulement cisaillé décollé tel que la marche descendante ?

5.1 Définition de l'URANS

Dans une simulation RANS, la variable instantanée générique A^* est décomposée en une moyenne d'ensemble $\overline{A^*}$ et une fluctuation $a = A^* - \overline{A^*}$ selon

$$A^*(\mathbf{x},t) = \underbrace{\overline{A^*}(\mathbf{x},t)}_{\text{moyenne d'ensemble}} + \underbrace{a(\mathbf{x},t)}_{\text{fluctuation}} \tag{5.1}$$

Cette décomposition est la décomposition classique de Reynolds. Pour une expérience qui peut se répéter N fois de façon identique, la moyenne d'ensemble est définie par

$$\overline{A^*}(\mathbf{x},t) = \lim_{N \to \infty} \frac{1}{N} \sum_{n=1}^{N} A^{*(n)}(\mathbf{x},t) \tag{5.2}$$

où $A^{*(n)}$ est la mesure de A^* à la $n^{\text{ième}}$ réalisation. Dans un premier temps, l'URANS peut se définir par la continuité d'un calcul RANS dans un écoulement statistiquement périodique, dans lequel les instationnarités sont imposées par les conditions aux limites. Un exemple d'un tel écoulement est le jet pulsé à une fréquence donnée [56]. Dans ce cas, la moyenne d'ensemble est exactement équivalente à une moyenne de phase, définie par

$$\langle A^* \rangle (\mathbf{x},t) = \lim_{N \to \infty} \frac{1}{N+1} \sum_{n=0}^{N} A^*(\mathbf{x}, t+nT_1) \tag{5.3}$$

où T_1 est la période du phénomène. La moyenne de phase, notée $\langle \cdot \rangle$, peut être considérée comme un filtre de convolution temporel, dont le noyau est un peigne de Dirac [57]. Le champ instantané filtré par la moyenne de phase dépend du temps, et il est donc nécessaire de garder le terme au dérivée partielle temporelle $\partial/\partial t$ dans les équations moyennées. Toute variable instantanée A^* est décomposée selon [81, 80, 162]

$$A^*(\mathbf{x},t) = \tilde{A}(\mathbf{x},t) + a''(\mathbf{x},t) \tag{5.4}$$

avec par définition

$$\begin{aligned} \tilde{A} &= \langle A^* \rangle && \text{la variable filtrée (résolue)} \\ a'' &= A^* - \langle A^* \rangle && \text{la fluctuation résiduelle} \end{aligned}$$

La décomposition (5.4) est dénommée *décomposition double*, et elle est exactement équivalente à la décomposition (5.1) de Reynolds, où $\tilde{A}$ n'est autre que la moyenne d'ensemble, équivalente à une moyenne de phase dans un écoulement statistiquement périodique. La variable filtrée est elle-même décomposée en une moyenne temporelle A et une fluctuation a' par rapport à cette moyenne

$$\tilde{A}(\mathbf{x},t) = \underbrace{A(\mathbf{x})}_{\text{moyenne temporelle}} + \underbrace{a'(\mathbf{x},t)}_{\text{fluctuation cohérente (résolue)}} \tag{5.5}$$

La fluctuation a' est qualifiée de *cohérente* car elle posséde un caractère périodique. La moyenne temporelle $A = \mathcal{T}\{A^*\}$ peut se définir par

$$\mathcal{T}\{A^*\} = \lim_{T \to \infty} \frac{1}{T} \int_{t-T}^{t} A^*(\mathbf{x},t')\, \mathrm{d}t' \tag{5.6}$$

On obtient ainsi une *décomposition triple* de la variable instantanée

$$A^*(\mathbf{x},t) = \underbrace{A(\mathbf{x}) + a'(\mathbf{x},t)}_{\tilde{A}(\mathbf{x},t)} + a''(\mathbf{x},t) \tag{5.7}$$

On décompose donc la vitesse et la pression instantanée selon

$$U_i^* = \underbrace{U_i + u_i'}_{\tilde{U}_i} + u_i'' \tag{5.8}$$

$$P^* = \underbrace{\mathcal{P} + p'}_{\tilde{\mathcal{P}}} + p'' \tag{5.9}$$

La moyenne de phase est un filtre de convolution linéaire, préservant les constantes et commutant avec les dérivées spatiales et temporelle. Elle vérifie les propriétés suivantes [81, 162] :

$$\mathcal{T}\{\langle A^*\rangle\} = \langle \mathcal{T}\{A^*\}\rangle = \mathcal{T}\{A^*\}, \quad \langle a'B^*\rangle = a'\langle B^*\rangle, \quad \langle \mathcal{T}\{A^*\}B^*\rangle = \mathcal{T}\{A^*\}\langle B^*\rangle,$$
$$\mathcal{T}\{a'\} = 0, \quad \mathcal{T}\{a''\} = \langle a''\rangle = 0, \quad \langle a'\rangle = a', \quad (5.10)$$
$$\mathcal{T}\{\langle\langle A^*\rangle B^*\rangle\} = \mathcal{T}\{\langle A^*\rangle\langle B^*\rangle\} = \mathcal{T}\{\langle A^*\rangle B^*\}$$

où A^* et B^* sont des grandeurs instantanées quelconques. Une conséquence importante de ces propriétés est que la moyenne de phase est idempotente, c'est-à-dire

$$\langle\langle A^*\rangle\rangle = \langle A^*\rangle \qquad (5.11)$$

Il en découle que la partie filtrée $\tilde{A}$ et la fluctuation résiduelle a'' sont décorrélées [80, 162] :

$$\langle \tilde{A}a''\rangle = 0 \qquad (5.12)$$

Pour illustrer la décomposition (5.7), la figure (5.1) montre un exemple de champ instantané de vitesse, et la figure (5.2), les divers champs issus de la décomposition double et triple.

Dans le cas d'un écoulement statistiquement stationnaire, tel que le canal plan, les sillages derrière un obstacle ou la marche descendante, la moyenne d'ensemble est équivalente à la moyenne temporelle, par ergodicité. La moyenne d'ensemble est donc indépendante du temps. En pratique, la méthodologie URANS consiste à résoudre les équations modèles RANS tout en gardant le terme instationnaire $\partial/\partial t$. Ce terme devrait être nul si la vitesse résolue correspond à la moyenne d'ensemble. Or, dans des écoulements présentant des instationnarités naturelles dues à des mécanismes intrinsèques à l'écoulement, tels que la marche descendante ou les écoulements de sillage, les expériences numériques [17, 54, 82, 83, 27] montrent que la solution URANS peut donner une vitesse résolue qui dépend du temps, signifiant que ce n'est plus la décomposition (5.1) de Reynolds qui est utilisée dans la décomposition des variables instantanées. Selon la vision de l'auteur, la décomposition URANS peut s'interpréter comme l'application d'un filtre spatio-temporel implicite aux variables instantanées, ce filtre étant impliqué par l'introduction d'un modèle de turbulence dans les équations. La largeur du filtre est de l'ordre de grandeur de l'échelle intégrale (de longueur ou de temps). L'idée essentielle est que ce filtre, toujours noté $\langle \cdot \rangle$, doit extraire les structures organisées à grande échelle pour les calculer explicitement, tandis que la fluctuation, représentative de l'agitation turbulente, est modélisée. Toutes les propriétés de la moyenne de phase et les décompositions résultantes, présentées dans cette section, sont supposées être également valables pour le filtre implicite. Il est important de noter que, dans la décomposition double, la variable filtrée (résolue) peut dépendre du temps, même pour un écoulement statistiquement stationnaire.

A l'heure actuelle, il n'existe pas de consensus satisfaisant sur la décomposition URANS et du

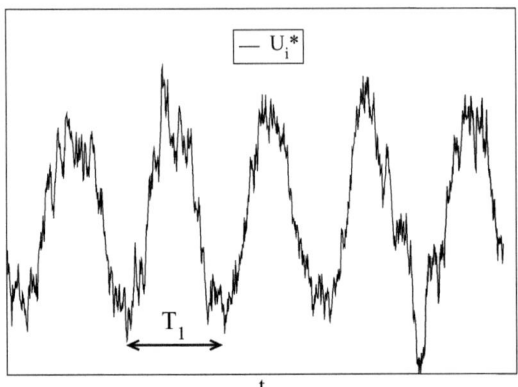

FIGURE 5.1 – Exemple de champ de vitesse instantanée U_i^* en fonction du temps.

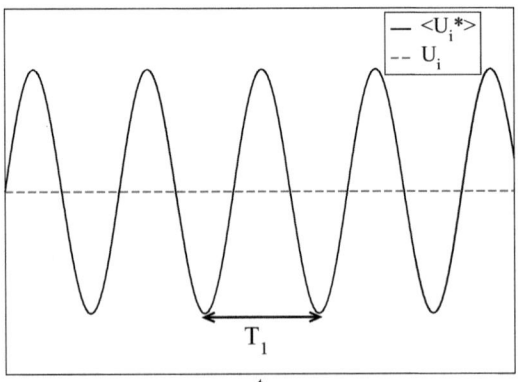

FIGURE 5.2 – Champ de vitesse filtré $\tilde{U}_i$ et moyen U_i en fonction du temps.

filtrage associé, dans un cadre général. Par exemple, par analogie avec le formalisme de la LES ou de la TLES (cf. chapitre 6), on peut considérer la décomposition URANS comme étant issue de l'application d'un filtre spatial ou temporel aux variables instantanées, imposant une coupure [1] dans le spectre d'énergie. Dans une LES ou une TLES, la taille de filtre est liée à la taille locale de maille ou au pas de temps, alors que dans l'URANS, elle est liée à l'échelle intégrale de longueur ou de temps, donnée par le modèle de turbulence utilisé.

Les simulations RANS modélisent tout le spectre d'énergie, signifiant que la part d'énergie résolue explicitement k_r est nulle : la coupure κ_c est nulle. La décomposition URANS implique une coupure non-nulle. L'énergie k_r correspondant à la zone $[0, \kappa_c]$ est résolue explicitement, alors que l'énergie k_m correspondant à la zone $[\kappa_c, \infty]$ est modélisée. Il est difficile de quantifier explicitement la position de la coupure. Cependant, l'expérience montre que les simulations URANS ne peuvent capturer que les structures aux échelles les plus grandes, signifiant que la coupure se trouve dans les très grandes échelles [2]. Ainsi, un calcul URANS donne une solution instationnaire dans un écoulement de sillage [17, 54, 82, 83, 27], alors que dans un écoulement de couche-limite par exemple, l'URANS est incapable de capter les *streaks*, fines structures en proche paroi, et la solution URANS dégénère naturellement vers une solution RANS. Une quantité importante est le ratio k_r/k : il montre la part d'énergie résolue k_r par rapport à l'énergie fluctuante totale k, et permet de se faire une idée approximative sur la position de la coupure dans le spectre.

Ha Minh [70] considère que l'URANS est une *modélisation semi-déterministe* (SDM pour *Semi-Deterministic Model*) : pour un écoulement statistiquement stationnaire présentant cependant des instationnarités naturelles à grande échelle (sillage, couche de mélange, marche descendante, *etc.*), Ha Minh [70] considère que l'écoulement est la superposition de structures déterministes que l'on cherche à résoudre explicitement, et d'une turbulence de fond considérée comme aléatoire, et que l'on modélise par des méthodes statistiques. Ainsi, la décomposition URANS aboutit à la superposition de deux spectres d'énergie : le premier caractérise les structures cohérentes alors que le second caractérise la turbulence de fond. Cette approche ne fait pas intervenir de coupure. Suivant l'approche SDM, on ne considère plus l'écoulement comme étant statistiquement stationnaire, mais comme un écoulement statistiquement instationnaire : la moyenne d'ensemble, équivalente alors à une moyenne de phase, permettrait d'extraire la partie déterministe qui est une fonction *a priori* de l'espace et du temps, et il devient absolument nécessaire de garder le terme $\partial/\partial t$ dans les équations moyennées.

Lorsque le phénomène est pseudo-périodique, on ne peut plus appliquer la moyenne de phase. On utilise alors une moyenne dite *conditionnelle*, pouvant se définir par

---

1. On parlera de nombre d'onde de coupure κ_c ou de fréquence de coupure ω_c selon que l'on utilise un filtrage spatial ou temporel (cf. chapitre 6).
2. On parlera de *structures aux échelles les plus grandes* ou de *structures à très grandes échelles* pour qualifier les échelles les plus énergétiques, de l'ordre de l'échelle intégrale.

$$\langle A^* \rangle (\mathbf{x}, t) = \lim_{N \to \infty} \frac{1}{N+1} \sum_{n=0}^{N} A^*(\mathbf{x}, t + t_n) \tag{5.13}$$

où les instants t_n doivent être choisis judicieusement, de telle manière à caractériser les phénomènes instationnaires auxquels on s'intéresse. Ce choix est en réalité très subjectif et se fait par des méthodes conditionnelles [5] : par exemple, les instants t_n sont sélectionnés quand la valeur de la vorticité est supérieure à une valeur seuil donnée.

Cette vision de l'URANS, proposée par Ha Minh, n'est pas adoptée par l'auteur car la moyenne d'ensemble, définie par (5.2), donne expérimentalement une quantité indépendante du temps dans les écoulements présentant des instationnarités naturelles à grande échelle, tels que la marche descendante ou les écoulements de sillage.

En pratique, le coefficient C_μ du modèle k–ε est diminué de sa valeur classique $C_\mu = 0.09$ à $C_\mu = 0.02$ [102] ou $C_\mu = 0.06$ [6] selon les cas, et permet ainsi de diminuer la viscosité turbulente et de capturer les structures cohérentes. Le modèle OES [79] (*Organized Eddy Simulation*) adopte la même philosophie que l'approche SDM et opte plutôt pour la valeur $C_\mu = 0.02$. Cette diminution de C_μ est justifiée par ces différents auteurs du fait que la valeur classique de ce coefficient provient d'une calibration dans une turbulence proche de l'équilibre, valeur pouvant être remise en cause dans le cas d'un écoulement instationnaire, hors équilibre.

Pour des raisons de clarté, on utilisera dorénavant le vocabulaire suivant :
– un calcul RANS est un calcul où la moyenne d'ensemble correspond à une moyenne temporelle, et utilisant des modèles classiques dans un contexte stationnaire, c'est-à-dire sans le terme instationnaire $\partial/\partial t$ dans les équations moyennées ;
– un calcul URANS est un calcul instationnaire, c'est-à-dire avec une prise en compte du terme $\partial/\partial t$ dans les équations, utilisant des modèles classiques RANS et sans modification, tel que pratiqué abondamment dans l'industrie. Il peut s'agir indifféremment de calculs dans le cas d'écoulements statistiquement périodiques où la partie résolue correspond à la moyenne de phase, ou de calculs en écoulement statistiquement stationnaire pour lequel le modèle implique un filtre spatio-temporel implicite. Néanmoins, cette vision de l'URANS se distingue de la LES car la largeur du filtre est liée à l'échelle intégrale donnée par le modèle, et l'on n'utilise pas un modèle de sous-maille classique, mais un modèle avec des équations de transport. La définition de la décomposition URANS et du filtre correspondant reste encore aujourd'hui une question ouverte. Par la suite, on supposera que ce filtre est un opérateur linéaire implicitement imposé par le modèle de turbulence, et capable d'extraire les structures cohérentes aux très grandes échelles et qui ont un temps de vie long par rapport à l'échelle de la turbulence de fond. La section (5.3) discute de l'utilisation de la méthodologie URANS dans un écoulement statistiquement périodique ou stationnaire ;
– pour les calculs instationnaires utilisant des modèles modifiés, on utilisera les sigles proposés par

les différents auteurs eux-mêmes (SDM [6, 102, 70], OES [79], SAS [135, 134], etc.).

5.2 Équations du mouvement en URANS

L'application du filtre implicite, discuté à la section précédente, aux équations de Navier-Stokes et l'introduction de la décomposition (5.4) pour la vitesse et la pression instantanée, permettent d'obtenir les équations du mouvement, qui s'écrivent pour un écoulement incompressible

$$\frac{\partial \tilde{U}_i}{\partial x_i} = 0 \tag{5.14}$$

$$\frac{\partial \tilde{U}_i}{\partial t} + \tilde{U}_j \frac{\partial \tilde{U}_i}{\partial x_j} = -\frac{1}{\rho}\frac{\partial \tilde{P}}{\partial x_i} + \nu \frac{\partial^2 \tilde{U}_i}{\partial x_j \partial x_j} - \frac{\partial \langle u_i'' u_j'' \rangle}{\partial x_j} \tag{5.15}$$

Pour obtenir ces équations, on suppose que le filtre implicite commute avec les dérivées spatiales et temporelle, et qu'il est idempotent, dont la conséquence est la propriété (5.12). Ces équations sont formellement identiques aux équations RANS pour un écoulement statistiquement instationnaire. Le terme $\langle u_i'' u_j'' \rangle$ est appelé *tenseur de Reynolds incohérent* et il représente l'influence de la turbulence de fond (modélisée) sur le champ filtré (résolu). La résolution du champ filtré nécessite un modèle de fermeture pour le tenseur de Reynolds incohérent. Son équation de transport s'écrit [80, 162]

$$\frac{\partial \langle u_i'' u_j'' \rangle}{\partial t} + \underbrace{\tilde{U}_k \frac{\partial \langle u_i'' u_j'' \rangle}{\partial x_k}}_{\tilde{C}_{ij}} = \underbrace{\nu \frac{\partial^2 \langle u_i'' u_j'' \rangle}{\partial x_k \partial x_k}}_{\tilde{D}_{ij}^\nu} - \underbrace{\frac{\partial \langle u_i'' u_j'' u_k'' \rangle}{\partial x_k}}_{\tilde{D}_{ij}^T} - \underbrace{2\nu \left\langle \frac{\partial u_i''}{\partial x_k} \frac{\partial u_j''}{\partial x_k} \right\rangle}_{\tilde{\varepsilon}_{ij}}$$

$$\underbrace{-\frac{1}{\rho}\left\langle u_i'' \frac{\partial p''}{\partial x_j} \right\rangle - \frac{1}{\rho}\left\langle u_j'' \frac{\partial p''}{\partial x_i} \right\rangle}_{\tilde{\phi}_{ij}^*} \underbrace{- \langle u_i'' u_k'' \rangle \frac{\partial \tilde{U}_j}{\partial x_k} - \langle u_j'' u_k'' \rangle \frac{\partial \tilde{U}_i}{\partial x_k}}_{\tilde{P}_{ij}} \tag{5.16}$$

Cette équation est formellement identique à l'équation des tensions de Reynolds dans la méthodologie RANS. Les termes $\tilde{C}_{ij}$, $\tilde{D}_{ij}^\nu$, $\tilde{D}_{ij}^T$, $\tilde{\phi}_{ij}^*$, $\tilde{P}_{ij}$ et $\tilde{\varepsilon}_{ij}$ sont respectivement la convection par le champ filtré, la diffusion moléculaire, le transport par la turbulence de fond, le terme de pression, la production de la turbulence de fond par le champ filtré, et la dissipation visqueuse. En pratique, on utilise par extension un modèle RSM issu de la méthodologie RANS, sans modifications particulières, pour modéliser les corrélations inconnues que sont les termes $\tilde{D}_{ij}^T$, $\tilde{\phi}_{ij}^*$, et $\tilde{\varepsilon}_{ij}$. Cette hypothèse sera discutée à la section (5.3).

L'énergie cinétique fluctuante totale s'écrit par définition

$$k = \frac{1}{2}\overline{(u'_i + u''_i)(u'_i + u''_i)} \tag{5.17}$$

En utilisant la propriété (5.12), on voit qu'une partie de l'énergie cinétique fluctuante totale est résolue et une autre modélisée :

$$k = \underbrace{k_r}_{\text{énergie résolue}} + \underbrace{k_m}_{\text{énergie modélisée}} \tag{5.18}$$

avec

$$k_r = \frac{1}{2}\overline{u'_i u'_i} = \frac{1}{2}\overline{(\tilde{U}_i - U_i)(\tilde{U}_i - U_i)} \tag{5.19}$$

$$k_m = \overline{k''} = \frac{1}{2}\overline{\langle u''_i u''_i \rangle} = \frac{1}{2}\overline{u''_i u''_i} \tag{5.20}$$

où $k'' = \frac{1}{2}\langle u''_i u''_i \rangle$. Une écriture plus pratique pour calculer k_r est donnée par

$$k_r = \frac{1}{2}\overline{\tilde{U}_i \tilde{U}_i} - \frac{1}{2}U_i U_i \tag{5.21}$$

Le point de vue de Germano [58], présenté en détail au chapitre 6, à la section (6.1.1.2), permet de ne pas utiliser l'hypothèse d'idempotence du filtre implicite. Pour cela, il introduit les moments centrés généralisés, définis par les relations (6.23) et (6.24). Les équations du mouvement restent formellement identiques et s'écrivent [3]

$$\frac{\partial \tilde{U}_i}{\partial t} + \tilde{U}_j \frac{\partial \tilde{U}_i}{\partial x_j} = -\frac{1}{\rho}\frac{\partial \tilde{\mathcal{P}}}{\partial x_i} + \nu \frac{\partial^2 \tilde{U}_i}{\partial x_j \partial x_j} - \frac{\partial \tau_{ij_{SFS}}}{\partial x_j} \tag{5.22}$$

$$\frac{\partial \tau_{ij_{SFS}}}{\partial t} + \tilde{U}_k \frac{\partial \tau_{ij_{SFS}}}{\partial x_k} = \underbrace{-\frac{\partial \tau(U_i^*, U_j^*, U_k^*)}{\partial x_k}}_{\tilde{C}_{ij}} + \underbrace{\nu \frac{\partial^2 \tau_{ij_{SFS}}}{\partial x_k \partial x_k}}_{\tilde{D}_{ij}^T} - \underbrace{2\nu\tau\left(\frac{\partial U_i^*}{\partial x_k}, \frac{\partial U_j^*}{\partial x_k}\right)}_{\tilde{\varepsilon}_{ij}}$$

$$\underbrace{-\frac{1}{\rho}\tau\left(U_i^*, \frac{\partial P^*}{\partial x_j}\right) - \frac{1}{\rho}\tau\left(U_j^*, \frac{\partial P^*}{\partial x_i}\right)}_{\tilde{\phi}_{ij}^*} \underbrace{-\tau_{ik_{SFS}}\frac{\partial \tilde{U}_j}{\partial x_k} - \tau_{jk_{SFS}}\frac{\partial \tilde{U}_i}{\partial x_k}}_{\tilde{P}_{ij}} \tag{5.23}$$

avec

$$\tau_{ij_{SFS}} = \tau(U_i^*, U_j^*) = \langle U_i^* U_j^* \rangle - \langle U_i^* \rangle \langle U_j^* \rangle \tag{5.24}$$

---
[3]. L'équation de continuité filtrée ne varie pas et n'est donc pas reproduite.

Les corrélations inconnues $\tilde{D}_{ij}^T$, $\tilde{\varepsilon}_{ij}$ et $\tilde{\phi}_{ij}^*$ sont supposées être modélisées par un modèle RANS, sans modification particulière des constantes empiriques. L'énergie cinétique fluctuante totale est exactement donnée par

$$k = k_r + \overline{k_{SFS}} \quad (5.25)$$

où k_r est défini par (5.21) et

$$k_{SFS} = \frac{1}{2}\tau_{iiSFS} \quad (5.26)$$

Le terme k_{SFS} contient implicitement le terme croisé $\langle u_i' u_i'' \rangle$, qui est nul si le filtre implicite est idempotent.

5.3 Analyse critique de l'URANS

• **Légitimité de l'URANS dans un écoulement statistiquement périodique.** Carpy & Manceau [26] se sont intéressés à un écoulement statistiquement périodique : le jet pulsé [56]. Dans ce cas, la moyenne d'ensemble est équivalente à une moyenne de phase, et l'approche URANS est exactement équivalente à l'approche RANS où l'on garde le terme instationnaire $\partial/\partial t$ dans les équations moyennées. L'utilisation d'un modèle RANS classique dans ce contexte instationnaire est justifié si le temps caractéristique des instationnarités est bien supérieur à l'échelle temporelle de la turbulence k/ε. Dans l'expérience du jet pulsé [56], les échelles temporelles ne sont séparées que d'un ordre de grandeur. Les modèles linéaires à viscosité turbulente donnent une dynamique complètement fausse, du fait que les tensions de Reynolds et le tenseur de déformation sont supposés être toujours alignés, d'après l'hypothèse de Boussinesq. La production de la turbulence est donc surestimée, entraînant une trop forte diffusivité turbulente, et les structures cohérentes sont très vite diffusées. Au contraire, les modèles RSM sont capables de reproduire la dynamique globale de l'écoulement sans modifications particulières des équations et des constantes empiriques, bien que la séparation des échelles temporelles ne soit pas nette.

Par ailleurs, les modèles RANS se basent sur une hypothèse d'unicité des échelles de temps et de longueur de la turbulence, et en particulier, ils supposent que ces échelles peuvent se calculer à partir de la dissipation ε. Cette hypothèse n'est plus valide pour les écoulements fortement instationnaires, hors-équilibres. Pour cette raison, certains auteurs [161, 162, 29, 163, 24, 21] ont proposé des modèles multi-échelles.

• **Légitimité de l'URANS dans un écoulement statistiquement stationnaire.** Au-delà de la définition précise de la décomposition URANS dans un écoulement statistiquement stationnaire, une question fondamentale se pose : est-il légitime d'utiliser des modèles RANS (stationnaires) dans le cadre de la méthodologie URANS (instationnaire) ? Il est souvent dit que les modèles RANS sont calibrés pour des écoulements stationnaires [6]. Cette affirmation est vraie pour les coefficients

C_μ et σ_ε qui sont calibrés par l'expérience et/ou la DNS en écoulement de canal, et en référence à la zone logarithmique qui est une région en équilibre spectral. De nombreux autres coefficients sont calibrés en écoulement instationnaire. On peut citer, par exemple, le coefficient du terme lent de pression dans le modèle de Rotta, calibré en turbulence homogène initialement anisotrope. Le coefficient du terme rapide de pression dans le modèle IP est estimé par la théorie RDT (*Rapid Distorsion Theory*), qui se place à la limite $Sk/\varepsilon \to \infty$ où $S = \sqrt{2S_{ij}S_{ij}}$. Les coefficients C_{ε_1} et C_{ε_2} sont calibrés respectivement en turbulence décroissante de grille et en turbulence homogène cisaillée (cf. chapitre 6, section (6.2.4) pour plus de détails). Chaouat & Schiestel [28] montrent que le coefficient C_{ε_2} de l'équation de la dissipation dépend en fait des variables dynamiques et du spectre d'énergie (cf. chapitre 6). La valeur $C_{\varepsilon_2} = 1.83$ proposée dans le modèle EB-RSM, ou la valeur classique $C_{\varepsilon_2} = 1.92$ du modèle k–ε, est en fait un compromis pour donner les meilleurs résultats pour une large gamme d'écoulements. Ainsi, les équations RANS peuvent posséder intrinsèquement une information instationnaire pour un écoulement donné, qui se manifeste en URANS par l'ajout du terme $\partial/\partial t$. L'ajout de ce degré de liberté change la nature et le comportement des équations URANS par rapport aux équations stationnaires RANS. En se référant formellement à la théorie de la stabilité linéaire [43], on permet ainsi à la solution stationnaire RANS de bifurquer vers une solution instationnaire URANS.

Il n'y a pas *a priori* de raisons pour que les variables RANS et celles moyennées dans le temps issues d'une simulation URANS soient identiques. Des tests *a posteriori* corroborent ce résultat : la solution instationnaire URANS moyennée dans le temps donne des résultats plus proches de l'expérience que la solution stationnaire RANS [17, 27, 42, 83, 143, 54]. Ceci s'explique par le fait qu'une simulation URANS résout explicitement une partie du spectre d'énergie, correspondant aux structures cohérentes, et diminue ainsi l'empirisme par rapport à un modèle RANS où toutes les structures sont modélisées.

Dans les écoulements cisaillés décollés, les instationnarités ne sont pas imposées par les conditions aux limites mais par des instabilités intrinsèques à l'écoulement. L'instabilité bien connue de Kelvin-Helmholtz est à l'origine du lâcher tourbillonnaire dans la couche cisaillée et des instationnarités à grande échelle dans l'écoulement de marche descendante. Dans ces écoulements, les échelles de la turbulence et du lâcher tourbillonnaire sont du même ordre de grandeur, et il est donc difficile de justifier l'utilisation de l'URANS en théorie.

- **Comportement de l'URANS au raffinement du maillage.** L'URANS fut sans doute la première méthodologie instationnaire peu coûteuse, mise en œuvre de façon intensive dans divers type d'écoulement à partir des années 1990. A la grande différence de la LES et des modèles hybrides à proprement parler [4], la taille de la maille n'intervient pas dans les modèles URANS. Le raffinement du maillage permet de résoudre de mieux en mieux les structures cohérentes, par dimi-

---

4. Dans l'introduction, on a défini un modèle hybride comme étant compatible avec les deux limites extrêmes RANS et DNS.

nution des erreurs numériques. Le raffinement ne joue pas sur la physique, dans le sens où le modèle ne résout pas plus de structures. La coupure est imposée implicitement et une fois pour toute par les équations modèles. Ainsi, le raffinement du maillage ne permet pas à l'URANS d'atteindre la limite DNS, contrairement à la LES et aux modèles hybrides.

5.4 La marche descendante

5.4.1 Physique de l'écoulement de marche descendante

La marche descendante est un cas académique d'écoulement cisaillé décollé. Ce type d'écoulement présente de fortes instationnarités et a largement été étudié par le passé [19, 51, 45, 119, 96, 32]. Bien que le point de décollement soit fixé par la géométrie, la marche regroupe tout un ensemble de mécanismes physiques complexes : lâcher tourbillonnaire dans la couche cisaillée ; appariement et convection de ces structures vers l'aval ; interaction des structures avec la paroi ; battement à basse fréquence de la zone de recirculation et de la couche cisaillée ; rétablissement de la couche limite après le point d'impact, dans la zone de relaxation. Malgré les similitudes notées avec une couche de mélange plane [5], la marche présente des aspects plus compliqués par la présence de la paroi, de la zone de recirculation, et du fait que la couche cisaillée soit incurvée.

L'expérience [5, 45, 119] met en évidence deux fréquences caractéristiques. Les nombres de Strouhal associés sont notés St_1 pour la haute fréquence et St_2 pour la basse fréquence. Le premier caractérise le lâcher tourbillonnaire dans la couche cisaillée, phénomène appelé *shedding* en anglais. La seconde fréquence est caractéristique des battements de la couche cisaillée, phénomène appelé *flapping* en anglais. Par la suite, on utilisera par commodité les termes anglo-saxons.

• **Shedding.** Le *shedding* est issu des instabilités bien connues de Kelvin-Helmholtz dans la couche cisaillée. Le Strouhal St_1 caractérisant ce phénomène est défini par

$$St_1 = \frac{f_1 \delta_\omega}{U_{sh}} \qquad (5.27)$$

où f_1 est la fréquence caractéristique du *shedding*, $U_{sh} = U_0/2$ la vitesse de cisaillement et δ_ω l'épaisseur locale de vorticité définie par

$$\delta_\omega(x) = U_0 \left(\max_y \frac{\partial U}{\partial y}(x, y) \right)^{-1} \qquad (5.28)$$

où U_0 est la vitesse maximale au centre du canal amont. L'épaisseur de vorticité donne l'ordre de grandeur des structures tourbillonnaires issues de l'instabilité de Kelvin-Helmholtz.

• **Flapping.** Certaines structures issues du décollement sont convectées vers l'aval, d'autres impactent la paroi autour du point de recollement et d'autres sont absorbées vers la zone de recirculation. Selon Kiya & Sasaki [96], le *flapping* est dû à une accumulation de structures tourbillonnaires dans la zone de recirculation. Quand le montant de vorticité devient trop important dans cette zone, elle explose et laisse échaper un vortex conduisant à une longueur de recirculation plus courte. Les structures temporairement piégées dans la recirculation peuvent remonter vers la couche cisaillée pour être de nouveau convectées vers l'aval. La basse fréquence présente dans l'écoulement est associée au retour de ces structures vers la couche cisaillée. Le *flapping* semble être la cause des fluctuations de la longueur de recollement autour de sa valeur moyenne, ces fluctuations pouvant atteindre 30% [6].

De nombreux paramètres peuvent influencer les caractéristiques moyennes de l'écoulement de marche descendante :
- état (laminaire ou turbulent) de la couche limite arrivant sur la marche ;
- épaisseur δ de la couche limite arrivant sur la marche ;
- nombre de Reynolds en entrée défini par $Re = U_0 h/\nu$ où h est la hauteur de marche et U_0 la vitesse maximale au centre du canal amont ;
- intensité turbulente en entrée de la marche ;
- taux d'expansion défini par $E_0 = H_2/H_1$ où H_1 et H_2 sont les hauteurs du canal amont et aval respectivement ;
- rapport d'aspect défini par $A_0 = L_z/h$ où L_z est l'envergure du canal.

On pourra se reporter à Adams & Johnston [1, 2], Ha Minh [69], Isomoto & Honami [85], Ötügen [184] et Brederode & Bradshaw [20] pour une étude précise de l'influence de ces différents paramètres.

La marche descendante reste encore aujourd'hui un challenge car elle pose de nombreux problèmes de modélisation : prédiction du coefficient de frottement, de la longueur moyenne de recollement, des vitesses et des tensions de Reynolds dans la zone de recirculation ; prédiction des fréquences caractéristiques (*shedding* et *flapping*) ; prédiction correcte du rétablissement de la vitesse et des tensions de Reynolds après le recollement. L'application du modèle EB-RSM, dans la méthodologie URANS, permettra de tester d'une part l'apport du modèle à pondération elliptique dans la prédiction des quantités pariétales, et d'autre part sa capacité à capturer les fréquences caractéristiques ainsi que l'énergie contenue dans les structures instationnaires à grande échelle.

5.4.2 Choix de l'expérience de Driver & Seegmiller [44]

Les bases de données expérimentales datant d'avant 1981 sont inutilisables [108] à cause de l'utilisation exclusif de fils chauds dans la zone de recirculation, où l'intensité de la turbulence, basée sur U_0, peut atteindre 30% à 40%. Le temps de réponse d'un fil chaud n'est pas adapté à de tels niveaux de turbulence, et par ailleurs, le fil chaud n'est pas sensible à la direction de la vitesse. L'expérience de Driver & Seegmiller [44] a été réalisée en 1985 et avait été proposée auparavant comme un cas test pour l'évaluation des modèles de turbulence à la conférence de Stanford en 1981. Les vitesses instantanées sont mesurées par LDV (*Laser Doppler Velocimeter*). Le coefficient de frottement est mesuré par la méthode dite du *coin d'huile*. Elle consiste à mesurer, par interférométrie laser, l'épaisseur d'un film d'huile sur la paroi et de remonter ainsi à la contrainte pariétale. Les incertitudes sont estimées à ±15% dans la zone de recirculation et ±8% partout ailleurs. Selon Lasher & Taulbee [108], la hauteur de marche h ne doit pas dépasser 10% de la hauteur H_1 du canal amont, ce qui revient à dire que le taux d'expansion $E_0 = H_2/H_1$ doit être typiquement inférieur à 1.10. Dans le cas contraire, les effets de pression dominent sur les effets de la turbulence. C'est ainsi que Chieng & Launder [33] prédisent correctement la longueur de recirculation, avec un modèle k–ε, quand $E_0 \approx 2$, mais la sous-estiment de 30% quand E_0 est plus petit. L'expérience de Driver & Seegmiller [44] est choisie pour plusieurs raisons : nombre de Reynolds suffisamment élevé, conditions d'entrée bien définies, taux d'expansion égal à 1.125, rapport d'aspect suffisamment grand pour négliger les effets des parois latérales, fréquences caractéristiques disponibles. Le tableau (5.1) récapitule les diverses caractéristiques de l'expérience. Une base de données DNS de la marche descendante existe [118], mais le nombre de Reynolds est faible ($Re = 5100$), à cause des contraintes imposées par ce type de simulation. Certains effets bas-Reynolds peuvent apparaître et mener à des conclusions qui ne sont pas valables pour les écoulements où le nombre de Reynolds est beaucoup plus élevé.

Nombre de Reynolds	$Re = U_0 h/\nu = 37500$
Épaisseur de couche limite en entrée	$\delta = 1.5h$
Épaisseur de quantité de mouvement en entrée	$\theta \simeq 0.154h$
Taux d'expansion	$E_0 = H_2/H_1 = 1.125$
Rapport d'aspect	$A_0 = L_z/h = 12$
Recirculation principale moyenne	$l_{r1} = 6.26h$
Recirculation secondaire moyenne	$l_{r2} \approx h$
Temps caractéristique du *shedding*	$T_1 \simeq 10h/U_0$
Temps caractéristique du *flapping*	$T_2 \approx 33h/U_0$

TABLE 5.1 – Divers caractéristiques de l'expérience de Driver & Seegmiller [44]. Les fréquences caractéristiques ont été mesurées par Driver *et al.* [45].

5.4.3 Configuration numérique

Soit respectivement **x** et **y** des vecteurs unitaires dans la direction longitudinale et normale à la paroi. La marche est placée en $x/h = 0$, et l'entrée est en $x/h = -4$. La sortie est en $x/h = 40$. La paroi inférieure est en $y/h = 1$ avant la marche, puis en $y/h = 0$ après la marche. La paroi supérieure est donc en $y/h = 9$ pour avoir un taux d'expansion égal à $E_0 = 1.125$. Les calculs sont effectués avec Code_Saturne [4], développé par *Électricité de France*. Trois modèles de turbulence sont testés. Le modèle bas-Reynolds EB-RSM [128] sera comparé aux modèles haut-Reynolds k–ε [115] (modèle EVM linéaire) et LRR [112] (modèle RSM), avec utilisation de lois de paroi standards. Le modèle EB-RSM est basé sur la théorie de la relaxation elliptique, et reproduit l'effet de blocage de la paroi, effet crucial et non-local. Les dérivées spatiales sont approximées par un schéma centré, d'ordre 2 en espace. L'avancement en temps se fait par un schéma Euler implicite, d'ordre 1 en temps. La convergence en temps est soigneusement vérifiée. Pour cela, deux pas de temps différents sont testés : $\Delta t = 0.1h/U_0$ et $\Delta t = 0.01h/U_0$, représentant un écart de deux à trois ordres de grandeur avec le temps caractéristique du *shedding*. Les résultats au niveau instantané et moyen sont identiques. L'indépendance de la solution en fonction du maillage doit également être vérifiée. Six maillages différents, numérotés de 1 à 6, sont utilisés pour les calculs haut-Reynolds (k–ε et LRR), le maillage 1 étant la référence. La première maille à la paroi du maillage le plus raffiné (maillage 6) est à la limite de la validité des lois de paroi. Cependant, dans la bulle de recirculation, la vitesse de frottement étant nulle au point de rattachement, on sait *a priori* que la première maille à la paroi ne sera pas dans la zone de validité de ces lois. Ce problème est inhérent aux simulations haut-Reynolds et ne peut être évité. Six maillages, numérotés de 7 à 12, sont également utilisés pour les calculs bas-Reynolds, avec le modèle EB-RSM, le maillage 7 étant la référence pour ce modèle. Leurs caractéristiques sont données dans le tableau (5.2) et (5.3), où N_{cell} est le nombre total de points, et y_1^+ est la distance du premier point à la paroi, en unités pariétales [5] ; f_r est le facteur de raffinement dans chaque direction par rapport au maillage de référence. Par exemple, le maillage 6 possède quatre fois plus de points dans chaque direction par rapport au maillage 1.

Maillage	1	2	3	4	5	6
f_r	1	1.5	2	2.5	3	4
N_{cell}	1396	3396	5970	9842	14234	25154
y_1^+	150	100	75	60	50	37

TABLE 5.2 – Caractéristiques des maillages pour les modèles haut-Reynolds (k–ε et LRR).

---

5. Les unités pariétales sont adimensionnées par la vitesse de frottement en entrée de la marche ($x/h = -4$).

Maillage	7	8	9	10	11	12
f_r	1	1.2	1.4	1.6	1.8	2
N_{cell}	3954	5936	7920	10816	13838	17256
y_1^+	3	2.5	2.1	1.9	1.6	1.5

TABLE 5.3 – Caractéristiques des maillages pour le modèle bas-Reynolds EB-RSM.

5.4.4 Conditions d'entrée

Il est bien connu que les écoulements cisaillés et décollés sont très sensibles au condition amont. Une attention particulière est portée aux conditions d'entrée qui ne sont pas celles d'un canal pleinement développé. Une simulation de canal en développement, à débit imposé, est donc effectuée avec chaque modèle pour extraire les différentes quantités du modèle. Pour les simulations haut-Reynolds, on place la première maille à la paroi en $y^+ = 50$, et pour les simulations bas-Reynolds, en $y^+ = 0.5$. On choisit la position longitudinale où le profil de vitesse correspond le mieux au profil expérimental en entrée de la marche. La figure (5.3) compare les profils de vitesse ainsi obtenus à l'expérience, pour les trois modèles de turbulence utilisés. Différents paramètres d'entrée sont résumés dans le tableau (5.4).

Avec les modèles haut-Reynolds, il a été difficile d'obtenir simultanément le bon frottement et la bonne épaisseur de couche-limite (à 99%), contrairement au modèle EB-RSM. Bien que ce dernier prédise correctement le frottement et l'épaisseur de couche limite, un désaccord important existe avec l'expérience sur la valeur de l'épaisseur de quantité de mouvement θ, définie par

$$\theta = \int_h^{h+\frac{H_1}{2}} \underbrace{\frac{U(y)}{U_0}\left(1 - \frac{U(y)}{U_0}\right)}_{g(y)} dy \qquad (5.29)$$

La fonction $g(y)$ est tracée sur la figure (5.4). Elle montre que $g(y)$ présente un pic important en proche paroi, où la mesure expérimentale est difficile, d'où les désaccords observés avec le modèle EB-RSM, concernant l'épaisseur de quantité de mouvement. Les figures (5.5) et (5.6) donnent les profils des tensions de Reynolds et de l'énergie turbulente, en entrée de la marche. Les ordres de grandeurs sont bien respectés. On remarque qu'une turbulence résiduelle existe au centre du canal, dans l'expérience. Isomoto & Honami [85] ont montré que la longueur de recollement est peu sensible au profil de vitesse d'entrée mais dépend fortement de l'intensité maximale de la turbulence I_U dans la zone $y^+ < 50$: la longueur moyenne de recirculation principale l_{r1} diminue de deux fois la hauteur de marche quand I_U passe de 0.25% à 7%. Il est donc important de bien modéliser les effets de paroi pour bien prédire l_{r1}. La mesure expérimentale la plus proche de la paroi est à $y^+ = 142$. Aucune comparaison n'est donc possible dans la zone $y^+ < 50$ entre simulation et expérience.

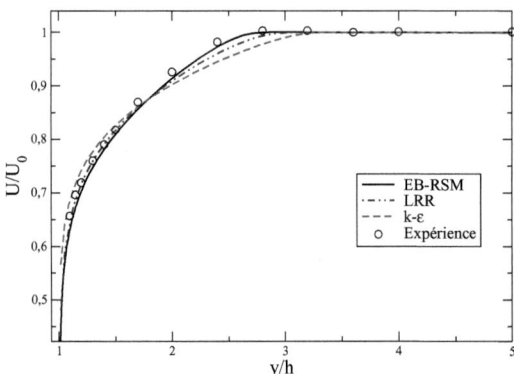

FIGURE 5.3 – Demi-profil de vitesse, en entrée de la marche, obtenu avec les trois modèles de turbulence k–ε, LRR et EB-RSM. Comparaison avec l'expérience [44].

	C_f	δ/h	θ/h	$Q/(\rho h^2 U_0)$	U_{max}/U_0
Expérience	0.00288	1.50	0.154	7.5074	1
k–ε	0.00368	1.98	0.196	7.4827	0.999
LRR	0.00280	1.73	0.187	7.4944	0.999
EB-RSM	0.00284	1.56	0.179	7.5070	0.999

TABLE 5.4 – Valeur en entrée de la marche ($x = -4h$) du coefficient de frottement C_f, de l'épaisseur de couche limite δ, de l'épaisseur de quantité de mouvement θ, du débit Q et de la vitesse maximale U_{max} au centre du canal. Comparaison avec l'expérience [44].

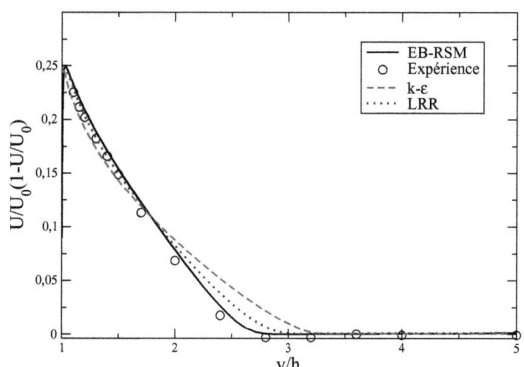

FIGURE 5.4 – Allure de la fonction $g(y)$ défini par la relation (5.29), selon le modèle de turbulence. Comparaison avec l'expérience [44].

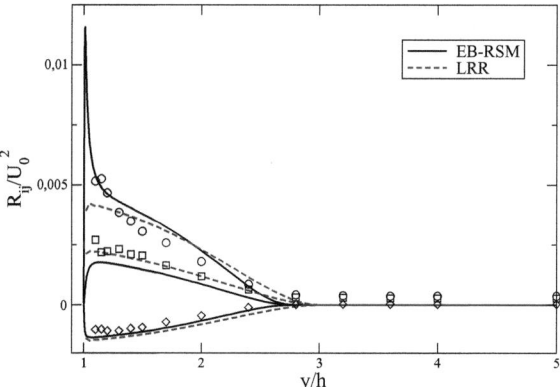

FIGURE 5.5 – Demi-profil des tensions de Reynolds, en entrée de la marche, obtenu avec les modèles LRR (- - - -) et EB-RSM (——). Comparaison avec l'expérience [44]. ○ $\overline{u^2}$, □ $\overline{v^2}$, ◇ $\overline{uv}$.

5.4.5 Écoulement instantané

Quel que soit le maillage utilisé ou le schéma de discrétisation spatiale du terme convectif, le modèle k–ε linéaire donne une solution stationnaire, comme le montre la figure (5.7) : la vitesse résolue est indépendante du temps. De façon générale, les modèles EVM linéaires sont plus diffusifs que les modèles RSM ou EVM non-linéaires. En effet, l'hypothèse de Boussinesq, qui suppose l'alignement du tenseur d'anisotropie et du tenseur de déformation, surestime la production turbulente, ce qui a tendance à transformer l'énergie résolue en énergie modélisée [25, 26]. A l'inverse, les modèles RSM donnent une solution très dépendante du schéma numérique et du maillage. Une solution stationnaire est obtenue avec le schéma décentré amont, quel que soit le maillage ou le modèle RSM utilisé. On verra à la section (5.5) que ce schéma introduit une diffusion numérique importante. Les simulations instationnaires nécessitent un schéma non-diffusif pour le terme convectif, comme par exemple un schéma centré. Avec un tel schéma et un maillage similaire à Lasher & Taulbee [108], la solution est instationnaire, conformément aux résultats de ces auteurs. Il faut noter que le maillage le plus grossier de cette étude (maillage 1 pour les modèles haut-Reynolds) est similaire au maillage le plus raffiné utilisé par Lasher & Taulbee [108].

La figure (5.7) montre l'évolution temporelle de la vitesse longitudinale résolue en un point de la couche cisaillée ($x/h = 2; y/h = 1$) où peuvent exister des structures cohérentes à grande échelle. Le signal de vitesse résolue est sinusoïdale et mono-fréquentielle. L'amplitude des oscillations avec le modèle LRR est plus élevée qu'avec le modèle EB-RSM, signifiant une part plus grande d'énergie dans les structures résolues avec le modèle LRR. La période mesurée est de l'ordre de $T_1 = 5h/U_0$ avec le modèle EB-RSM et $T_1 = 10h/U_0$ avec le modèle LRR. Le tableau (5.5) donne, en fonction du modèle RSM et du maillage, le nombre de Strouhal. Celui-ci, mesuré dans la couche cisaillée avec les modèles RSM, est proche de la valeur expérimentale $St_1 \simeq 0.20$ associée au *shedding* [45]. Il faut néanmoins garder à l'esprit que ce phénomène est large-bande dans l'expérience. Il peut être visualisé sur la figure (5.8) par isocontours positives du critère Q défini par [46]

$$Q = -\frac{1}{2}\frac{\partial \tilde{U}_i}{\partial x_j}\frac{\partial \tilde{U}_j}{\partial x_i} = \frac{1}{2}(\tilde{\Omega}_{ij}\tilde{\Omega}_{ij} - \tilde{S}_{ij}\tilde{S}_{ij}) \tag{5.30}$$

Le paramètre Q est le terme source de l'équation de Poisson sur la pression résolue selon $\nabla^2 \tilde{\mathcal{P}} = 2\rho Q$. Une valeur positive de Q correspond donc à un minimum de la pression, caractéristique de la présence possible d'une structure tourbillonnaire. Les isocontours des fluctuations de vitesse verticale résolue v' permettent également de mettre en évidence le *shedding* (cf. figure (5.8)).
Le signal de vitesse résolue étant très cohérent, et même mono-fréquentiel, la mesure de la vitesse de convection U_c des structures issues du *shedding* peut se faire très simplement. En effet, il suffit de mesurer le déphasage $\Delta \tau$ du signal de vitesse résolue entre deux points dans la couche cisaillée. Pour cela, sept capteurs sont placés en $y = h$ et répartis uniformément de $x = h$ à $x = 7h$, avec un pas d'espace égal à h. Le déphasage entre deux points consécutifs est constant et estimé à

$\Delta\tau \simeq 2.0h/U_0$. La vitesse de convection est donnée par $U_c = h/\Delta\tau$. Celle-ci est indépendante de la position longitudinale et égale à $U_c \simeq 0.5U_0$, comme mentionnée par l'expérience [96]. Une animation a montré que, contrairement à l'expérience [96], ces structures ne sont pas capturées par la zone de recirculation. Par conséquent, le *flapping* n'est pas reproduit car celui-ci est dû à l'accumulation des structures tourbillonnaires issues du *shedding* dans la zone de recirculation et qui viennent perturber la couche cisaillée [96].

Bien que la simulation URANS ne puisse pas prédire le *flapping*, elle capture le *shedding*, avec une bonne estimation du nombre de Strouhal et de la vitesse de convection des structures cohérentes. Qu'en est-il de l'amplitude de l'énergie contenue dans ces structures ? Pour répondre à cette question, on mesure pour chaque maillage l'évolution longitudinale du paramètre $M(x)$ défini par

$$M(x) = \max_{y} \bigl(k_r(x,y)/k(x,y)\bigr) \tag{5.31}$$

Ce paramètre est défini comme étant la valeur maximale du ratio énergie résolue/énergie totale dans un plan vertical à x fixé, et caractérise l'énergie contenue dans les structures cohérentes de la couche cisaillée, issues du *shedding*. La figure (5.9) montre, pour le modèle EB-RSM, l'évolution longitudinale du paramètre $M(x)$ pour chaque maillage. Pour le maillage grossier (maillage 7), les structures à grande échelle, résolues, contiennent une part très limitée de l'énergie fluctuante totale : le paramètre M est inférieur à 5% partout dans la couche cisaillée, signifiant que plus de 95% de l'énergie est modélisée. Dans un écoulement de sillage, les tests numériques réalisés par Lardeau & Leschziner [107] montrent que le raffinement du maillage permet de capturer de mieux en mieux les structures cohérentes, par diminution des erreurs numériques, augmentant ainsi la part de l'énergie résolue par rapport à l'énergie fluctuante totale, jusqu'à atteindre une limite asymptotique[6]. On pourrait s'attendre au même comportement dans le cas de la marche. Au contraire, la figure (5.9) met en évidence une réduction drastique de l'énergie résolue de plusieurs décades quand on raffine le maillage, et finalement une solution stationnaire pour le maillage le plus raffiné (maillage 12). En réalité, une animation, montrant la visualisation du critère Q sur le maillage 12, a mis en évidence un état transitoire de la solution : le *shedding* existe bien et les structures résolues contiennent une part importante de l'énergie fluctuante totale ; certaines des structures issues du *shedding* sont captées dans la zone de recirculation, remontent vers l'amont et viennent perturber la couche cisaillée, au niveau de la marche ; d'autres structures sont convectées vers l'aval, tout en s'appariant. Ces phénomènes sont corroborés par l'expérience [96]. Cette solution transitoire existe sur des durées longues, pouvant atteindre vingt fois l'échelle caractéristique du *shedding*. Au-delà, les structures diffusent et la solution devient stationnaire.

La figure (5.10) montre l'évolution longitudinale du paramètre $M(x)$ pour le modèle LRR. Le premier maillage est trop grossier pour capturer les structures tourbillonnaires issues du *shedding*.

---

6. L'URANS n'est pas compatible avec la limite DNS qui correspondrait à 100% d'énergie résolue par rapport à l'énergie fluctuante totale.

Maillage	1	2	3	4	5	6	7	8	9	10	11	12
St_1	0.14	0.14	0.14	0.16	0.16	–	0.14	0.15	0.18	0.21	0.21	–

TABLE 5.5 – Nombre de Strouhal caractéristique du *shedding* dans la couche cisaillée ($x/h = 2, y/h = 1$), adimensionné par l'épaisseur locale de vorticité et la vitesse de cisaillement. Sensibilité au maillage. Modèle LRR (maillage 1 à 6) et modèle EB-RSM (maillage 7 à 12). Les maillages 6 et 12 donnent une solution stationnaire.

Pour les autres maillages, on observe les mêmes tendances qu'avec le modèle EB-RSM. Il est important de noter que les conclusions de Lasher & Taulbee [108], opposées aux résultats donnés dans cette section, sont dues au fait que leurs maillages n'étaient pas suffisamment raffinés pour accéder à la solution stationnaire.

Ainsi, les modèles EVM linéaires doivent être évités dans les simulations instationnaires, car ils surestiment la production turbulente et dissipent rapidement l'énergie des structures cohérentes. Les modèles RSM (haut-Reynolds ou bas-Reynolds) associés à la méthodologie URANS, donnent le bon ordre de grandeur du nombre de Strouhal caractéristique du *shedding*, mais sont incapables de prédire avec fiabilité l'amplitude des oscillations à grande échelle, car trop dépendante du maillage. La section (5.5) donne une discussion plus détaillée sur le sujet et propose une explication des comportements observés.

5.4.6 Écoulement moyen

Lorsque la solution est instationnaire, l'énergie contenue dans les structures résolues est tellement faible que la solution URANS moyennée dans le temps est indiscernable d'une solution RANS stationnaire. Les différences notées entre deux maillages sont essentiellement dues aux erreurs numériques et non à la nature stationnaire/instationnaire de la solution. Une quantité importante pour l'ingénieur est le coefficient de frottement moyen C_f, lié à la viscosité cinématique du fluide et le cisaillement moyen à la paroi

$$C_f = \frac{2\nu}{U_0^2}\left(\frac{\partial U}{\partial y}\right)_{y=0} = 2\left(\frac{u_\tau}{U_0}\right)^2 \quad (5.32)$$

Pour un calcul bas-Reynolds, la position du premier point à la paroi dans la sous-couche visqueuse ($y_1^+ < 5$), où le profil de vitesse est linéaire, permet d'écrire

$$C_f = \frac{2\nu}{U_0^2}\frac{U_1}{y_1} \quad (5.33)$$

où U_1 et y_1 sont les mesures au premier point à la paroi. Pour un calcul haut-Reynolds, le premier

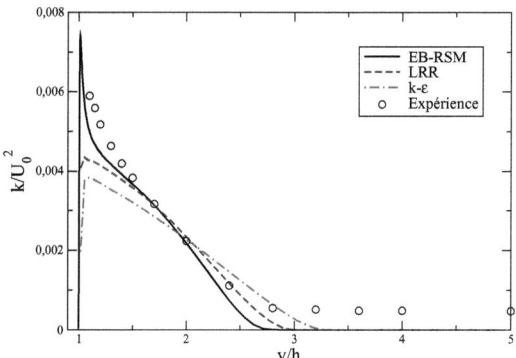

FIGURE 5.6 – Demi-profil de l'énergie turbulente, en entrée de la marche, obtenu avec les trois modèles de turbulence k–ε, LRR et EB-RSM. Comparaison avec l'expérience [44] où on a fait l'hypothèse $\overline{w^2} \simeq 1/2(\overline{u^2} + \overline{v^2})$.

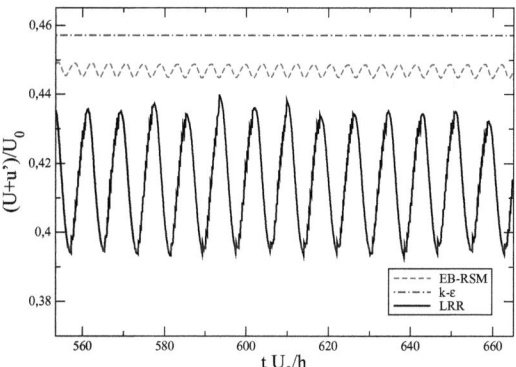

FIGURE 5.7 – Evolution temporelle de la vitesse longitudinale filtrée $\tilde{U}$, dans la couche cisaillée ($x/h = 2, y/h = 1$). Comparaison des modèles k–ε (maillage 4), LRR (maillage 4) et EB-RSM (maillage 10).

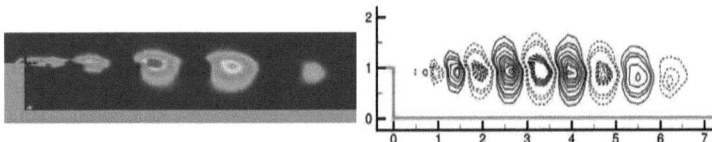

FIGURE 5.8 – Visualisation du *shedding* avec le modèle EB-RSM. Gauche : isocontours positives du critère Q. Droite : isocontours des fluctuations de vitesse verticale résolue v'. Les pointillées indiquent une valeur négative.

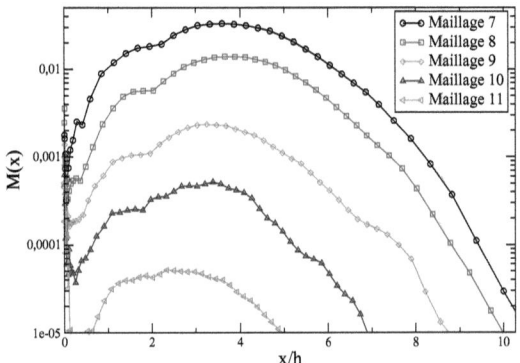

FIGURE 5.9 – Evolution longitudinale, après la marche, du paramètre $M(x)$ défini par la relation (5.31). Modèle EB-RSM. Le maillage 12 donne une solution stationnaire ($M(x) = 0$).

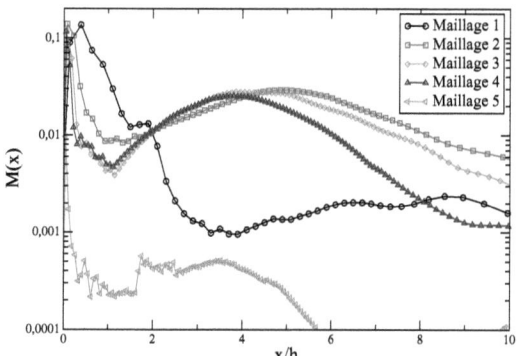

FIGURE 5.10 – Evolution longitudinale, après la marche, du paramètre $M(x)$ défini par la relation (5.31). Modèle LRR. Le maillage 6 donne une solution stationnaire ($M(x) = 0$).

point à la paroi se trouve typiquement dans la zone log ($y_1^+ \approx 50$), où la loi logarithmique est supposée valable. On rappelle que cette loi s'écrit en ce point

$$\frac{U_1}{u_\tau} = \frac{1}{\mathcal{K}} \ln\left(\frac{y_1 u_\tau}{\nu}\right) + B_{log} \qquad (5.34)$$

La résolution numérique de cette équation, par la méthode des tangentes de Newton, fournit la vitesse de frottement u_τ. Les figures (5.11), (5.12) et (5.13) montrent l'évolution du C_f en fonction de la position longitudinale, pour les trois modèles de turbulence testés. Le pic observé en $x/h = 0$ est dû à la dépression locale qui existe autour de ce point, caractéristique d'une expansion brutale du canal, et qui a tendance à accélérer le fluide en proche paroi. Le frottement est très dépendant du maillage pour les modèles haut-Reynolds, qui donnent dans tous les cas, une très mauvaise prédiction dans la zone de recirculation. Paradoxalement, le modèle k–ε donne de meilleurs résultats que le LRR. Le modèle EB-RSM améliore considérablement le coefficient de frottement dans le bulbe de recirculation, mais donne les mêmes résultats que le LRR après le rattachement. Alving & Fernholz [3] ont montré que le C_f s'établi, c'est-à-dire devient indépendant de la position longitudinale et égal à sa valeur en couche limite canonique, au delà de cinq fois la longueur de recirculation en partant du point de rattachement, ce qui correspond à $x/h \approx 37$. Le modèle EB-RSM montre qu'il s'établi au-delà de $x/h \simeq 20$, beaucoup plus rapidement que l'expérience. Les longueurs moyennes de recirculation primaire l_{r1} et secondaire l_{r2} sont définies par les points qui annulent le coefficient de frottement, et sont calculées par interpolation linéaire. Les tableaux (5.6), (5.7) et (5.8) donnent ces longueurs pour les trois modèles de turbulence et pour différents maillage. Le modèle k–ε ne capte pas la recirculation secondaire, et la longueur de recirculation principale est très dépendante du maillage. Le maillage le plus raffiné la sous-estime de 16% par rapport à l'expérience. Ce comportement est bien connu des modèles EVM linéaires [5, 108, 44]. La diffusion turbulente et la contrainte de cisaillement sont surestimées, entrainant un fort taux d'expansion de la couche cisaillée et un recollement prématuré. La première maille à la paroi du maillage raffiné (maillage 6) est à la limite de la zone de validité des lois de paroi, et pose des problèmes sur la valeur du C_f en entrée, défaut que l'on ne verra pas avec le modèle LRR. Les modèles RSM sont moins sensibles au maillage et captent la recirculation secondaire, si le maillage est suffisamment fin. La valeur expérimentale de la longueur moyenne de recirculation secondaire est assez imprécise, car une seule mesure de C_f est disponible dans cette zone. Elle est de l'ordre de grandeur de la hauteur de marche, comme l'indiquent les modèles RSM (cf. tableaux (5.7) et (5.8)). Le modèle LRR sous-estime la longueur de recirculation principale de 24%, alors qu'elle est prédite à 4% près par le modèle EB-RSM. Il est important de noter que les coefficients de frottement obtenus avec le modèle EB-RSM, avec les différents maillages, sont confondus, montrant que les résultats en proche paroi sont peu sensibles à un déraffinement raisonnable du maillage. Ceci est très intéressant pour des applications industrielles, où les maillages sont souvent « grossiers ». Ce point avait déjà été noté par Manceau & Hanjalić [131] en écoulement de canal où la première maille à la paroi était placée en $y^+ = 5$. On rappelle que la première maille à la paroi ici est en $y^+ = 3$ pour le maillage le plus grossier (maillage 7).

La figure (5.14) montre le comportement de la normale à la paroi au coin de la marche, calculée selon la relation (3.52). On voit qu'elle s'adapte automatiquement et de façon continue à la géométrie, et qu'elle est incliné à 45° lorsqu'on se trouve sur la bissectrice, prenant naturellement en compte les deux parois.

Les figures (5.15) et (5.16) donnent les profils de vitesse moyenne et de l'énergie fluctuante totale pour les trois modèles de trubulence, sur le maillage le plus raffiné (maillage 12 pour l'EB-RSM et maillage 6 pour les modèles haut-Reynolds). Paradoxalement, le modèle k–ε prédit des meilleurs profils que les modèles RSM. En outre, le modèle LRR est supérieur à l'EB-RSM, pour lequel les profils sont décevants dans la zone de recirculation : le bulbe de recirculation est plus épais par rapport à la réalité expérimentale. Ces résultats montrent que les lois de paroi des modèles haut-Reynolds, non valables pour l'écoulement de marche, induisent des erreurs de modélisation qui se compensent et vont dans le « bon sens », pour aboutir finalement à des profils acceptables. L'impact de la paroi sur l'écoulement est très important dans toute la zone de recirculation. Par ailleurs, bien que le coefficient de frottement s'établisse rapidement, la couche limite après le recollement retourne à sa forme canonique très lentement. Ce point a été noté expérimentalement par Song et al. [172]. Ils montrent que la zone interne ($y^+ < 100$) s'établit beaucoup plus rapidement que la zone externe ($y^+ > 100$). Les simulations montrent un rétablissement de la vitesse plus lent par rapport à l'expérience. Ce défaut est commun à tous les modèles de turbulence (bas-Reynolds

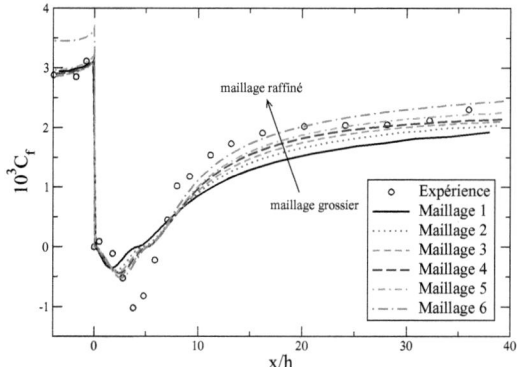

FIGURE 5.11 – Evolution longitudinale du coefficient de frottement moyen, avec le modèle haut-Reynolds k–ε. Sensibilité au maillage et comparaison avec l'expérience [44].

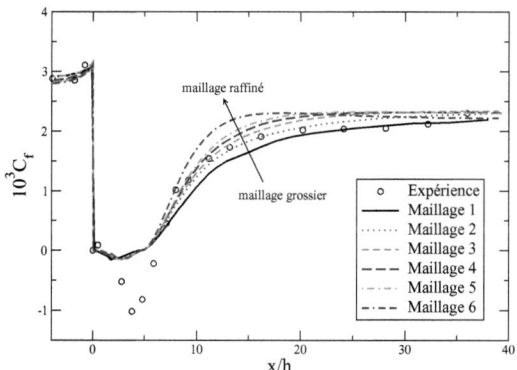

FIGURE 5.12 – Evolution longitudinale du coefficient de frottement moyen, avec le modèle haut-Reynolds LRR. Sensibilité au maillage et comparaison avec l'expérience [44].

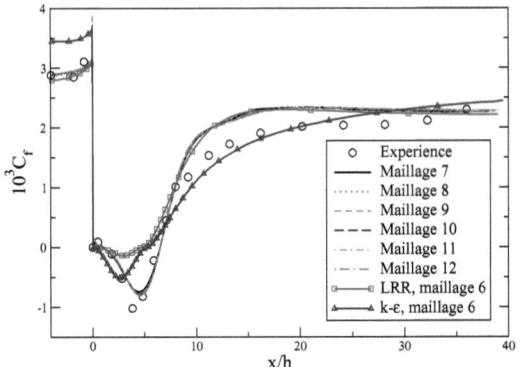

FIGURE 5.13 – Evolution longitudinale du coefficient de frottement moyen, avec le modèle bas-Reynolds EB-RSM (toutes les courbes sont quasiment confondues). Sensibilité au maillage et comparaison avec l'expérience [44] et les modèles haut-Reynolds.

Maillage	1	2	3	4	5	6
l_{r1}/h	4.16	4.71	4.96	5.13	5.20	5.23
l_{r2}/h	–	–	–	–	–	–

TABLE 5.6 – Longueurs moyennes de recirculation pour le modèle haut-Reynolds k–ε. Sensibilité au maillage.

Maillage	1	2	3	4	5	6
l_{r1}/h	4.55	4.72	4.72	4.75	4.75	4.76
l_{r2}/h	–	–	–	0.46	0.59	0.49

TABLE 5.7 – Longueurs moyennes de recirculation pour le modèle haut-Reynolds LRR. Sensibilité au maillage.

Maillage	7	8	9	10	11	12
l_{r1}/h	6.49	6.50	6.51	6.50	6.52	6.52
l_{r2}/h	0.92	0.87	0.83	0.82	0.81	0.80

TABLE 5.8 – Longueurs moyennes de recirculation pour le modèle bas-Reynolds EB-RSM. Sensibilité au maillage.

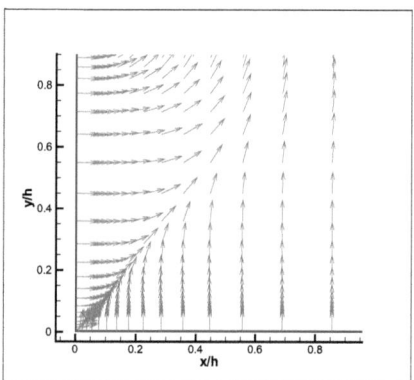

FIGURE 5.14 – Comportement du vecteur unitaire normal à la paroi, au coin de la marche, calculé selon la relation (3.52).

ou haut-Reynolds, EVM ou RSM) [49]. Les interactions des structures tourbillonnaires issues du *shedding* avec la couche limite aval, après le point de rattachement, sont encore mal comprises. La compréhension de ces phénomènes complexes pourraient apporter des éléments de réponse au recouvrement lent de la couche limite dans la zone de relaxation.

Les lignes de courant moyennes sont données sur la figure (5.17) et (5.18). Elles confirment que le modèle k–ε ne capte pas la zone de recirculation secondaire, au coin de la marche, contrairement aux modèles RSM. Cependant, ces derniers présentent un comportement erroné autour du point de recollement : les lignes de courant rebroussent chemin vers la zone de recirculation pour repartir vers l'aval en proche paroi (cf. figure (5.18)). Ce comportement est également noté par Lasher & Taulbee [108] et dont la cause, selon eux, est la valeur trop faible de la constante intervenant dans le terme lent de pression du modèle de Rotta [157] qu'ils utilisent. Pour le terme de pression, le modèle EB-RSM utilise le modèle (3.51) en proche paroi et le SSG [179] en zone lointaine. Parneix *et al.* [145] n'ont pas noté l'anomalie des lignes de courant avec le modèle original à relaxation elliptique, mais le nombre de Reynolds de l'écoulement est très bas ($Re = 5100$). Hanjalić [72] remarque ce comportement anormal avec le modèle SSG et suggère que la raison est une surestimation de l'échelle de longueur de la turbulence autour du point d'impact. Il propose d'utiliser la correction de Yap, qui consiste à introduire un terme source *ad hoc* dans l'équation de la dissipation, uniquement actif autour du point d'impact :

$$S_\varepsilon = \max\left[0.83\frac{\varepsilon^2}{k}\left(\frac{k^{3/2}}{\varepsilon}\frac{1}{C_d d} - 1\right)\left(\frac{k^{3/2}}{\varepsilon}\frac{1}{C_d d}\right)^2, 0\right] \quad (5.35)$$

où d est la distance à la paroi et $C_d = C_\mu^{-3/4}\mathcal{K} \simeq 2.5$. Lorsque l'échelle de longueur de la turbulence est surestimée, le terme source augmente et a tendance à faire augmenter la dissipation. L'effet est de diminuer l'énergie turbulente et de faire décroître l'échelle de longueur, pour la ramener à une valeur d'équilibre. L'inconvénient du modèle de Yap est qu'il fait apparaître explicitement la distance à la paroi, ce qui est contraire à l'essence du modèle EB-RSM. Des tests ont cependant été effectués et ont toujours montré l'anomalie observée précédemment sur les lignes de courant. Le modèle $k - \varepsilon - \alpha$ [127] donne une piste intéressante. Il fait apparaître un invariant particulier, dénommé *invariant d'impact* qui est défini par $\mathcal{I}_0^2/S^2$ où

$$\mathcal{I}_0 = \left(n_i n_j - \frac{1}{3}\delta_{ij}\right) S_{ij} \quad (5.36)$$

$$S = \sqrt{2S_{ij}S_{ij}} \quad (5.37)$$

Cet invariant est nul quand l'écoulement est parallèle à la paroi, comme en écoulement de canal par exemple, et atteint sa valeur maximale $\mathcal{I}_0^2/S^2 = 1/3$ pour un point d'impact axisymétrique (cas d'un jet axisymétrique impactant sur une paroi plane). Un modèle basé sur cet invariant pourrait peut-être corriger l'anomalie des lignes de courant.

5.5 Explication du comportement stationnaire / instationnaire

On présente ci-dessous quelques rappels fondamentaux sur les schémas décentré amont et centré, pour expliquer le comportement observé sur le type de solution obtenue (stationnaire/instationnaire), selon le maillage utilisé. On s'intéresse à une équation monodimensionnelle de convection/diffusion pour une variable ϕ quelconque :

$$\rho U_c \frac{d\phi}{dx} = \Gamma \frac{d^2\phi}{dx^2} \quad (5.38)$$

où la vitesse de convection $U_c > 0$, la masse volumique ρ du fluide et le coefficient de diffusion Γ sont supposés constants. On suppose, sans manque de généralité, que le problème est défini sur l'intervalle $[0, 1]$, avec les conditions aux limites $\phi(0) = 0$ et $\phi(1) = 1$. L'équation différentielle ordinaire (5.38) se résout analytiquement :

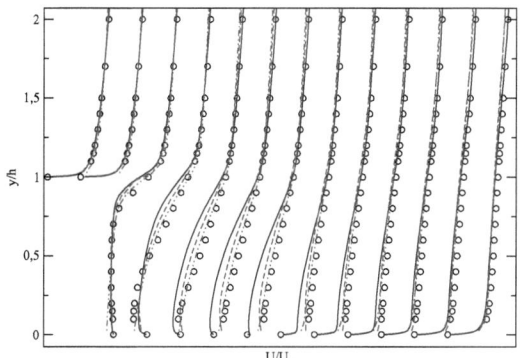

FIGURE 5.15 – Profil de vitesse moyenne selon le modèle de turbulence, pour les positions x/h suivantes : -4, -2, 1, 3, 5, 6, 7, 10, 12, 15, 16, 20, 32. ○ expérience [44], —— EB-RSM (maillage 12), − − − LRR (maillage 6), · · − · · k–ε (maillage 6).

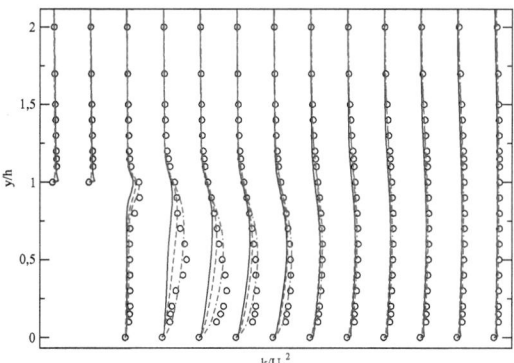

FIGURE 5.16 – Profil de l'énergie turbulente selon le modèle de turbulence, pour les positions x/h suivantes : -4, -2, 1, 3, 5, 6, 7, 10, 12, 15, 16, 20, 32. ○ expérience [44] ($\overline{w^2} \approx 1/2(\overline{u^2} + \overline{v^2})$), —— EB-RSM (maillage 12), − − − LRR (maillage 6), · − − · k–ε (maillage 6).

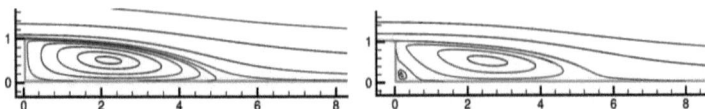

FIGURE 5.17 – Modèles haut-Reynolds (maillage 6). Lignes de courant moyennes. Gauche : modèle k–ε. Droite : modèle LRR.

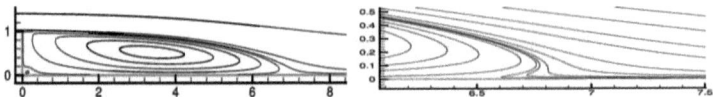

FIGURE 5.18 – Modèle bas-Reynolds EB-RSM (maillage 12). Gauche : lignes de courant moyennes. Droite : zoom autour du point d'impact.

$$\phi(x) = \frac{e^{x\rho U_c/\Gamma} - 1}{e^{\rho U_c/\Gamma} - 1} \qquad (5.39)$$

Quel est le comportement du schéma centré pour ce type de problème ? L'équation différentielle (5.38) discrétisée avec un tel schéma donne sur un maillage régulier [53]

$$\rho U_c \frac{\phi_{i+1} - \phi_{i-1}}{2\Delta x} = \Gamma \frac{\phi_{i+1} - 2\phi_i + \phi_{i-1}}{\Delta x^2} \qquad (5.40)$$

soit après simplifications

$$(2 - Pe)\phi_{i+1} - 4\phi_i + (2 + Pe)\phi_{i-1} = 0 \qquad (5.41)$$

où Pe est le nombre local de Peclet défini par

$$Pe = \frac{\rho U_c \Delta x}{\Gamma} \qquad (5.42)$$

Le nombre de Peclet est le ratio entre le terme de convection et de diffusion. Si la variable ϕ est la vitesse, alors le nombre de Peclet et le nombre de Reynolds basé sur la taille de maille sont équivalents. L'équation algébrique (5.41) admet une solution exacte [146] :

$$\phi_i = C_1 + C_2 \underbrace{\left(\frac{2 + Pe}{2 - Pe}\right)^i}_{\zeta} \qquad (5.43)$$

où les constantes C_1 et C_2 sont déterminées par les conditions aux limites. La variable au point i s'écrit donc comme une loi en puissance. On voit que si $Pe > 2$ alors le terme entre parenthèses est négatif, et selon la parité de la puissance, le terme ζ est positif ou négatif, entraînant des oscillations dans la solution. Pour éviter ces oscillations, il faut prendre une maille Δx suffisamment petite de telle sorte que $Pe < 2$ partout dans le domaine. Un autre moyen de les éviter est d'utiliser un schéma décentré amont pour le terme de convection. Le problème (5.38) s'écrit dans ce cas

$$\rho U_c \frac{\phi_i - \phi_{i-1}}{\Delta x} = \Gamma \frac{\phi_{i+1} - 2\phi_i + \phi_{i-1}}{\Delta x^2} \quad (5.44)$$

dont la solution exacte est [146]

$$\phi_i = C_1 + C_2 \underbrace{(1 + Pe)^i}_{\zeta} \quad (5.45)$$

Le terme ζ est toujours positif, quelle que soit la valeur du nombre de Peclet, et les oscillations numériques disparaissent. La figure (5.19) illustre le comportement des schémas amont et centré avec un maillage homogène constitué de 11 nœuds. On voit que les oscillations numériques existant avec le schéma centré deviennent importantes lorsque la variable x s'approche de 1, zone où la solution analytique présente un fort gradient.

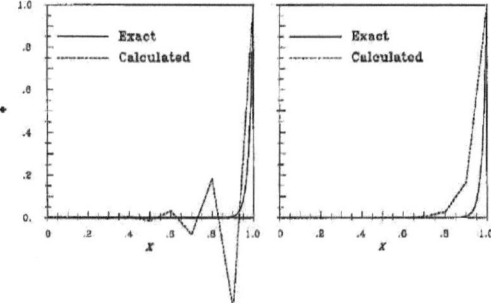

FIGURE 5.19 – Solution de l'équation (5.38) de convection/diffusion 1D, avec $Pe = 50$ et un maillage uniforme composé de 11 nœuds. Gauche : schéma centré. Droite : schéma amont. —— solution exacte, ······ solution calculée. Tiré de Ferziger & Perić [53].

L'inconvénient du schéma amont est qu'il est peu précis (schéma d'ordre 1 en espace) et introduit une diffusion numérique importante. En effet, on peut écrire

$$\frac{\phi_i - \phi_{i-1}}{\Delta x} = \frac{\phi_{i+1} - \phi_{i-1}}{2\Delta x} - \frac{\phi_{i+1} - 2\phi_i + \phi_{i-1}}{2\Delta x} \qquad (5.46)$$

L'équation aux différences (5.44) donne

$$\rho U_c \frac{\phi_{i+1} - \phi_{i-1}}{2\Delta x} = \left(\Gamma + \frac{\rho U_c \Delta x}{2}\right) \frac{\phi_{i+1} - 2\phi_i + \phi_{i-1}}{\Delta x^2} \qquad (5.47)$$

Ainsi, le schéma amont a un double effet stabilisateur : en plus d'éviter les oscillations numériques, il introduit une diffusion numérique artificielle $\Gamma_{num} = \rho U_c \Delta x/2$ qui aura tendance à dissiper l'énergie des structures tourbillonnaires. Ces résultats simples expliquent pourquoi l'on obtient une solution stationnaire avec l'utilisation d'un schéma amont pour le terme de convection, quel que soit le modèle de turbulence ou le maillage.

Dans la réalité expérimentale concernant l'écoulement de marche descendante, les perturbations (infinitésimales) au sein de l'écoulement sont incontrôlables et jouent le même rôle que les erreurs numériques. La théorie de la stabilité linéaire [43] analyse l'influence de ces petites perturbations sur l'écoulement et permet de démontrer que l'écoulement de marche descendante est absolument instable dans la zone de recirculation, et que la fréquence du *shedding* est directement reliée à la forme du profil de vitesse moyenne et à la position du point d'inflexion [187]. En extrapolant à l'écoulement de marche les résultats précédents concernant le schéma centré, le nombre local de Peclet peut être suffisamment grand sur un maillage grossier pour que les oscillations numériques existent. Elles peuvent ainsi exciter le mode le plus instable de la couche cisaillée, dont la conséquence est le *shedding*. Pour vérifier cette hypothèse, on s'intéresse plus particulièrement à l'équation de quantité de mouvement, dans la zone de couche limite en amont de la marche. Pour un écoulement en régime turbulent, la diffusion turbulente doit également être prise en compte dans la définition du nombre de Peclet local. Dans les modèles RSM, la viscosité turbulente est donnée par le modèle (3.54) à gradient généralisé de Daly & Harlow [40] :

$$\nu_{Tij} = \frac{C_S}{\sigma_k} \overline{T_p \langle u_i'' u_j'' \rangle} \qquad (5.48)$$

En supposant que la diffusion a essentiellement lieu dans la direction normale à la paroi, on peut estimer la viscosité totale ν_{tot} selon

$$\nu_{tot} = \nu + \frac{C_S}{\sigma_k} \overline{T_p \langle v''^2 \rangle} \qquad (5.49)$$

et le terme de diffusion $\mathcal{D}_t$ par

$$\mathcal{D}_t = \frac{\nu_{tot} U}{\Delta y^2} \qquad (5.50)$$

En supposant que la convection a essentiellement lieu dans la direction longitudinale, on peut estimer le terme de convection $\mathcal{C}$ par

$$\mathcal{C} = \frac{U^2}{\Delta x} \tag{5.51}$$

Dans une couche limite turbulente bidimensionnelle, le nombre de Peclet local peut donc être estimé par

$$Pe(x,y) = \frac{\mathcal{C}}{\mathcal{D}_t} = \frac{U\Delta y^2}{\nu_{tot}\Delta x} \tag{5.52}$$

Le point le plus sensible aux perturbations numériques est le point d'inflexion du profil de vitesse moyenne, d'après la théorie de la stabilité linéaire. La hauteur de la ligne de courant amont passant par ce point a été déterminée à $y^+ \simeq 15$, avec le modèle EB-RSM. La figure (5.20) montre, pour $y^+ = 15$ et selon le maillage, l'évolution longitudinale du nombre de Peclet local, dans une région très proche de la marche, où les gradients sont importants, pouvant entraîner l'existence d'oscillations numériques. Elle suggère que, pour un maillage grossier, le nombre de Peclet est suffisamment grand pour générer des oscillations numériques près de la marche, qui excitent à leur tour la fréquence propre de la couche cisaillée, pour aboutir à une solution instationnaire. Si le maillage est trop raffiné, ces oscillations disparaissent et la solution est stationnaire. Le même résultat est obtenu qualitativement avec le modèle LRR (cf. figure (5.21)), à part que le premier maillage est trop grossier pour capturer les structures cohérentes, qui sont vite diffusées. La position du point d'inflexion est dans la zone tampon et n'est pas accessible avec les maillages réalisés pour les calculs haut-Reynolds, où le premier point à la paroi se trouve dans la zone log. On a choisi arbitrairement une hauteur de l'ordre de $y^+ \approx 150$ pour tracer l'évolution du nombre de Peclet local et pouvoir faire des comparaisons entre différents maillages. La figure (5.22) tente de mettre en évidence ces oscillations numériques sur le profil de vitesse moyenne. Pour cela, on trace l'évolution longitudinale de la dérivée de la vitesse moyenne dU/dx. On voit effectivement que ces oscillations existent, et qu'elles diminuent avec le raffinement du maillage, surtout dans la zone proche de la marche, où les gradients sont importants. Ainsi, obtenir une solution instationnaire est un artifice numérique, qui rend la méthodologie URANS peu fiable pour prédire l'amplitude des oscillations à grande échelle, dans l'écoulement de marche. Cependant, si le maillage est suffisamment raffiné pour que les erreurs numériques deviennent négligeables sur le profil de vitesse moyenne, tout en étant suffisantes pour obtenir une solution instationnaire, alors le nombre de Strouhal est peu dépendant du maillage, car il correspond au mode le plus instable de la couche cisaillée. C'est ce que montre le tableau (5.5).

Un dernier test a été effectué. Une perturbation ponctuelle $\delta\tilde{U}$ et $\delta\tilde{V}$ est imposée sur les deux composantes de la vitesse, du type

$$\delta\tilde{U} = \delta\tilde{V} = AU_0 \cos(2\pi f_p t) \tag{5.53}$$

A	$f_p h/U_0$	x_0/h	Solution	St_1
5%	0.20	-1	instationnaire	0.20
21%	0.20	-1	instationnaire	0.20
21%	0.20	0^+	instationnaire	0.20
21%	0.03	0^+	stationnaire	–
21%	bruit blanc	0^+	stationnaire	–

TABLE 5.9 – Caractéristiques des perturbations imposées et type de solution obtenue.

Le tableau (5.9) montre les différentes valeurs testées pour l'amplitude A et la fréquence f_p, et le type de solution obtenue ; x_0 est la position de la perturbation, où 0^+ représente le premier point après la marche, à la hauteur $y/h = 1$. L'imposition d'une fréquence autre que celle du *shedding* donne une solution stationnaire. Dans le cas contraire, la solution est instationnaire mais dépend fortement de l'amplitude et de la position de la perturbation, comme le montre la figure (5.23). Le cas $x_0 = -h$ permet aux perturbations de s'amplifier à l'approche de la marche et d'obtenir une énergie plus élevée dans les structures résolues, de l'ordre de 1% à 10% de l'énergie fluctuante totale, selon l'amplitude imposée. Du fait que l'énergie résolue reste faible par rapport à l'énergie totale, les champs moyens ne sont pas améliorés par rapport au cas stationnaire. Ce type de perturbation a également été utilisé par Khorrami et al. [91] pour obtenir une solution instationnaire sur un profil d'aile.

Comment peut-on expliquer cette différence de comportement de l'URANS entre les écoulements de sillage, où le raffinement permet de résoudre de mieux en mieux les structures cohérentes, et les écoulements de marche descendante, où la solution est en réalité stationnaire ? Une explication possible serait que, dans les écoulements de sillage, les structures tourbillonnaires, transportées vers l'aval, sont suffisamment énergétiques pour ne pas être diffusées par la viscosité turbulente du modèle URANS. Ceci revient à dire que la coupure, imposée implicitement par les équations modèles URANS, se trouve à une échelle inférieure à celle des structures issues du *shedding*. Dans l'écoulement de marche, la paroi joue un rôle fondamental : les structures interagissent avec elle, et leur taille et leur énergie est plus petite par rapport à un écoulement de sillage. De ce fait, le modèle URANS dissipe l'énergie de ces structures, et la fréquence de coupure se trouve dans les très grandes échelles, proche de la valeur zéro. La bifurcation vers la solution instationnaire URANS n'a pas lieu, et l'on obtient ainsi une solution RANS stationnaire. La théorie PITM [166, 28], présentée au chapitre 6, montre qu'un défaut de la méthodologie URANS provient de l'équation de la dissipation et plus particulièrement de la valeur du coefficient C_{ε_2}.

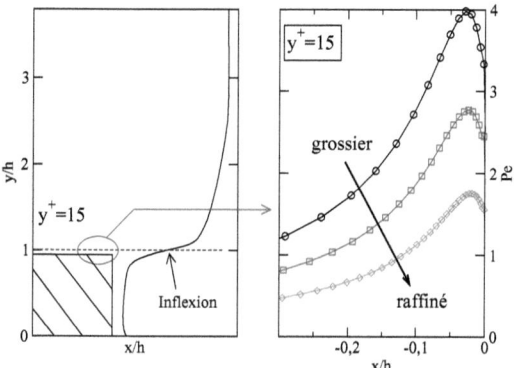

FIGURE 5.20 – Gauche : détermination de la hauteur de la ligne de courant amont passant par le point d'inflexion du profil de vitesse moyenne, avec le modèle EB-RSM. Droite : évolution longitudinale du nombre de Peclet local, dans une région très proche de la marche, avec le modèle EB-RSM. Sensibilité au maillage. ○ maillage 7 (grossier), □ maillage 9, ◇ maillage 12 (raffiné).

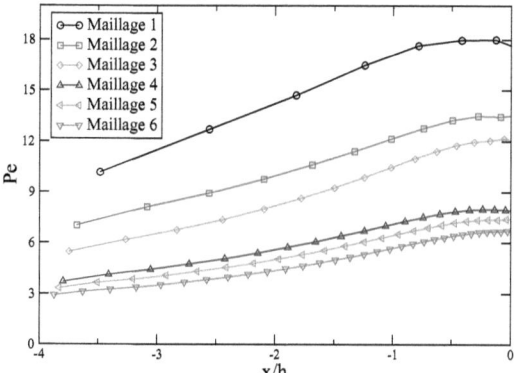

FIGURE 5.21 – Evolution longitudinale du nombre de Peclet local en $y^+ = 150$, avec le modèle LRR. Sensibilité au maillage.

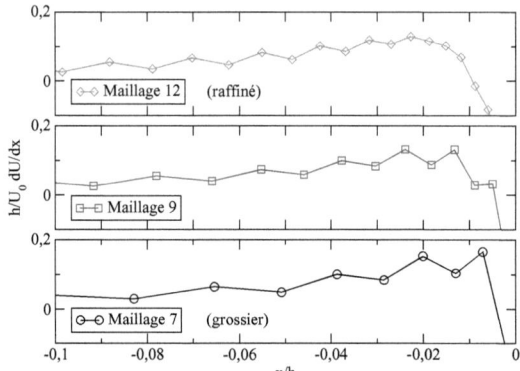

FIGURE 5.22 – Evolution longitudinale de la dérivée de la vitesse moyenne, dans une région très proche de la marche, avec le modèle EB-RSM. Sensibilité au maillage.

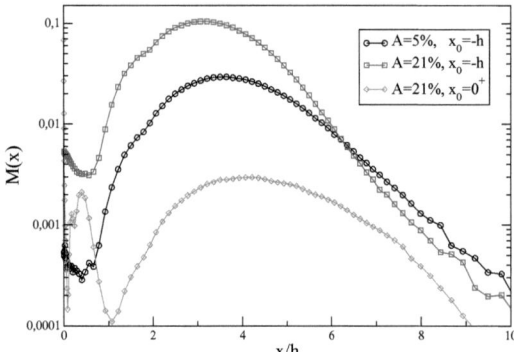

FIGURE 5.23 – Evolution longitudinale, après la marche, du paramètre $M(x)$ défini par la relation (5.31), en fonction de l'amplitude A et de la position x_0 de la perturbation, avec $f_p = 0.20 U_o/h$. Modèle EB-RSM.

5.6 Conclusions du chapitre

Conclusions concernant la méthodologie URANS sur la marche. Au-delà de la question toujours ouverte de la décomposition URANS et du filtrage associé, l'utilisation d'un schéma suffisamment précis pour les termes convectifs (au moins d'ordre 2) permet dans un premier temps d'aboutir à une solution instationnaire avec les modèles RSM, sans aucune modification des constantes et du modèle, et sans introduction volontaire de perturbations. Le *shedding* est capté, avec le bon ordre de grandeur du nombre de Strouhal associé ($St_1 \simeq 0.20$) et de la vitesse de convection ($U_c = 0.5U_0$), résultats conformes à Lasher & Taulbee [108] et à l'origine de la diffusion dans le milieu industriel des calculs URANS. Cependant, l'énergie des structures résolues est inférieures à 5% de l'énergie fluctuante totale pour le maillage le plus grossier. On s'attend à ce que le raffinement du maillage augmente cette valeur, comme dans les écoulements de sillage [107]. L'effet est tout à fait le contraire : on obtient une solution stationnaire lorsque le maillage est suffisamment raffiné. Il a été montré que les erreurs numériques, dans la région de la marche où les gradients sont importants, peuvent être suffisamment amplifiées pour exciter le mode le plus instable de la couche cisaillée, lorsque le nombre local de Peclet est élevé, ce dernier quantifiant les effets d'inertie par rapport aux effets diffusifs. Ce résultat suggère que la méthodologie URANS n'est pas appropriée pour les écoulements cisaillés décollés tels que la marche. Une raison possible est que, la coupure étant imposée implicitement par les équations modèles, il n'est pas possible de contrôler la part d'énergie résolue par rapport à l'énergie fluctuante totale. De nouvelles méthodologies doivent être développées pour pouvoir contrôler ce paramètre. Ce sera l'objet du prochain chapitre.

Conclusions concernant le modèle bas-Reynolds EB-RSM. Le modèle EB-RSM améliore considérablement le coefficient de frottement et la longueur de recirculation, par rapport aux modèles haut-Reynolds. Ces quantités sont peu sensibles à un déraffinement raisonnable du maillage, ce qui est intéressant dans un cadre industriel où les maillages sont souvent « grossiers ». Les profils de vitesse moyenne et de l'énergie fluctuante sont cependant très décevants dans la zone de recirculation. Après le point de recollement, le rétablissement de la couche limite est plus lent que l'expérience. Ce défaut est commun à tous les modèles de turbulence. Les mécanismes d'interaction entre les structures issues du *shedding* et la couche limite se développant en aval sont encore mal connus, mais pourraient expliquer ce défaut. La résolution explicite des structures instationnaires à grandes échelles par une approche hybride RANS-LES pourrait permettre de corriger ce défaut.

Chapitre 6

Modèle hybride RANS-LES

Le chapitre précédent a montré que l'URANS est incapable de prédire, de façon fiable, l'énergie contenue dans les structures résolues à grande échelle pour un écoulement cisaillé décollé, tel que la marche descendante. Il est primordial de développer de nouvelles méthodologies pour réaliser des simulations instationnaires. La LES est capable de calculer avec fiabilité un champ turbulent pour des écoulements où les modèles RANS échouent. Cependant, elle est coûteuse en temps CPU, d'autant plus pour les écoulements de paroi. Les lois de parois [148, 22] permettent de diminuer ce coût mais souffrent d'empirisme et de manque d'universalité. A l'inverse, les modèles RANS sont capables de prédire avec précision les écoulements attachés et en proche paroi. L'idée des modèles hybrides est de conjuguer les avantages de chaque type de simulation : une simulation RANS est effectuée en proche paroi ou dans une zone « inintéressante » pour l'ingénieur, où un modèle RANS suffit à donner les ordres de grandeurs des champs moyens et des statistiques de la turbulence ; une simulation LES est effectuée loin des parois ou dans une zone où des structures cohérentes à grande échelle peuvent prédominer et avoir un impact important sur l'écoulement. Deux approches différentes existent. La première, qualifiée de *zonale*, consiste à imposer explicitement la frontière RANS-LES, qui sera typiquement dans la zone logarithmique pour un écoulement pariétal. La difficulté de cette approche a déjà été discutée dans l'introduction, à la section (1.4.2). Une autre méthode consiste a effectuer une transition continue entre la zone RANS en proche paroi et la zone LES loin des parois. On parle alors de modèle *non-zonal* ou à *transition continue*. Cette méthode consiste à utiliser des équations formellement identiques pour les zones RANS et LES, avec l'utilisation de certains paramètres, que l'on explicitera par la suite, pour faire cette transition. Durant la thèse, on s'est intéressé à une telle méthodologie, car elle semble beaucoup plus simple à mettre en œuvre dans un cadre industriel.

Une question fondamentale se pose : les formalismes RANS et LES sont très différents, dans la mesure où l'opérateur RANS est une moyenne d'ensemble, équivalente à une moyenne temporelle pour un écoulement statistiquement stationnaire, alors que la LES classique se base sur un filtrage spatial. Quelle est alors la signification d'un tel modèle hybride? C'est pour concilier les formalismes RANS et LES que certains auteurs [38, 39, 152, 153] ont proposé la TLES (*Temporal Large Eddy Simulation*), qui est une simulation LES basée sur un filtrage temporel. Les équations de la TLES sont formellement identiques à une LES spatiale classique. Lorsque la largeur du filtre tend vers l'infini, le filtre tend vers la moyenne temporelle pour aboutir à une approche RANS, et lorsqu'elle tend vers zéro, le filtre tend vers une distribution de Dirac pour aboutir à une approche DNS [57]. Pour les valeurs intermédiaires de la taille du filtre, on obtient une LES plus ou moins bien résolue.

Ce chapitre s'intéresse d'abord au formalisme de la LES et de la TLES. Deux modèles hybrides non-zonaux sont ensuite présentés : le modèle PANS (*Partially-Averaged Navier-Stokes*) [68, 67, 66] et PITM (*Partially Integrated Transport Model*) [166, 28]. Ces deux méthodologies permettent de contrôler la part d'énergie résolue par rapport à l'énergie fluctuante totale. Elles consistent à apporter les modifications nécessaires à l'équation de la dissipation, pour diminuer le niveau de turbulence et permettre aux structures cohérentes de se développer. Elles aboutissent finalement à une formulation identique de l'équation de la dissipation, avec un coefficient C_{ε_2} modifié, mais leur approche est totalement différente. L'approche PANS reste entourée d'un certain flou dans la mesure où le filtrage est implicite. Au contraire, le modèle PITM définit clairement le filtrage utilisé pour séparer les échelles résolues des échelles modélisées, et étant basé sur la théorie spectrale de la turbulence, il permet de prendre en compte de façon continue les variations de la position de la coupure dans le spectre d'énergie, respectant ainsi les deux limites extrêmes RANS et DNS.

Le modèle PANS a donné des résultats satisfaisants dans des écoulements de sillage [68, 66] et de jet [67], mais n'a pas subi de calibration précise dans un écoulement académique. Le modèle PITM, calibrés en turbulence homogène isotrope [166], a donné des résultats encourageants dans des écoulements de canal [28, 166] et de canal avec injection pariétale [28]. Plus récemment, ce modèle a été appliqué dans un problème de convection thermique en régime turbulent, à grand nombre de Rayleigh, et a donné de bons résultats [90].

La théorie PITM, dérivée en turbulence homogène anisotrope, est généralisée aux écoulements inhomogènes par Chaouat & Schiestel [29], en utilisant le concept d'*espace homogène tangent*, qui repose sur une hypothèse d'homogénéité locale de la vitesse moyenne. Comme indiqué au chapitre 3, cette hypothèse est forte pour les écoulements pariétaux. Dans ce chapitre, pour concilier les formalismes RANS et LES dans les écoulements inhomogènes, tels que les écoulements de paroi, sans faire appel à l'hypothèse d'homogénéité locale, et donner une justification théorique aux modèles hybrides à transition continue, l'approche temporelle de la TLES est adaptée à la méthodologie PITM pour aboutir à la formulation T-PITM (*Temporal Partially Integrated Transport Model*).

La fin de thèse s'est focalisée sur le développement d'un modèle hybride à pondération elliptique, alliant le modèle bas-Reynolds EB-RSM à la méthodologie PITM et T-PITM. De nombreuses questions de modélisation apparaissent, auxquelles on tentera de répondre. Les résultats en écoulement de canal à $Re_\tau = 395$ seront présentés.

6.1 Présentation de la LES

Dans une simulation LES, les structures tourbillonnaires aux grandes échelles, tridimensionnelles et instationnaires, sont explicitement résolues, tandis que l'influence des petites échelles est modélisée, car ces échelles ont, dans une certaine mesure, un caractère plus universel. En terme de coût de calcul, la LES est à mi-chemin entre la DNS et les modèles RANS, et est motivée par les limitations de chacune de ces approches. Puisque les structures à grande échelle sont explicitement résolues, on s'attend à ce que la LES soit plus fiable et précise que les modèles RANS, pour des écoulements où dominent des structures instationnaires aux grandes échelles, tels que les écoulements décollés.
Quatre étapes conceptuelles sont nécessaires en LES :
– une opération de filtrage est définie pour décomposer les variables instantanées en la somme d'une variable filtrée (ou résolue) et d'une variable de sous-filtre. La variable filtrée, qui est tridimensionnelle et instationnaire, représente la dynamique des structures aux grandes échelles ;
– l'équation d'évolution des variables filtrées est déduite des équations de Navier-Stokes. Elle fait apparaître la contrainte de sous-maille [1] $\tau_{ij\,SGS}$ qui représente les effets des petites échelles sur les grandes. De façon plus exacte, on devrait parler de tenseur de sous-filtre $\tau_{ij\,SFS}$ (*Sub-Filter Scale* en anglais) caractérisant les effets des structures filtrées sur les structures résolues. Cette remarque faite, on conservera par la suite l'appellation classique par conformité à l'usage en la matière ;
– une relation de fermeture est nécessaire pour modéliser la contrainte de sous-maille. Le modèle le plus simple est un modèle à viscosité turbulente, tel que le modèle de Smagorinsky que l'on présentera par la suite. L'objectif premier d'un modèle LES est de prendre en compte le transfert d'énergie des grandes échelles vers les petites ;
– les équations filtrées sont résolues numériquement pour obtenir les variables filtrées.

Des distinctions sont à faire sur les variantes de la LES. On considère tout d'abord un écoulement sans parois. Dans une LES bien résolue, le champ de vitesse filtrée doit contenir plus de 80% [150] de l'énergie cinétique turbulente [2] partout dans l'écoulement. Pope [150] parle de LES dite « grossière » quand le maillage et la largeur du filtre sont trop grossiers pour résoudre 80% de l'énergie turbulente. Bien que ce type de LES soit moins coûteuse en temps de calcul, le nombre d'onde de coupure peut se trouver dans la zone productive du spectre et la simulation devient très dépendante de la modélisation de la contrainte de sous-maille. Il est essentiel de développer des modèles plus complexes basés sur des équations de transport, pour correctement prendre en compte

---
1. *Sub-Grid Scale* en anglais, d'où le sigle SGS par la suite.
2. Cette valeur est arbitraire mais permet de fixer les idées.

la production turbulente, la redistribution par la pression et le temps de réponse de l'écoulement à une perturbation extérieure. Pour un écoulement pariétal, la même distinction se fait entre la LES et la LES « grossière », loin des parois. En zone de proche paroi, si le maillage et la largeur de filtre permettent de résoudre plus de 80% de l'énergie, alors la simulation est qualifiée de LES avec résolution pariétale. Une telle simulation nécessite un maillage très raffiné en proche paroi et le coût de calcul varie selon $Re^{1.8}$ [150], ce qui est inaccessible pour un écoulement industriel à grand nombre de Reynolds. Une alternative est l'utilisation de lois de parois [148, 22], qui permettent un maillage plus grossier en proche paroi, mais souffrent d'empirisme et de non-universalité.

6.1.1 LES spatiale

6.1.1.1 Formalisme

Soit G_{Δ_S} un filtre spatial passe-bas de largeur Δ_S. Ce filtre est appliqué à une variable instantanée ϕ quelconque (vitesse, pression, température, ...). La variable filtrée $\langle \phi \rangle$ est donnée par le produit de convolution [159]

$$\langle \phi \rangle (\mathbf{x}, t) = \int_\Omega G_{\Delta_S}(\mathbf{x} - \mathbf{r}) \phi(\mathbf{r}, t) \, d\mathbf{r} \tag{6.1}$$

où Ω est le domaine défini par l'écoulement. De façon plus générale, le filtre peut dépendre du temps. Pour préserver les constantes, il doit vérifier la condition de normalisation

$$\int_\Omega G_{\Delta_S}(\mathbf{x} - \mathbf{r}) \, d\mathbf{r} = 1 \tag{6.2}$$

La vitesse et la pression instantanée se décomposent ainsi en une partie filtrée et une fluctuation aux petites échelles

$$U_i^*(\mathbf{x}, t) = \tilde{U}_i(\mathbf{x}, t) + u_i''(\mathbf{x}, t) \tag{6.3}$$
$$P^*(\mathbf{x}, t) = \tilde{\mathcal{P}}(\mathbf{x}, t) + p''(\mathbf{x}, t) \tag{6.4}$$

où $\tilde{U}_i = \langle U_i^* \rangle$ et $\tilde{\mathcal{P}} = \langle P^* \rangle$. La fluctuation aux petites échelles s'obtient par soustraction de la variable instantanée et de la variable filtrée. On peut décomposer la vitesse filtrée en une moyenne temporelle $U_i = \mathcal{T}\{\tilde{U}_i\}$ et une fluctuation aux grandes échelles $u_i' = \tilde{U}_i - \mathcal{T}\{\tilde{U}_i\}$ telle que

$$\tilde{U}_i(\mathbf{x}, t) = U_i(\mathbf{x}) + u_i'(\mathbf{x}, t) \tag{6.5}$$

Le tableau (6.1) donne les filtres homogènes, c'est-à-dire indépendants de $\mathbf{x}$, les plus utilisés : filtre boîte (*box* ou *top-hat filter*), filtre gaussien et filtre à coupure spectrale (*spectral cutoff filter*). De façon générale, le filtre n'est pas idempotent, c'est-à-dire $\langle \langle U_i^* \rangle \rangle \neq \langle U_i^* \rangle$, ce qui entraîne $\langle u_i'' \rangle \neq 0$.

Nom du filtre	Fonction	Fonction de transfert
Général	$G_{\Delta_S}(r)$	$\hat{G}_{\Delta_S}(\kappa) = \int_{-\infty}^{+\infty} e^{i\kappa r} G_{\Delta_S}(r)\,\mathrm{d}r$
Boîte	$\dfrac{1}{\Delta_S}\mathcal{H}(\Delta_S/2 - r)$	$\dfrac{\sin(\kappa\Delta_S/2)}{\kappa\Delta_S/2}$
Gaussien	$\left(\dfrac{6}{\pi\Delta_S{}^2}\right)^{1/2} \exp\left(-\dfrac{6r^2}{\Delta_S{}^2}\right)$	$\exp\left(-\dfrac{\kappa^2\Delta_S{}^2}{24}\right)$
Coupure spectrale	$\dfrac{\sin(\pi r/\Delta_S)}{\pi r}$	$\mathcal{H}(\pi/\Delta_S - \kappa)$

TABLE 6.1 – Définition de filtres homogènes les plus couramment utilisés dans le formalisme de la LES. La fonction de Heaviside est notée $\mathcal{H}$.

Seul le filtre à coupure spectrale vérifie ces propriétés. On définit le nombre d'onde de coupure κ_c par la relation

$$\kappa_c = \frac{2\pi}{\Delta_S} \tag{6.6}$$

La largeur du filtre est directement liée à la taille locale de la maille selon [41, 168, 167]

$$\Delta_S = C_g \Delta_m \tag{6.7}$$

où $\Delta_m = (\Delta x \Delta y \Delta z)^{1/3}$ et C_g est une constante. Intuitivement, on voit bien que la simulation ne peut pas capturer des structures plus petites que la taille de maille. En réalité, le théorème de Shannon, en théorie du signal, impose la contrainte $C_g \geqslant 2$. Cette constante dépend en pratique des schémas numériques [62, 159].

6.1.1.2 Equations filtrées

L'opération de filtrage (6.1) des équations de Navier-Stokes donne les équations du mouvement qui s'écrivent pour un écoulement incompressible

$$\frac{\partial \tilde{U}_i}{\partial x_i} = 0 \tag{6.8}$$

$$\frac{\partial \tilde{U}_i}{\partial t} + \tilde{U}_j \frac{\partial \tilde{U}_i}{\partial x_j} = -\frac{1}{\rho}\frac{\partial \tilde{\mathcal{P}}}{\partial x_i} + \nu \frac{\partial^2 \tilde{U}_i}{\partial x_j \partial x_j} - \frac{\partial \tau_{ij\,SGS}}{\partial x_j} \qquad (6.9)$$

où $\tau_{ij\,SGS}$ est le tenseur des contraintes de sous-maille. Il représente l'influence des petites échelles (non-résolues) sur la dynamique des grandes échelles. Il est défini par

$$\tau_{ij\,SGS} = \langle U_i^* U_j^* \rangle - \langle U_i^* \rangle \langle U_j^* \rangle \qquad (6.10)$$

En introduisant la décomposition (6.3), la contrainte de sous-maille s'écrit

$$\tau_{ij\,SGS} = \underbrace{\langle \tilde{U}_i \tilde{U}_j \rangle - \tilde{U}_i \tilde{U}_j}_{\mathcal{L}_{ij}} + \underbrace{\langle \tilde{U}_i u_j'' \rangle + \langle u_i'' \tilde{U}_j \rangle}_{\mathcal{C}_{ij}} + \underbrace{\langle u_i'' u_j'' \rangle}_{\mathcal{R}_{ij}} \qquad (6.11)$$

Les tenseurs $\mathcal{L}_{ij}$, $\mathcal{C}_{ij}$ et $\mathcal{R}_{ij}$ sont dénommés respectivement *tenseur de Léonard*, *tenseur des termes croisés* et *tenseur de Reynolds de sous-maille*. Le tenseur $\mathcal{L}_{ij}$ peut être calculé explicitement lors de la simulation et ne nécessite pas de modèle. Il caractérise les interactions grandes échelles/grandes échelles ; $\mathcal{C}_{ij}$ caractérise les interactions grandes échelles/petites échelles, et $\mathcal{R}_{ij}$ les interactions petites échelles/petites échelles. Si le filtre est idempotent, comme le filtre à coupure spectrale, le seul terme non-nul est le tenseur de Reynolds de sous-maille. En pratique, le tenseur de Léonard et les tenseurs croisés sont généralement négligeables devant le tenseur de Reynolds de sous-maille. Bien que la somme $\mathcal{L}_{ij} + \mathcal{C}_{ij}$ ainsi que le tenseur $\mathcal{R}_{ij}$ soient invariants par changement de repère galiléen, les tenseurs $\mathcal{L}_{ij}$ et $\mathcal{C}_{ij}$, pris séparément, ne le sont pas [174]. Cette décomposition a donc été abandonnée et le tenseur $\tau_{ij\,SGS}$ est modélisé dans son ensemble.

L'obtention des équations du mouvement est basée sur une hypothèse de commutativité entre le filtre et les dérivées. Celle-ci est vraie lorsque la largeur du filtre est homogène. Les écoulements fortement inhomogènes, comme les écoulements de paroi, nécessitent l'usage de filtre variable dans l'espace. Ce type de filtre ne commute plus avec les dérivées spatiales qu'en générant une erreur, dite de commutation. Ghosal & Moin [63] montrent que cette erreur est du second ordre en la largeur de filtre. Elle est en général négligée.

L'équation d'évolution des fluctuations aux petites échelles u_i'' s'obtient par soustraction des équations (2.3) et (6.9) :

$$\frac{\partial u_i''}{\partial x_i} = 0 \qquad (6.12)$$

$$\frac{\partial u_i''}{\partial t} + \frac{\partial}{\partial x_k}\left[u_k'' \left(\tilde{U}_i + u_i'' \right) + \tilde{U}_k u_i'' - \tau_{ik\,SGS} \right] = -\frac{1}{\rho}\frac{\partial p''}{\partial x_i} + \nu \frac{\partial^2 u_i''}{\partial x_k \partial x_k} \qquad (6.13)$$

On en déduit l'équation exacte des tensions de Reynolds de sous-maille :

$$\frac{\partial \mathcal{R}_{ij}}{\partial t} + \left\langle \tilde{U}_k \frac{\partial u_i'' u_j''}{\partial x_k} \right\rangle = -\frac{\partial \left\langle u_i'' u_j'' u_k'' \right\rangle}{\partial x_k} + \left\langle u_j'' \frac{\partial \tau_{ik\,SGS}}{\partial x_k} \right\rangle + \left\langle u_i'' \frac{\partial \tau_{jk\,SGS}}{\partial x_k} \right\rangle$$

$$+ \nu \frac{\partial^2 \mathcal{R}_{ij}}{\partial x_k \partial x_k} - \frac{1}{\rho} \left\langle u_i'' \frac{\partial p''}{\partial x_j} \right\rangle - \frac{1}{\rho} \left\langle u_j'' \frac{\partial p''}{\partial x_i} \right\rangle$$

$$- \left\langle u_i'' u_k'' \frac{\partial \tilde{U}_j}{\partial x_k} \right\rangle - \left\langle u_j'' u_k'' \frac{\partial \tilde{U}_i}{\partial x_k} \right\rangle - 2\nu \left\langle \frac{\partial u_i''}{\partial x_k} \frac{\partial u_j''}{\partial x_k} \right\rangle \qquad (6.14)$$

A partir d'ici, deux points de vue sont possibles. Le premier consiste à supposer le filtre idempotent (filtre à coupure spectrale), alors que le second utilise le formalisme de Germano [58] en introduisant les moments centrés généralisés.

• **Premier point de vue : filtre idempotent**

Dans ce cas, on a $\mathcal{L}_{ij} = \mathcal{C}_{ij} = 0$ et $\tau_{ij\,SGS} = \mathcal{R}_{ij}$. L'équation de transport de $\mathcal{R}_{ij}$ est alors formellement identique à l'équation des tensions de Reynolds en méthodologie RANS ou à celle des tensions de Reynolds incohérentes en méthodologie URANS :

$$\frac{\partial \mathcal{R}_{ij}}{\partial t} + \underbrace{\tilde{U}_k \frac{\partial \mathcal{R}_{ij}}{\partial x_k}}_{C_{ij\,SGS}} = \underbrace{-\frac{\partial \left\langle u_i'' u_j'' u_k'' \right\rangle}{\partial x_k}}_{D^T_{ij\,SGS}} + \underbrace{\nu \frac{\partial^2 \mathcal{R}_{ij}}{\partial x_k \partial x_k}}_{D^\nu_{ij\,SGS}} - \underbrace{2\nu \left\langle \frac{\partial u_i''}{\partial x_k} \frac{\partial u_j''}{\partial x_k} \right\rangle}_{\varepsilon_{ij\,SGS}}$$

$$\underbrace{- \frac{1}{\rho} \left\langle u_i'' \frac{\partial p''}{\partial x_j} \right\rangle - \frac{1}{\rho} \left\langle u_j'' \frac{\partial p''}{\partial x_i} \right\rangle}_{\phi^*_{ij\,SGS}} \underbrace{- \mathcal{R}_{ik} \frac{\partial \tilde{U}_j}{\partial x_k} - \mathcal{R}_{jk} \frac{\partial \tilde{U}_i}{\partial x_k}}_{P_{ij\,SGS}} \qquad (6.15)$$

Les termes $C_{ij\,SGS}$, $D^T_{ij\,SGS}$, $D^\nu_{ij\,SGS}$, $\phi^*_{ij\,SGS}$, $P_{ij\,SGS}$ et $\varepsilon_{ij\,SGS}$ sont respectivement le terme de convection par le champ filtré, le transport par les échelles de sous-maille, la diffusion moléculaire, le terme de pression partielle, la production partielle par le champ filtré et la dissipation visqueuse partielle. Dans un modèle où l'on résout les équations de transport des tensions de Reynolds de sous-maille, les corrélations inconnues ($\phi^*_{ij\,SGS}$, $D^T_{ij\,SGS}$ et $\varepsilon_{ij\,SGS}$) devront être modélisées. Les tensions de Reynolds habituelles sont données par

$$R_{ij} = \tau_{ij\,LES} + \overline{\mathcal{R}_{ij}} \qquad (6.16)$$

où le tenseur $\tau_{ij\,LES}$ est calculé explicitement lors de la simulation selon

$$\tau_{ij\,LES} = \overline{(\tilde{U}_i - U_i)(\tilde{U}_j - U_j)} = \overline{\tilde{U}_i \tilde{U}_j} - U_i U_j \qquad (6.17)$$

L'équation de l'énergie de sous-maille s'obtient par contraction des indices libres :

$$k_{SGS} = \frac{1}{2}\mathcal{R}_{ii} \qquad (6.18)$$

$$\frac{\partial k_{SGS}}{\partial t} + \underbrace{\tilde{U}_k \frac{\partial k_{SGS}}{\partial x_k}}_{C_{SGS}} = \underbrace{-\frac{1}{2}\frac{\partial <u_i'' u_i'' u_k''>}{\partial x_k}}_{D_{SGS}^T} + \underbrace{\nu \frac{\partial^2 k_{SGS}}{\partial x_k \partial x_k}}_{D_{SGS}^\nu} - \underbrace{\frac{1}{\rho}\frac{\partial \langle p'' u_i'' \rangle}{\partial x_i}}_{D_{SGS}^P}$$

$$\underbrace{-\mathcal{R}_{ij}\frac{\partial \tilde{U}_i}{\partial x_j}}_{P_{SGS}} - \underbrace{\nu \left\langle \frac{\partial u_i''}{\partial x_k}\frac{\partial u_i''}{\partial x_k} \right\rangle}_{\varepsilon_{SGS}} \qquad (6.19)$$

La relation (6.16) montre que l'énergie fluctuante totale est la somme des énergies résolues et modélisées

$$k = \underbrace{k_{LES}}_{\text{énergie résolue}} + \underbrace{k_m}_{\text{énergie de sous-maille (modélisée)}} \qquad (6.20)$$

où

$$k_{LES} = \frac{1}{2}\tau_{ii\,LES} \qquad (6.21)$$

$$k_m = \overline{k_{SGS}} \qquad (6.22)$$

- **Second point de vue : formalisme de Germano [58]**

On introduit les moments centrés généralisés définis par

$$\tau(f,g) = \langle fg \rangle - \langle f \rangle \langle g \rangle \qquad (6.23)$$
$$\tau(f,g,h) = \langle fgh \rangle - \langle f \rangle \tau(g,h) - \langle g \rangle \tau(h,f) - \langle h \rangle \tau(f,g) - \langle f \rangle \langle g \rangle \langle h \rangle \qquad (6.24)$$

où f, g et h sont des variables instantanées quelconques. Par définition, on a

$$\tau_{ij\,SGS} = \tau(U_i^*, U_j^*) \tag{6.25}$$

Germano [58] montre que l'équation du tenseur de sous-maille s'écrit exactement

$$\frac{\partial \tau_{ij\,SGS}}{\partial t} + \underbrace{\tilde{U}_k \frac{\partial \tau_{ij\,SGS}}{\partial x_k}}_{C_{ij\,SGS}} = \underbrace{-\frac{\partial \tau(U_i^*, U_j^*, U_k^*)}{\partial x_k}}_{D_{ij\,SGS}^T} + \underbrace{\nu \frac{\partial^2 \tau_{ij\,SGS}}{\partial x_k \partial x_k}}_{D_{ij\,SGS}^\nu} - \underbrace{2\nu\tau\left(\frac{\partial U_i^*}{\partial x_k}, \frac{\partial U_j^*}{\partial x_k}\right)}_{\varepsilon_{ij\,SGS}}$$

$$\underbrace{-\frac{1}{\rho}\tau\left(U_i^*, \frac{\partial P^*}{\partial x_j}\right) - \frac{1}{\rho}\tau\left(U_j^*, \frac{\partial P^*}{\partial x_i}\right)}_{\phi_{ij\,SGS}^*} \underbrace{-\tau_{ik\,SGS}\frac{\partial \tilde{U}_j}{\partial x_k} - \tau_{jk\,SGS}\frac{\partial \tilde{U}_i}{\partial x_k}}_{P_{ij\,SGS}} \tag{6.26}$$

Les tensions de Reynolds habituelles sont données par

$$R_{ij} = \tau_{ij\,LES} + \overline{\tau_{ij\,SGS}} \tag{6.27}$$

où $\tau_{ij\,LES}$ et $\tau_{ij\,SGS}$ sont définis par les relations (6.17) et (6.25). La relation (6.20) reste vraie, où k_{SGS} est l'énergie de sous-maille généralisée

$$k_{SGS} = \frac{1}{2}\tau_{ii\,SGS} \tag{6.28}$$

La contraction de (6.26) permet d'obtenir son équation de transport

$$\frac{\partial k_{SGS}}{\partial t} + \underbrace{\tilde{U}_j \frac{\partial k_{SGS}}{\partial x_j}}_{C_{SGS}} = \underbrace{-\frac{1}{2}\frac{\partial}{\partial x_j}\tau(U_i^*, U_i^*, U_j^*)}_{D_{SGS}^T} + \underbrace{\nu\frac{\partial^2 k_{SGS}}{\partial x_j \partial x_j}}_{D_{SGS}^\nu} \underbrace{-\frac{1}{\rho}\tau\left(U_i^*, \frac{\partial P^*}{\partial x_i}\right)}_{D_{SGS}^P}$$

$$\underbrace{-\tau_{ij\,SGS}\frac{\partial \tilde{U}_i}{\partial x_j}}_{P_{SGS}} \underbrace{-\nu\tau\left(\frac{\partial U_i^*}{\partial x_j}, \frac{\partial U_i^*}{\partial x_j}\right)}_{\varepsilon_{SGS}} \tag{6.29}$$

Tous ces résultats sont formellement identiques à la première approche présentée ci-dessus et à l'approche URANS. Ils sont valables quel que soit le filtre, du moment qu'il est linéaire, qu'il préserve les constantes et qu'il commute avec les dérivées spatiales et temporelle. Ces propriétés sont vérifiées par la moyenne de phase et les filtres LES proposés précédemment en turbulence homogène. Supposer que le filtre est idempotent est un cas particulier de la formulation générale de Germano [58]. En général, le tenseur de Reynolds de sous-maille est prépondérant sur les tenseurs croisés et le tenseur de Léonard. A la limite RANS, les équations (6.26) et (6.29) sont également valides pour la moyenne d'ensemble, bien que celle-ci ne puisse pas être considérée comme un filtre de convolution (voir par exemple [57]). Dans ce cas, le tenseur de sous-maille tend vers le tenseur de Reynolds et la vitesse filtrée tend vers sa moyenne d'ensemble.

Le formalisme de Germano [58], qui sera adoptée par la suite pour sa généralité, permet ainsi de concilier les approches RANS, URANS et LES. Dans le cadre des modèles où l'on résout les équations de transport du tenseur de sous-maille, les corrélations inconnues, que sont les termes $D^T_{ij\,SGS}$, $\phi^*_{ij\,SGS}$ et $\varepsilon_{ij\,SGS}$, devront être modélisées.

6.1.1.3 Modèle de Smagorinsky

De nombreux modèles LES existent. On peut entre autres citer le modèle ADM (*Approximate Deconvolution Model*) [180], les modèles basés sur la similarité des échelles (*Scale Similarity Model*) [7], les modèles à viscosité spectrale [35, 122, 105, 106] ou encore les modèles à viscosité turbulente exprimés dans l'espace physique, tels que celui de Smagorinsky [159] ou les modèles à fonction de structure [122, 105]. Cette liste n'est pas exhaustive. Pour plus de détails, on pourra se reporter par exemple à Sagaut [159]. On présente dans cette section le modèle de Smagorinsky, qui fut sans doute le premier modèle LES, proposé dans les années 1960, et reste encore aujourd'hui très utilisé. Ce modèle se base sur l'hypothèse de Boussinesq

$$\tau_{ij\,SGS} - \frac{2}{3}k_{SGS}\delta_{ij} = -2\nu_{T_{SGS}}\tilde{S}_{ij} \qquad (6.30)$$

où $\tilde{S}_{ij}$ est le tenseur de déformation basé sur le champ de vitesse filtré. Pour construire la viscosité turbulente de sous-maille $\nu_{T_{SGS}}$, il est nécessaire d'avoir une échelle de vitesse V_{SGS} et de longueur $\mathcal{L}_{SGS}$ telle que

$$\nu_{T_{SGS}} \propto V_{SGS}\mathcal{L}_{SGS} \qquad (6.31)$$

L'échelle de longueur est naturellement donnée par la largeur de filtre $\mathcal{L}_{SGS} = \Delta_S$. L'échelle de vitesse peut se construire selon

$$V_{SGS} \propto \sqrt{k_{SGS}} \propto (\Delta_S \mathcal{F}_{SGS})^{1/3} \qquad (6.32)$$

où $\mathcal{F}_{SGS}$ est le flux d'énergie des grandes échelles vers les petites. On utilise l'hypothèse d'un spectre en équilibre local (autour de la coupure) où $\mathcal{F}_{SGS} = P_{SGS}$. D'après la définition de P_{SGS} et l'hypothèse de Boussinesq, on peut écrire

$$P_{SGS} = 2\nu_{T_{SGS}}\tilde{S}_{ij}\tilde{S}_{ij} \qquad (6.33)$$

On en déduit finalement

$$\nu_{T_{SGS}} = (C_s \Delta_S)^2 \sqrt{2\tilde{S}_{ij}\tilde{S}_{ij}} \quad (6.34)$$

où C_s est une constante empirique, dénommée *constante de Smagorinsky*. Elle peut être estimée en faisant l'hypothèse que le spectre d'énergie suit la loi (6.78) de Kolmogorov. On obtient

$$C_s = \frac{1}{\pi}\left(\frac{2}{3C_K}\right)^{3/4} \approx 0.17 \quad (6.35)$$

où $C_K \simeq 1.5$ est la constante de Kolmogorov. En pratique, cette valeur de C_s convient assez bien pour réaliser une LES de turbulence homogène isotrope, mais doit être corrigée empiriquement pour d'autres configurations d'écoulement. Par exemple, en canal plan, certains auteurs [137] recommandent de réduire considérablement la constante de Smagorinsky en prenant $C_s = 0.065$. De plus, la viscosité turbulente doit diminuer au fur et à mesure que l'on s'approche de la paroi. On utilise pour cela la fonction d'amortissement de Van Driest [186] (cf. relation (2.41)) :

$$\nu_{T_{SGS}} = (C_s \Delta_S)^2 \sqrt{2\tilde{S}_{ij}\tilde{S}_{ij}} \left(1 - e^{-y^+/A^+}\right)^2 \quad (6.36)$$

La nécessité de procéder à ce type de calage indique le manque d'universalité et constitue une importante faiblesse du modèle. Pour corriger ces problèmes, Germano *et al.* [60] propose une procédure dynamique pour calculer, en chaque point et à chaque instant, la valeur du paramètre C_s. Les résultats en canal [147] ont montré que la viscosité turbulente tend vers zéro dans un écoulement laminaire ou lorsqu'on s'approche de la paroi, avec le bon comportement asymptotique $\nu_{T_{SGS}} = \mathcal{O}(y^3)$. Néanmoins, le modèle de Smagorinsky nécessite un maillage raffiné, de telle sorte que le nombre d'onde de coupure se trouve dans la zone inertielle. Afin d'utiliser des maillages plus grossiers, il est nécessaire de développer des modèles plus complexes basés sur des équations de transport et permettant de prendre en compte les processus physiques importants tels que production, effets de pression (primordial pour les écoulements pariétaux) et temps de réponse de l'écoulement à une perturbation extérieure.

6.1.2 LES temporelle

La volonté d'unifier entre autre les formalismes RANS et LES a poussé certains auteurs [38, 39, 152, 153] à développer une LES basée sur un filtrage temporel. Ce type de formalisme est dénommé TLES pour *Temporal Large-Eddy Simulation*. Il consiste à appliquer un filtre linéaire, noté $< \cdot >$, à une variable instantanée ϕ. La variable filtrée $<\phi>$ s'obtient par le produit de convolution [153]

$$\langle \phi \rangle (\mathbf{x},t) = \int_{-\infty}^{t} G_{\Delta_T}(\tau - t)\phi(\mathbf{x},\tau)\, d\tau \quad (6.37)$$

où Δ_T est la largeur du filtre temporel. Puisque la conséquence ne peut jamais précéder la cause, l'approche temporelle de la TLES nécessite l'utilisation d'un filtre causal, c'est-à-dire faisant intervenir uniquement le passé de l'écoulement jusqu'à l'instant présent. De façon générale, le filtre doit vérifier la propriété suivante [153]

$$G_{\Delta_T}(t) = \frac{1}{\Delta_T} g\left(\frac{t}{\Delta_T}\right) \quad (6.38)$$

où le noyau g est une fonction intégrable telle que

$$g(s) \geqslant 0, \quad \int_{-\infty}^{0} g(s)\,ds = 1, \quad g(0) = 1 \quad (6.39)$$

Ces propriétés impliquent que le filtre conserve les constantes et que

$$\lim_{s \to -\infty} g(s) = 0 \quad (6.40)$$

et suffisent pour que le filtre tende vers une distribution de Dirac lorsque la largeur du filtre tend vers zéro

$$\lim_{\Delta_T \to 0} G_{\Delta_T}(t) = \delta_D(t) \quad (6.41)$$

Deux exemples simples et utiles de filtre temporel sont donnés par l'utilisation des fonctions exponentielle et de Heaviside pour le noyau. Dans le premier cas, on a

$$g(s) = \exp(s) \implies G_{\Delta_T}(t) = \frac{1}{\Delta_T} \exp\left(\frac{t}{\Delta_T}\right) \quad (6.42)$$

et la variable filtrée s'obtient par

$$\langle \phi \rangle (\mathbf{x}, t) = \frac{1}{\Delta_T} \int_{-\infty}^{t} \exp\left(\frac{\tau - t}{\Delta_T}\right) \phi(\mathbf{x}, \tau)\,d\tau \quad (6.43)$$

Dans le second cas, le noyau et le filtre s'écrivent

$$g(s) = \mathcal{H}(s+1) \implies G_{\Delta_T}(t) = \frac{1}{\Delta_T} \mathcal{H}(t + \Delta_T) \quad (6.44)$$

et la variable filtrée s'obtient par

$$\langle \phi \rangle (\mathbf{x}, t) = \frac{1}{\Delta_T} \int_{t-\Delta_T}^{t} \phi(\mathbf{x}, \tau)\,d\tau \quad (6.45)$$

D'après le formalisme de Germano [58], la décomposition de la variable instantanée en partie filtrée et résiduelle (cf. équation (6.3)) et les équations filtrées (cf. équations (6.9) et (6.26)) sont formellement identiques à l'approche spatiale et ne sont donc pas reproduites ici. Le terme *SGS* devrait néanmoins être remplacé par *SFS*, pour *Sub-Filter Scale*, en toute rigueur. Par souci de simplicité des notations, on gardera le terme *SGS*. Un problème soulevé par la TLES est le déphasage introduit par les filtres proposés ci-dessus. En effet, dans la cas du noyau exponentiel par exemple, sa fonction de transfert est donnée par

$$\hat{G}_{\Delta_T}(\omega) = \int_{-\infty}^{0} e^{i\omega t} G_{\Delta_T}(t) \, dt = \frac{1}{1 + i\omega \Delta_T} \qquad (6.46)$$

Contrairement aux filtres proposés pour l'approche spatiale (cf. section (6.1.1)), la fonction de transfert des filtres TLES est complexe et introduit ainsi un déphasage Φ donné par

$$\tan \Phi = -\omega \Delta_T \qquad (6.47)$$

L'introduction d'un déphasage est inhérente à la TLES du fait qu'on utilise un filtre causal [152]. De plus, lorsque la largeur de filtre croit, on voit que le filtre amortit de plus en plus l'amplitude du signal auquel il est appliqué, car $\lim_{\Delta_T \to \infty} |\hat{G}_{\Delta_T}| = 0$.

Quel est le comportement des équations filtrées lorsque la largeur de filtre tend vers les deux valeurs limites zéro et l'infini ? Dans le premier cas, il est facile de montrer que la variable filtrée n'est pas modifiée par rapport à la variable instantanée :

$$\begin{aligned}\lim_{\Delta_T \to 0} \langle \phi \rangle (\mathbf{x}, t) &= \int_{-\infty}^{t} \lim_{\Delta_T \to 0} G_{\Delta_T}(\tau - t) \phi(\mathbf{x}, \tau) \, d\tau \\ &= \int_{-\infty}^{t} \delta_D(\tau - t) \phi(\mathbf{x}, \tau) \, d\tau = \phi(\mathbf{x}, t)\end{aligned} \qquad (6.48)$$

Ainsi, quand la largeur de filtre tend vers zéro, l'opération de filtrage appliquée à l'équation de Navier-Stokes redonne les équations instantanées, ce qui signifie que les contraintes de sous-maille sont nulles et que l'on effectue une DNS. Une autre façon de démontrer que la limite DNS est atteinte, lorsque la largeur de filtre est nulle, est d'écrire

$$\lim_{\Delta_T \to 0} \tau_{ij\,SGS} = \lim_{\Delta_T \to 0} \left(\langle U_i^* U_j^* \rangle - \langle U_i^* \rangle \langle U_j^* \rangle \right) = U_i^* U_j^* - U_i^* U_j^* = 0 \qquad (6.49)$$

Cette limite est également valable pour l'approche spatiale, puisque le filtre tend vers une distribution de Dirac spatiale quand sa largeur tend vers zéro [174].

Que se passe-t-il maintenant lorsque la largeur du filtre tend vers l'infini en TLES ? On choisit par commodité le noyau utilisant la fonction de Heaviside mais les résultats qui suivent restent vrais avec le noyau exponentiel. On peut écrire

$$\lim_{\Delta_T \to \infty} \langle \phi \rangle (\mathbf{x}, t) = \lim_{\Delta_T \to \infty} \frac{1}{\Delta_T} \int_{t-\Delta_T}^{t} \phi(\mathbf{x}, \tau)\, d\tau = \mathcal{T}\{\phi\} \quad (6.50)$$

Le membre à droite est par définition la moyenne temporelle de ϕ. Si l'écoulement est statistiquement stationnaire, la moyenne temporelle est équivalente à une moyenne d'ensemble, par ergodicité. En conclusion, pour un tel écoulement, la variable filtrée tend vers sa moyenne d'ensemble, quand la largeur de filtre tend vers l'infini :

$$\lim_{\Delta_T \to \infty} \langle \phi \rangle = \overline{\phi} \quad (6.51)$$

En conséquence, la vitesse filtrée tend vers sa moyenne d'ensemble, la fluctuation aux grandes échelles u'_i tend vers zéro et la fluctuation de sous-maille u''_i tend vers la fluctuation u_i qui prend en compte toutes les échelles de la turbulence (décomposition RANS). On peut calculer la limite des contraintes de sous-maille lorsque la largeur de filtre est suffisamment grande :

$$\lim_{\Delta_T \to \infty} \tau_{ij\, SGS} = \lim_{\Delta_T \to \infty} \left(\langle U_i^* U_j^* \rangle - \langle U_i^* \rangle \langle U_j^* \rangle \right) = \overline{U_i^* U_j^*} - \overline{U_i^*}\, \overline{U_j^*} \quad (6.52)$$

Le membre de droite est par définition le tenseur de Reynolds, et on a donc

$$\lim_{\Delta_T \to \infty} \tau_{ij\, SGS} = R_{ij} \quad (6.53)$$

Le formalisme de la TLES permet ainsi d'atteindre les deux limites RANS et DNS lorsque la largeur de filtre tend respectivement vers l'infini et vers zéro.

En LES classique, on peut montrer que l'on tend vers une moyenne spatiale quand la largeur de filtre devient suffisamment grande. Cette moyenne n'a de sens que si l'écoulement est statistiquement homogène, et dans ce cas, elle est équivalente à une moyenne d'ensemble, par ergodicité. Ainsi, la LES spatiale tend également vers la limite RANS pour de grandes valeurs de largeur de filtre. Le tableau (6.2) récapitule ces résultats. En pratique, les écoulements stationnaires en moyenne sont plus nombreux que les écoulements homogènes, et c'est le cas par exemple des écoulements de canal et de marche descendante, auxquels on s'intéresse. Le formalisme de la TLES offre ainsi un cadre plus cohérent pour les méthodologies hybrides RANS-LES non-zonales. Le modèle hybride PITM, présenté par la suite, sera adapté au formalisme de la TLES pour justifier théoriquement les modèles hybrides à transition continue.

Un modèle de déconvolution approchée [180] a été adapté à la TLES par Pruett et al. [154]. Les résultats en canal à $Re_\tau = 590$ sont satisfaisants, mais la fréquence de coupure est choisie proportionnelle à l'inverse du pas de temps et donc constante partout dans l'écoulement. Ce choix n'est pas optimal dans la mesure où la coupure se situe dans les très hautes fréquences au centre du canal, sans doute au-delà de l'échelle de Kolmogorov. Une question cruciale est de savoir comment choisir la largeur de filtre de façon optimale en écoulement inhomogène. En LES spatiale, le maillage, qui est discret par nature, « échantillonne » le signal dans la mesure où l'on approche le signal continu par un signal discret. Le choix le plus naturel est de faire dépendre la largeur de filtre de la taille locale de maille, selon la relation (6.7) par exemple. En TLES, il n'y a pas de choix naturel. Une première idée est de la faire dépendre des variables dynamiques de l'écoulement : production, vitesse, pression, vorticité, anisotropies, échelles de Kolmogorov ou de la turbulence, *etc*. Ce choix[3] permet de découpler la physique de l'écoulement et le numérique (maillage). Une proposition empirique est donnée à la section (6.2.7). Il faut néanmoins garder en tête qu'un filtrage temporel implique un filtrage spatial et inversement [159]. Certains auteurs [183, 182, 159] proposent une relation de dispersion explicite, de la forme $\omega = f(\kappa)$ que l'on verra par la suite. Dans ce cas, on peut explicitement relier la fréquence de coupure au nombre d'onde de coupure et donc à la taille locale de maille.

LES	$\Delta_S \to 0$	DNS
	$\Delta_S \to \infty$	RANS si écoulement homogène
TLES	$\Delta_T \to 0$	DNS
	$\Delta_T \to \infty$	RANS si écoulement stationnaire

TABLE 6.2 – Limite atteinte en fonction des valeurs de la largeur de filtre en LES et TLES.

6.2 Modèle hybride non-zonal

6.2.1 Comportement aux limites RANS et DNS

Les résultats du chapitre précédent, concernant l'URANS sur la marche descendante, ont montré qu'il faut développer des modèles qui soient capables de contrôler le ratio énergie résolue / énergie totale. Pour cela, dans le cadre d'une approche spatiale de la LES, le spectre de la turbulence est découpé en deux zones $[0, \kappa_c]$ et $[\kappa_c, \infty]$, où κ_c est le nombre d'onde de coupure. Les structures de la zone $[0, \kappa_c]$ sont résolues explicitement tandis que celles de la zone $[\kappa_c, \infty]$ sont modélisées. Dans une approche temporelle de la TLES, le spectre est formellement découpé de la même manière : on définit deux intervalles $[0, \omega_c]$ et $[\omega_c, \infty]$, où ω_c est la fréquence de coupure, avec $[0, \omega_c]$ la zone résolue et $[\omega_c, \infty]$ la zone modélisée. Les résultats présentés dans cette section ne dépendent pas du type d'approche utilisée dans le formalisme de la LES (spatiale ou temporelle). Par commodité, on s'intéresse à l'approche spatiale, sachant que les raisonnements sont directement transposables

---

3. En théorie, la largeur de filtre en LES spatiale peut également dépendre des variables dynamiques. Ce choix n'est pas utilisé en pratique.

à l'approche temporelle.

Les modèles hybrides auxquels on va s'intéresser font tous intervenir les paramètres f_k, f_ε et f_p définis par

$$f_k = \frac{k_m}{k} \quad (6.54)$$

$$f_\varepsilon = \frac{\varepsilon_m}{\varepsilon} \quad (6.55)$$

$$f_p = \frac{P_m}{P} \quad (6.56)$$

où k, ε et P sont respectivement l'énergie cinétique fluctuante totale, la dissipation totale et la production totale, associées à la zone $\kappa \in [0, \infty]$. On définit $k_m = \overline{k_{SGS}}$, $\varepsilon_m = \overline{\varepsilon_{SGS}}$, et $P_m = \overline{P_{SGS}}$. Les termes k_{SGS}, ε_{SGS} et P_{SGS} sont respectivement l'énergie cinétique fluctuante partielle (ou de sous-maille), la dissipation partielle et le taux de production de l'énergie fluctuante partielle, associés à la zone $\kappa \in [\kappa_c, \infty]$. Les quantités partielles sont précisément définies à l'équation (6.29). On verra à la section (6.2.3) que le terme P_m est la somme d'une production par le champ moyen et d'un terme de transfert spectral au nombre d'onde κ_c. Par définition, f_k, f_ε et f_p sont dans l'intervalle $[0, 1]$ et sont imposés implicitement par la coupure. Dans le cas où la coupure est hors de la zone dissipative du spectre, par exemple dans la zone inertielle, on a $f_\varepsilon \simeq 1$, car la dissipation visqueuse est un processus dominant essentiellement aux petites échelles de la turbulence.

La limite RANS est atteinte lorsque tout le spectre d'énergie est modélisé, c'est-à-dire $\kappa_c = 0$. Par définition, toutes les quantités partielles moyennes (k_m, ε_m, P_m, etc.) tendent vers leur valeur totale (k, ε, P, etc.) [4]. On a alors

$$\lim_{\text{RANS}} f_k = \lim_{\text{RANS}} f_\varepsilon = \lim_{\text{RANS}} f_p = 1 \quad (6.57)$$

On tend vers la limite DNS lorsque la coupure se trouve dans la zone dissipative et est du même ordre de grandeur ou plus petite que l'échelle de Kolmogorov, ce qu'on note formellement $\kappa_c \to \infty$, à grand nombre de Reynolds. Toutes les quantités partielles tendent alors vers zéro, et tout le spectre d'énergie est résolu explicitement. Dans ce cas, on a

$$\lim_{\text{DNS}} f_k = \lim_{\text{DNS}} f_\varepsilon = \lim_{\text{DNS}} f_p = 0 \quad (6.58)$$

Les valeurs intermédiaires du nombre d'onde de coupure permettent d'effectuer une LES plus ou moins bien résolue.

Les modèles hybrides présentés dans ce chapitre se focalisent sur l'équation de la dissipation. On

---
4. En TLES, on a $\omega_c = 0$ à la limite RANS, et $\omega_c \to \infty$ à la limite DNS.

suppose que la forme classique de l'équation modèle de la dissipation est vraie dans la méthodologie RANS. Elle s'écrit en turbulence homogène

$$\frac{d\varepsilon}{dt} = C_{\varepsilon_1}\frac{P\varepsilon}{k} - C_{\varepsilon_2}\frac{\varepsilon^2}{k} \qquad (6.59)$$

On suppose également que l'équation de la dissipation de sous-maille puisse se mettre sous la forme

$$\frac{d\varepsilon_m}{dt} = C^*_{\varepsilon_1}\frac{P_m\varepsilon_m}{k_m} - C^*_{\varepsilon_2}\frac{\varepsilon_m^2}{k_m} \qquad (6.60)$$

où les coefficients $C^*_{\varepsilon_1}$ et $C^*_{\varepsilon_2}$ sont modifiés par rapport à C_{ε_1} et C_{ε_2}. Pour que l'équation (6.60) redonne sa forme classique RANS, on doit nécessairement avoir les limites suivantes

$$\lim_{\text{RANS}} C^*_{\varepsilon_1} = C_{\varepsilon_1} \qquad (6.61)$$
$$\lim_{\text{RANS}} C^*_{\varepsilon_2} = C_{\varepsilon_2} \qquad (6.62)$$

On s'intéresse maintenant à la limite DNS. Dans la zone dissipative, la production par le champ moyen étant négligeable, P_m est uniquement un terme de transfert spectral. En supposant que l'énergie entrant dans la zone dissipative par transfert spectral est immédiatement dissipée par la viscosité, on peut écrire

$$\lim_{\text{DNS}} \frac{P_m}{\varepsilon_m} = 1 \qquad (6.63)$$

avec

$$\lim_{\text{DNS}} P_m = \lim_{\text{DNS}} \varepsilon_m = 0 \qquad (6.64)$$

On justifiera plus rigoureusement la relation (6.63) à la section (6.2.3). De plus, à la limite DNS, la coupure est à tout instant du même ordre de grandeur, voire plus petite, que l'échelle de Kolmogorov, signifiant

$$\lim_{\text{DNS}} \varepsilon_m = 0 \;\; \forall t \Longrightarrow \lim_{\text{DNS}} \frac{d\varepsilon_m}{dt} = 0 \qquad (6.65)$$

L'utilisation de (6.63) et (6.65) dans (6.60) montre que

$$\lim_{\text{DNS}} (C^*_{\varepsilon_1} - C^*_{\varepsilon_2})\frac{\varepsilon_m^2}{k_m} = 0 \qquad (6.66)$$

	ω_c	κ_c	f_k	f_ε	f_p	$C^*_{\varepsilon_1}$	$C^*_{\varepsilon_2}$
DNS	∞	∞	0	0	0	-	$C^*_{\varepsilon_1}$
RANS	0	0	1	1	1	C_{ε_1}	C_{ε_2}

TABLE 6.3 – Limite RANS et DNS des paramètres pilotant les modèles hybrides non-zonaux. La valeur de $C^*_{\varepsilon_1}$ est indéterminée à la limite DNS.

Rien n'assure que $\lim_{\text{DNS}} \varepsilon_m^2/k_m = 0$. Par conséquent, la limite suivante doit être imposée :

$$\lim_{\text{DNS}}(C^*_{\varepsilon_1} - C^*_{\varepsilon_2}) = 0 \qquad (6.67)$$

Le tableau (6.3) récapitule les limites RANS et DNS des paramètres pilotant les modèles hybrides non-zonaux. Si l'équation (6.60), supposée a priori, peut être justifiée alors tout modèle hybride RANS-LES doit vérifier les limites (6.61), (6.62) et (6.67), pour être consistant avec les deux limites RANS et DNS. Les modèles PANS, PITM et T-PITM, présentés aux paragraphes suivants, explicitent la valeur des nouveaux coefficients.

6.2.2 Modèle PANS

6.2.2.1 Dérivation du modèle PANS

Le modèle PANS a été proposé par Girimaji et al. [68] en 2003. Il consiste à introduire intuitivement les paramètres f_k et f_ε, définis par les relations (6.54) et (6.55), pour gérer la transition RANS-LES. L'équation modèle de la dissipation peut s'écrire en turbulence homogène cisaillée

$$\frac{d\varepsilon}{dt} = C_{\varepsilon_1} \frac{P\varepsilon}{k} - C_{\varepsilon_2} \frac{\varepsilon^2}{k} \qquad (6.68)$$

On peut écrire cette équation en introduisant les variables de sous-maille

$$\frac{d}{dt}\left(\frac{\varepsilon_m}{f_\varepsilon}\right) = C_{\varepsilon_1} \frac{f_k}{f_p f_\varepsilon} \frac{P_m \varepsilon_m}{k_m} - C_{\varepsilon_2} \frac{f_k}{f_\varepsilon^2} \frac{\varepsilon_m^2}{k_m} \qquad (6.69)$$

Le paramètre f_p est en réalité imposé par f_k (ou κ_c), et une relation de fermeture entre f_p et f_k est nécessaire. La dérivation temporelle de la définition (6.54) de f_k, ainsi que l'utilisation des équations (2.10) et (6.29) en turbulence homogène, permettent d'écrire de façon exacte

$$\frac{df_k}{dt} = \frac{1}{k}\left(P_m - \varepsilon_m - f_k(P - \varepsilon)\right) \qquad (6.70)$$

En turbulence homogène cisaillée, après un temps suffisamment long, on peut supposer que le paramètre f_k atteint une valeur limite constante dans le temps [68]. La relation (6.70) permet alors

de déduire
$$\frac{df_k}{dt} = 0 \implies f_p = f_\varepsilon \frac{\varepsilon}{P} + f_k \left(1 - \frac{\varepsilon}{P}\right) \tag{6.71}$$

Les limites RANS et DNS de f_p sont consistantes (cf. tableau (6.3)). En utilisant les définitions $\varepsilon = \varepsilon_m/f_\varepsilon$ et $P = P_m/f_p$, la relation de fermeture (6.71) peut s'écrire en fonction des variables partielles

$$\frac{1}{f_p} = \frac{1}{f_k}\left(1 - \frac{\varepsilon_m}{P_m}\right) + \frac{1}{f_\varepsilon}\frac{\varepsilon_m}{P_m} \tag{6.72}$$

En supposant également f_ε constant dans le temps, l'introduction de (6.72) dans l'équation (6.69) donne finalement

$$\frac{d\varepsilon_m}{dt} = C_{\varepsilon_1}^* \frac{P_m \varepsilon_m}{k_m} - C_{\varepsilon_2}^* \frac{\varepsilon_m^2}{k_m} \tag{6.73}$$

avec

$$C_{\varepsilon_1}^* = C_{\varepsilon_1} \tag{6.74}$$
$$C_{\varepsilon_2}^* = C_{\varepsilon_1} + \frac{f_k}{f_\varepsilon}(C_{\varepsilon_2} - C_{\varepsilon_1}) \tag{6.75}$$

L'équation (6.73) est formellement identique à l'équation de la dissipation utilisée dans les modèles RANS, sauf que le coefficient C_{ε_2} est modifié en $C_{\varepsilon_2}^*$. On peut d'ailleurs considérer l'approche RANS comme un cas particulier de la méthodologie PANS où $f_k = f_\varepsilon = 1$. Les contraintes (6.61) et (6.62) sont facilement vérifiées à la limite RANS. A la limite DNS, en utilisant la contrainte (6.63) et la relation (6.71) de fermeture sur f_p, on peut écrire

$$\frac{f_k}{f_\varepsilon} = \frac{f_k}{f_p}\frac{\varepsilon}{P} = \frac{f_k}{f_\varepsilon}\left[1 + \frac{f_k}{f_\varepsilon}\left(\frac{P}{\varepsilon} - 1\right)\right]^{-1} \tag{6.76}$$

La résolution de cette équation, où l'inconnue est f_k/f_ε, permet de déduire

$$\lim_{\text{DNS}} \frac{f_k}{f_\varepsilon} = 0 \tag{6.77}$$

Comme on pouvait le deviner intuitivement, cette dernière relation signifie que l'énergie de sous-maille tend vers zéro à la limite DNS plus rapidement que la dissipation de sous-maille. Et finalement, la contrainte (6.67) est vérifiée. Ainsi, le modèle PANS est consistant avec les deux limites extrêmes RANS et DNS. En pratique, le nombre de Reynolds étant élevé, la limite DNS ne sera jamais atteinte et ce n'est d'ailleurs pas l'objectif des méthodes hybrides. En conséquence, on pourra supposer $f_\varepsilon \simeq 1$ (c'est-à-dire $\varepsilon_m \simeq \varepsilon$), impliquant que la coupure est en dehors des échelles dissipatives.

La relation (6.75) montre que $C^*_{\varepsilon_2} \leqslant C_{\varepsilon_2}$: par rapport à un modèle RANS, le terme de destruction de la dissipation dans le modèle PANS est plus petit, entraînant une surestimation de la dissipation moyenne de sous-maille ε_m. Par conséquent le tenseur moyen de sous-maille $\overline{\tau_{ij\,SGS}}$ et l'énergie moyenne de sous-maille k_m sont diminués. Pour bien comprendre l'influence de la relation (6.75), on considère un modèle k–ε haut-Reynolds où la viscosité turbulente moyenne de sous-maille est donnée par $\overline{\nu_{T_{SGS}}} \simeq C_\mu k_m^2 / \varepsilon_m$ et la production partielle moyenne par $P_m = 2\overline{\nu_{T_{SGS}} \tilde{S}_{ij} \tilde{S}_{ij}}$. On voit donc que la diminution de k_m implique une diminution de $\overline{\nu_{T_{SGS}}}$, ce qui permettra aux structures cohérentes de se développer. D'autre part, P_m diminue, entraînant une diminution de ε_m qui revient ainsi à sa valeur d'équilibre égale à la dissipation totale ε si la coupure est en dehors de la zone dissipative ($f_\varepsilon = 1$). Dans un modèle RSM, le tenseur de sous-maille est diminué, aboutissant qualitativement aux mêmes comportements. On peut voir quelque similitude avec le modèle DES où la dissipation est augmentée par l'intermédiaire de la diminution de l'échelle de longueur du modèle RANS (cf. chapitre 1).

6.2.2.2 Mise en œuvre pratique du modèle PANS

L'équation (6.73) de la dissipation est écrite avec les variables de sous-maille moyennée, au sens d'une moyenne d'ensemble. Or, l'équation (6.26) du tenseur de sous-maille fait apparaître la quantité $\varepsilon_{ij\,SGS}$, qui est une quantité filtrée et non moyennée. On a donc besoin d'une équation de la dissipation non pas sur la quantité $\overline{\varepsilon_{ij\,SGS}}$ mais sur $\varepsilon_{ij\,SGS}$. Le modèle PANS permet, par l'intermédiaire de la relation (6.75), de prédire les quantités moyennes de sous-maille (k_m, P_m et ε_m) pour adapter l'intensité moyenne de la turbulence à la zone modélisée du spectre d'énergie. On peut supposer qu'en utilisant la relation (6.75) dans l'équation des grandeurs filtrées, l'effet sera en moyenne le même, c'est-à-dire que k_{SGS} fluctuera autour d'une valeur k_m qui s'adaptera à la coupure spectrale. Ainsi, en pratique, on résout l'équation (6.26) du tenseur de sous-maille et une équation de transport de ε_{SGS}, obtenue en remplaçant dans (6.73) les variables moyennes (k_m, P_m, ε_m, etc.) par leur homologue filtré (k_{SGS}, P_{SGS}, ε_{SGS}, etc.).

Par ailleurs, la théorie PANS étant faite en turbulence homogène, il faut incorporer les termes de transport (convection et diffusion) pour un écoulement quelconque. On verra comment écrire ces termes plus en détails à la section (6.3).

La mise en œuvre pratique du modèle PANS est aisé dans un code RANS pré-existant, avec une méthode numérique instationnaire. Il suffit juste d'apporter les modifications nécessaires au coefficient C_{ε_2}. Il a été testé par Girimaji [66] dans un écoulement de sillage derrière un cylindre carré à $Re = 10000$, avec un modèle haut-Reynolds k–ε classique. L'auteur choisit $f_\varepsilon = 1$ et une valeur constante pour f_k est prescrite partout dans l'écoulement. Ses résultats montrent que le modèle PANS, avec $f_k = 0.4$, capture plus de structures que l'URANS (avec le même maillage), et permet la tridimensionnalisation de l'écoulement, contrairement à l'URANS.

6.2.2.3 Choix des paramètres f_k et f_ε

La formulation (6.75) nécessite la connaissance préalable des paramètres f_k et f_ε. Le choix de prendre f_k constant dans l'écoulement n'est évidemment pas optimal et il est même impossible dans un calcul bas-Reynolds : à la paroi, le modèle hybride doit tendre vers sa limite RANS ($f_k \to 1$), alors que loin des parois, f_k doit diminuer pour résoudre explicitement une partie du spectre. Comme proposé par Schiestel & Dejoan [166], un moyen judicieux d'imposer le paramètre f_k est d'utiliser la loi de Kolmogorov, valable dans la zone inertielle ($\kappa L \to \infty$ et $\kappa L_\eta \to 0$), à grand nombre de Reynolds

$$E_S(\kappa) = C_K \varepsilon^{2/3} \kappa^{-5/3} \qquad (6.78)$$

Le spectre spatial d'énergie turbulente E_S sera défini au paragraphe (6.2.3). On en déduit

$$k_m = \int_{\kappa_c}^{\infty} E_S(\kappa)\,d\kappa = \frac{3}{2} C_K \varepsilon^{2/3} \kappa_c^{-2/3} \qquad (6.79)$$

On introduit le nombre d'onde de coupure adimensionné par l'échelle de longueur de la turbulence

$$\eta_{c0} = \kappa_c \frac{k^{3/2}}{\varepsilon} = \frac{L_{RANS}}{L_{LES}} \qquad (6.80)$$

Ce paramètre peut s'interpréter comme le ratio de la longueur caractéristique des plus grandes échelles de la turbulence ($k^{3/2}/\varepsilon$) par la longueur caractéristique de la coupure de la LES (κ_c^{-1}). Avec cette définition, le paramètre f_k s'écrit

$$f_k = \frac{1}{\beta_0} \eta_{c0}^{-2/3} \qquad (6.81)$$

où en théorie $\beta_0 = 2/(3C_K)$.

A grand nombre de Reynolds, on peut supposer que la coupure est en dehors des échelles dissipatives, signifiant $f_\varepsilon \simeq 1$. Pour des écoulements à faible nombre de Reynolds, la coupure peut se situer dans les échelles dissipatives, signifiant qu'une partie de la dissipation est résolue et que par conséquent $f_\varepsilon \neq 1$. Une estimation de f_ε se fait de façon similaire en utilisant une loi analytique caractérisant le spectre d'énergie dans la zone dissipative. En effet, la dissipation de sous-maille est donnée par

$$\varepsilon_m = \int_{\kappa_c}^{\infty} 2\nu\kappa^2 E_S(\kappa)\,d\kappa \tag{6.82}$$

où $E_S(\kappa)$ est donné, par exemple, par la loi de Heisenberg-Chandrasekhar, Kovasznay ou Pao [159]. Ce dernier, étant le plus réaliste, s'écrit

$$E_S(\kappa) = C_K \varepsilon^{2/3} \kappa^{-5/3} \exp\left(-\frac{3C_K}{2}(\kappa L_\eta)^{4/3}\right) \tag{6.83}$$

On obtient dans ce cas

$$f_\varepsilon = \exp\left(-\frac{3C_K}{2}(\kappa_c L_\eta)^{4/3}\right) \tag{6.84}$$

Cette formulation est compatible avec les deux limites RANS et DNS. Contrairement à la formulation (6.81) de f_k, c'est l'échelle de Kolmogorov qui intervient dans la formulation de f_ε, puisque la dissipation est un processus caractéristique des petites échelles.

Si la taille locale de maille Δ_m est suffisamment petite pour résoudre toutes les échelles de la turbulence jusqu'aux échelles de Kolmogorov, alors le modèle doit se comporter comme une DNS. Ceci implique que les nombres d'onde de coupure κ_c et η_{c0} tendent vers l'infini. La relation (6.81) est consistante avec la limite DNS, puisque l'on obtient dans ce cas $f_k \to 0$. Si la taille locale de maille est trop grande pour résoudre les plus grandes échelles de la turbulence ($k^{3/2}/\varepsilon$), alors κ_c et η_{c0} tendent vers zéro, et le modèle doit se comporter comme une simulation RANS. Or la relation (6.81) n'est pas consistante avec la limite RANS, car elle donne $f_k \to \infty$, au lieu de donner $f_k \to 1$. La raison en est que la loi de Kolmogorov n'est plus valable quand le nombre d'onde de coupure tend vers zéro. On verra plus en détails à la section (6.3.3) comment choisir f_k quand on s'approche de la limite RANS.

La spécification (6.81) nécessite la connaissance *a priori* de l'échelle de la turbulence $k^{3/2}/\varepsilon$. On peut, dans un premier temps, effectuer une simulation RANS pour obtenir l'énergie totale k et la dissipation ε, et utiliser ces valeurs dans la formule (6.81), pour initialiser le calcul PANS. Puis, au fur et à mesure de la simulation PANS, on mesure l'énergie totale k et l'énergie moyenne de sous-maille k_m, pour obtenir finalement $f_k = k_m/k$. C'est ensuite cette valeur qui est utilisée dans la relation (6.75) pour calculer le coefficient $C^*_{\varepsilon_2}$. Cette approche dynamique peut poser des problèmes d'instabilité numérique et être sensible aux erreurs statistiques dans le processus de calcul des moyennes, surtout si l'écoulement ne présente pas de directions homogènes. Une approche plus robuste est de toujours utiliser, dans le calcul de f_k, les valeurs RANS pour l'échelle de la turbulence. Le danger d'une telle approche est de sous-estimer la valeur de f_k, « forçant » le modèle à vouloir résoudre plus de structures que la taille locale de maille ne peut supporter.

L'approche de Girimaji *et al.* [68] est intéressante et consistante avec les deux limites RANS et DNS. Elle donne de meilleurs résultats que l'URANS dans les écoulements de sillage [68, 67, 66] et de jet [67]. L'approche PITM [166, 28] permet d'aboutir à la même formulation pour l'équation de la dissipation, par une vision spectrale de la turbulence et donne ainsi un cadre plus formel.

6.2.3 Modèle PITM

Le modèle PITM a été proposé initialement par Schiestel & Dejoan [166] avec un modèle EVM, puis par Chaouat & Schiestel [28] avec un modèle RSM. L'idée essentielle du modèle PITM est de prendre en compte les variations temporelle du nombre de coupure adimensionné $\eta_{c0} = \kappa_c k^{3/2}/\varepsilon$ dans le spectre, pour être compatible avec les deux limites extrêmes RANS et DNS. La théorie est faite en turbulence homogène cisaillée et s'inspire des modèles multi-échelles [161, 162, 163, 29], utilisant la théorie spectrale de la turbulence. L'équation d'évolution du spectre spatial d'énergie s'obtient par transformée de Fourier, puis moyenne sur une coquille sphérique dans l'espace des nombres d'onde, de l'équation des corrélations de vitesse en deux points. On peut démontrer que le spectre spatial d'énergie E_S vérifie [78, 161, 159]

$$\frac{\partial E_S}{\partial t}(t,\kappa) = -\lambda_{ij}\mathcal{A}_{ij}(t,\kappa) + \mathcal{B}(t,\kappa) - 2\nu\kappa^2 E_S(t,\kappa) \qquad (6.85)$$

où λ_{ij} est le tenseur des gradients de vitesse moyenne, supposé constant en turbulence homogène cisaillée, et $\mathcal{A}_{ij}$ l'intégrale sur une coquille sphérique, dans l'espace des nombres d'onde, de la transformée de Fourier du tenseur des corrélations de vitesse en deux points. Les trois termes à droite de cette équation représentent la production turbulente par la vitesse moyenne, le transfert spectral et la dissipation visqueuse. Le terme de transfert est la somme du transfert rapide par le gradient du champ moyen et du transfert lent dû aux interactions triadiques non-linéaires et non-locales. Le spectre spatial d'énergie turbulente E_S est défini par

$$E_S(t,\kappa) = \frac{1}{2}\mathcal{A}_{ii}(t,\kappa) \qquad (6.86)$$

avec

$$\mathcal{A}_{ij}(t,\kappa) = \int_{\mathbb{R}^3} A_{ij}(t,\boldsymbol{\kappa}')\delta_D(||\boldsymbol{\kappa}'|| - \kappa)\,\mathrm{d}\boldsymbol{\kappa}' \qquad (6.87)$$

$$A_{ij}(t,\boldsymbol{\kappa}) = \mathcal{F}_T\left\{\overline{u_i(\mathbf{x},t)u_j(\mathbf{x}+\mathbf{r},t)}\right\} \qquad (6.88)$$

où $\mathcal{F}_T\{g\}$ est la transformée de Fourier de la fonction g. La dépendance par rapport au temps ne sera plus notée explicitement pour simplifier les notations. L'intégration de l'équation (6.85) sur un intervalle quelconque de nombre d'onde $[\kappa_1,\kappa_2]$ donne

$$\frac{d}{dt}k_{[\kappa_1,\kappa_2]} = P_{[\kappa_1,\kappa_2]} - \varepsilon_{[\kappa_1,\kappa_2]} + \mathcal{J}(\kappa_1) - \mathcal{J}(\kappa_2) \tag{6.89}$$

où

$$k_{[\kappa_1,\kappa_2]} = \int_{\kappa_1}^{\kappa_2} E_S(\kappa)\,d\kappa \tag{6.90}$$

$$P_{[\kappa_1,\kappa_2]} = -\int_{\kappa_1}^{\kappa_2} \lambda_{ij}\mathcal{A}_{ij}(\kappa)\,d\kappa \tag{6.91}$$

$$\varepsilon_{[\kappa_1,\kappa_2]} = \int_{\kappa_1}^{\kappa_2} 2\nu\kappa^2 E_S(\kappa)\,d\kappa \tag{6.92}$$

$$\mathcal{Q}(\kappa) = -\int_0^\kappa \mathcal{B}(\kappa')\,d\kappa' = \int_\kappa^\infty \mathcal{B}(\kappa')\,d\kappa' \tag{6.93}$$

$$\mathcal{J}(\kappa) = \mathcal{Q}(\kappa) - \frac{\partial \kappa}{\partial t} E_S(\kappa) \tag{6.94}$$

Les termes $k_{[\kappa_1,\kappa_2]}$, $P_{[\kappa_1,\kappa_2]}$ et $\varepsilon_{[\kappa_1,\kappa_2]}$ sont respectivement l'énergie turbulente partielle, la production partielle de la turbulence par le champ moyen et la dissipation partielle, associées à la zone $[\kappa_1,\kappa_2]$. Le terme $\mathcal{J}$ est un flux spectral et fait intervenir la variation temporelle du nombre d'onde, car de façon générale [161, 9]

$$\int_0^\kappa \frac{\partial E_S}{\partial t}(\kappa')\,d\kappa' = \frac{\partial}{\partial t}\int_0^\kappa E_S(\kappa')\,d\kappa' - E_S(\kappa)\frac{\partial \kappa}{\partial t} \tag{6.95}$$

De façon implicite, la théorie PITM suppose que le filtre est une coupure spectrale, bien que la pratique montre plutôt une allure gaussienne. On définit trois intervalles $[0, \kappa_c]$, $[\kappa_c, \kappa_d]$ et $[\kappa_d, \infty]$ où κ_c est le nombre d'onde de coupure et κ_d un nombre d'onde tel que $\kappa_d \geqslant \kappa_c$ (cf. figure (6.1)). Puisque $\mathcal{J}(0) = 0$ et $\mathcal{J}(\infty) = 0$, l'équation (6.89) donne sur les trois intervalles définis précédemment

$$\frac{d}{dt}k_{[0,\kappa_c]} = P_{[0,\kappa_c]} - \varepsilon_{[0,\kappa_c]} - \mathcal{J}(\kappa_c) \tag{6.96}$$

$$\frac{d}{dt}k_{[\kappa_c,\kappa_d]} = P_{[\kappa_c,\kappa_d]} - \varepsilon_{[\kappa_c,\kappa_d]} + \mathcal{J}(\kappa_c) - \mathcal{J}(\kappa_d) \tag{6.97}$$

$$\frac{d}{dt}k_{[\kappa_d,\infty]} = P_{[\kappa_d,\infty]} - \varepsilon_{[\kappa_d,\infty]} + \mathcal{J}(\kappa_d) \tag{6.98}$$

avec $k_{[0,\kappa_c]} = k_{LES}$ par définition. La somme terme à terme de (6.96), (6.97) et (6.98) redonne l'équation de l'énergie fluctuante totale en turbulence homogène

$$\frac{dk}{dt} = P - \varepsilon \tag{6.99}$$

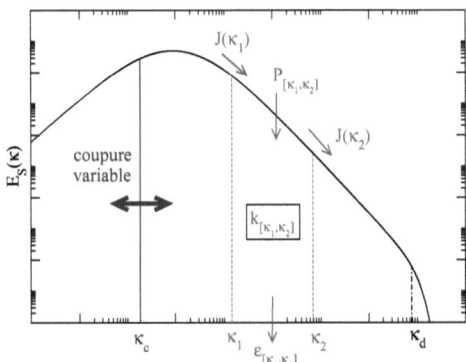

FIGURE 6.1 – Pour un intervalle quelconque $[\kappa_1, \kappa_2]$, l'énergie turbulente partielle associée $k_{[\kappa_1,\kappa_2]}$ varie en fonction de la production partielle par le champ moyen $P_{[\kappa_1,\kappa_2]}$, la dissipation visqueuse partielle $\varepsilon_{[\kappa_1,\kappa_2]}$, et du flux net $\mathcal{J}(\kappa_1) - \mathcal{J}(\kappa_2)$ (cf. équation (6.89)).

avec, par définition

$$k_{[0,\kappa_c]} + k_{[\kappa_c,\kappa_d]} + k_{[\kappa_d,\infty]} = k_{[0,\infty]} = k \qquad (6.100)$$
$$P_{[0,\kappa_c]} + P_{[\kappa_c,\kappa_d]} + P_{[\kappa_d,\infty]} = P_{[0,\infty]} = P \qquad (6.101)$$
$$\varepsilon_{[0,\kappa_c]} + \varepsilon_{[\kappa_c,\kappa_d]} + \varepsilon_{[\kappa_d,\infty]} = \varepsilon_{[0,\infty]} = \varepsilon \qquad (6.102)$$

L'équation de l'énergie fluctuante totale peut également se déduire de (6.96) en prenant la limite où la coupure se situe dans la zone dissipative, ce que l'on note formellement $\kappa_c \to \infty$ à grand nombre de Reynolds. La somme terme à terme de (6.97) et (6.98) permet de déduire l'équation de l'énergie de sous-maille

$$\frac{dk_m}{dt} = P_{[\kappa_c,\infty]} - \varepsilon_m + \mathcal{J}(\kappa_c) \qquad (6.103)$$

avec, par définition

$$k_{[\kappa_c,\kappa_d]} + k_{[\kappa_d,\infty]} = k_{[\kappa_c,\infty]} = k_m \quad (6.104)$$
$$P_{[\kappa_c,\kappa_d]} + P_{[\kappa_d,\infty]} = P_{[\kappa_c,\infty]} \quad (6.105)$$
$$\varepsilon_{[\kappa_c,\kappa_d]} + \varepsilon_{[\kappa_d,\infty]} = \varepsilon_{[\kappa_c,\infty]} = \varepsilon_m \quad (6.106)$$

L'équation moyennée (6.29) de l'énergie de sous-maille, déduite dans l'espace physique, donne en turbulence homogène

$$\frac{dk_m}{dt} = P_m - \varepsilon_m \quad (6.107)$$

La comparaison de (6.103) et (6.107) montre que

$$P_m = P_{[\kappa_c,\infty]} + \mathcal{J}(\kappa_c) \quad (6.108)$$

où

$$P_{[\kappa_c,\infty]} = -\overline{\tau_{ij\,SGS}\frac{\partial U_i}{\partial x_j}} \quad (6.109)$$

Ainsi, P_m est la somme d'un terme de production par le champ moyen $P_{[\kappa_c,\infty]}$ et d'un flux spectral $\mathcal{J}(\kappa_c)$ au nombre d'onde de coupure. Par définition, on a

$$P_m = \overline{P_{SGS}} = -\overline{\tau_{ij\,SGS}\frac{\partial \tilde{U}_i}{\partial x_j}} \quad (6.110)$$

L'introduction de (6.109) et (6.110) dans (6.108) permet de déduire une formulation explicite de $\mathcal{J}(\kappa_c)$:

$$\mathcal{J}(\kappa_c) = -\overline{\tau_{ij\,SGS}\frac{\partial u'_i}{\partial x_j}} \quad (6.111)$$

En plaçant κ_d dans la zone dissipative, la production partielle par le champ moyen $P_{[\kappa_d,\infty]}$ et l'énergie turbulente partielle $k_{[\kappa_d,\infty]}$ associées à la zone $[\kappa_d,\infty]$ sont négligeables et l'équation (6.98) montre alors que $\varepsilon_{[\kappa_d,\infty]} \simeq \mathcal{J}(\kappa_d)$. En faisant tendre la coupure κ_c vers κ_d, l'équation (6.108) donne $P_m \simeq \mathcal{J}(\kappa_c) = \mathcal{J}(\kappa_d) \simeq \varepsilon_{[\kappa_d,\infty]} = \varepsilon_{[\kappa_c,\infty]} = \varepsilon_m$. La vision spectrale de la turbulence permet ainsi de démontrer la relation (6.63).

Dans tout ce qui suit, on choisit la position de κ_d dans le spectre de telle sorte que l'énergie turbulente partielle associée à la zone $[\kappa_d,\infty]$ soit négligeable. Pour cela, on suppose que les nombres d'onde κ_d et κ_c sont liés par la relation dimensionnelle suivante

$$\kappa_d = \kappa_c + \zeta_m \frac{\varepsilon_m}{k_m^{3/2}} \tag{6.112}$$

Le paramètre ζ_m peut dépendre du nombre de Reynolds mais ne dépend pas explicitement du temps, par hypothèse. Il est choisi suffisamment grand de telle sorte que l'énergie turbulente partielle associée à la zone $[\kappa_d, \infty]$ soit négligeable. La dérivation temporelle de la relation (6.112) et l'utilisation de (6.103) et (6.108) donnent

$$\frac{d\varepsilon_m}{dt} = C_{\varepsilon_1}^* \frac{P_m \varepsilon_m}{k_m} - C_{\varepsilon_2}^* \frac{\varepsilon_m^2}{k_m} \tag{6.113}$$

avec

$$C_{\varepsilon_1}^* = \frac{3}{2} \tag{6.114}$$

$$C_{\varepsilon_2}^* = \frac{3}{2} + \frac{k_m}{(\kappa_d - \kappa_c)\varepsilon_m}\left(\frac{\partial \kappa_c}{\partial t} - \frac{\partial \kappa_d}{\partial t}\right) \tag{6.115}$$

Cette relation est valable quelle que soit la position de la coupure dans le spectre. A la limite RANS où $\kappa_c = 0$ à chaque instant, et par conséquent $\partial \kappa_c/\partial t = 0$, on obtient

$$C_{\varepsilon_1} = \frac{3}{2} \tag{6.116}$$

$$C_{\varepsilon_2} = \frac{3}{2} - \frac{k}{\varepsilon \kappa_d}\frac{\partial \kappa_d}{\partial t} \tag{6.117}$$

En pratique, Chaouat & Schiestel [28] choisissent la valeur $C_{\varepsilon_1} = 1.45$ pour être compatible avec le modèle de Launder & Shima [114]. On discutera ce point à la section suivante. La comparaison des lois (6.115) et (6.117) permet d'écrire $C_{\varepsilon_2}^*$ sous la forme suivante :

$$C_{\varepsilon_2}^* = C_{\varepsilon_1} + \frac{f_k}{f_\varepsilon}\left(1 - \frac{\kappa_c}{\kappa_d}\right)^{-1}\left(C_{\varepsilon_2} - C_{\varepsilon_1} + \frac{k}{\varepsilon \kappa_d}\frac{\partial \kappa_c}{\partial t}\right) \tag{6.118}$$

Les limites RANS et DNS de $C_{\varepsilon_2}^*$ sont cohérentes. En supposant que les variations temporelles de la coupure sont faibles, on obtient la relation

$$C_{\varepsilon_2}^* = C_{\varepsilon_1} + \frac{f_k}{f_\varepsilon}\left(1 - \frac{\kappa_c}{\kappa_d}\right)^{-1}(C_{\varepsilon_2} - C_{\varepsilon_1}) \tag{6.119}$$

On peut supposer $\kappa_c \ll \kappa_d$ si le nombre de Reynolds de l'écoulement est suffisamment grand. On retrouve alors la formulation PANS, mais avec une approche spectrale de la turbulence et un cadre plus formel :

$$C^*_{\varepsilon_2} = C_{\varepsilon_1} + \frac{f_k}{f_\varepsilon}(C_{\varepsilon_2} - C_{\varepsilon_1}) \tag{6.120}$$

avec $f_\varepsilon \simeq 1$ si la coupure est en dehors de la zone dissipative, hypothèse valable à grand nombre de Reynolds. Le paramètre f_k est imposé selon la relation (6.81). Elle est consistante avec la limite DNS, comme on l'a mentionné précédemment, mais pas avec la limite RANS, puisque le nombre d'onde de coupure n'est plus dans la zone inertielle et que la loi de Kolmogorov n'est plus valable. De façon empirique, Schiestel & Dejoan [166] proposent

$$f_k(\mathbf{x}, t) = \frac{1}{1 + \beta_0 \eta_{c_0}^{2/3}} \tag{6.121}$$

Les limites RANS et DNS sont ainsi respectées. On discutera ce choix à la section (6.3).

6.2.4 A propos de l'équation de la dissipation

On peut se demander si la valeur $3/2$ prédite par la théorie PITM pour le coefficient C_{ε_1}, et proche de sa valeur classique $C_{\varepsilon_1} = 1.44$, a un fondement théorique. Cette section tente de répondre à cette question.

6.2.4.1 Calibration des coefficients C_{ε_1} et C_{ε_2}

En turbulence homogène, l'équation de l'énergie cinétique fluctuante s'écrit de façon exacte

$$\frac{dk}{dt} = P - \varepsilon \tag{6.122}$$

On suppose que la forme classique de l'équation de la dissipation est vraie et qu'elle est donnée par

$$\frac{d\varepsilon}{dt} = C_{\varepsilon_1} \frac{P\varepsilon}{k} - C_{\varepsilon_2} \frac{\varepsilon^2}{k} \tag{6.123}$$

où C_{ε_1} et C_{ε_2} sont deux coefficients à déterminer par l'expérience et/ou la DNS. En turbulence de grille, la production est nulle et le système d'équation pour l'énergie fluctuante et la dissipation s'écrit

$$\begin{cases} \dfrac{dk}{dt} = -\varepsilon \\ \dfrac{d\varepsilon}{dt} = -C_{\varepsilon_2} \dfrac{\varepsilon^2}{k} \end{cases} \tag{6.124}$$

On montre que l'énergie turbulente et la dissipation décroissent en fonction du temps selon une loi en puissance [150]

$$k(t) = k_0 \left(\frac{t}{t_0}\right)^{-n_\varepsilon} \qquad (6.125)$$

$$\varepsilon(t) = \frac{n_\varepsilon k_0}{t_0} \left(\frac{t}{t_0}\right)^{-(n_\varepsilon+1)} \qquad (6.126)$$

où t_0 est un temps de référence arbitraire, k_0 la valeur de l'énergie turbulente à cet instant et

$$n_\varepsilon = \frac{1}{C_{\varepsilon_2} - 1} \iff C_{\varepsilon_2} = 1 + \frac{1}{n_\varepsilon} \qquad (6.127)$$

Le coefficient C_{ε_2} se calibre par les données expérimentales concernant la turbulence de grille. Les valeurs expérimentales pour n_ε se situent dans l'intervalle $[1.15, 1.45]$, et Mohamed & LaRue [136] suggèrent que la plupart des données expérimentales sont consistantes avec la valeur $n_\varepsilon \simeq 1.3$, ce qui donne $C_{\varepsilon_2} \simeq 1.77$.

La calibration du coefficient C_{ε_1} se fait en turbulence homogène cisaillée où l'échelle de temps $T = k/\varepsilon$ de la turbulence et le ratio P/ε atteignent une valeur d'équilibre au bout d'un temps suffisamment long [150]. En utilisant les équations (6.122) et (6.123), on a dans ce cas

$$\left(\frac{dT}{dt}\right)_\infty = (C_{\varepsilon_2} - 1) - (C_{\varepsilon_1} - 1)\left(\frac{P}{\varepsilon}\right)_\infty = 0 \qquad (6.128)$$

d'où

$$\frac{C_{\varepsilon_2} - 1}{C_{\varepsilon_1} - 1} = \left(\frac{P}{\varepsilon}\right)_\infty \approx 1.7 \qquad (6.129)$$

Cette relation permet de calibrer le coefficient C_{ε_1}, connaissant celle de C_{ε_2} grâce à la turbulence de grille. On obtient $C_{\varepsilon_1} = 1.45$ avec $C_{\varepsilon_2} = 1.77$. En turbulence homogène cisaillée, on peut calculer la solution de l'équation de l'énergie et de la dissipation, qui s'écrit

$$k(t) = k_0 \exp\left\{\left[\left(\frac{P}{\varepsilon}\right)_\infty - 1\right]\frac{t}{T_\infty}\right\} \qquad (6.130)$$

$$\varepsilon(t) = \varepsilon_0 \exp\left\{\left[C_{\varepsilon_1}\left(\frac{P}{\varepsilon}\right)_\infty - C_{\varepsilon_2}\right]\frac{t}{T_\infty}\right\} \qquad (6.131)$$

où k_0 et ε_0 sont la valeur de l'énergie et de la dissipation à l'instant initial, ce dernier étant choisi de telle sorte que T et P/ε soient constants dans le temps. On voit donc que l'énergie fluctuante et la dissipation croissent indéfiniment au fur et à mesure du temps. Cette solution analytique sera utile à la section suivante.

6.2.4.2 Première approche de l'équation de la dissipation

Soit ψ une variable caractéristique des grandes échelles de la turbulence, comme L ou T par exemple. Pour une turbulence en équilibre spectral, la macro-échelle ψ peut se définir en fonction de ε et k selon la relation générale

$$\psi(k,\varepsilon) = k^a \varepsilon^{-b} \qquad (6.132)$$

où a et b sont des constantes positives. La dérivation temporelle de la relation (6.132) et l'utilisation de (6.122) permet d'exprimer, en turbulence homogène, la dérivée temporelle de ε selon

$$\frac{d\varepsilon}{dt} = \frac{a}{b}\frac{P\varepsilon}{k} - \frac{\varepsilon^2}{k}\left(\frac{a}{b} + \frac{1}{b}\frac{\varepsilon^{b-1}}{k^{a-1}}\frac{d\psi}{dt}\right) \qquad (6.133)$$

Pour retrouver la forme classique (6.123) de l'équation de la dissipation, il suffit de poser, comme le suggèrent Schiestel & Dejoan [166] et Chaouat & Schiestel [28] dans le cas particulier où $\psi = L$

$$\begin{cases} C_{\varepsilon_1} = \dfrac{a}{b} \\ C_{\varepsilon_2} = \dfrac{a}{b} + \dfrac{1}{b}\dfrac{\varepsilon^{b-1}}{k^{a-1}}\dfrac{d\psi}{dt} \end{cases} \qquad (6.134)$$

La relation (6.134) montre que la valeur de C_{ε_1} dépend directement de a et b, c'est-à-dire de la variable ψ choisie. On verra un peu plus loin les conséquences de ce résultat. On calcule C_{ε_2} par la relation (6.134). En turbulence de grille, la définition (6.132) et les équations (6.125) et (6.126) permettent d'obtenir la relation (6.127), quelles que soient les valeurs de a et b. En turbulence homogène cisaillée, la définition (6.132) et les équations (6.130) et (6.131) donnent

$$C_{\varepsilon_2} = \frac{a}{b} + \frac{\mathcal{G}}{b}\exp\left\{\left[\left(\frac{P}{\varepsilon}\right)_\infty - 1 - C_{\varepsilon_1}\left(\frac{P}{\varepsilon}\right)_\infty + C_{\varepsilon_2}\right]\frac{t}{T_\infty}\right\} \qquad (6.135)$$

où l'on pose

$$\mathcal{G} = a\left[\left(\frac{P}{\varepsilon}\right)_\infty - 1\right] - b\left[C_{\varepsilon_1}\left(\frac{P}{\varepsilon}\right)_\infty - C_{\varepsilon_2}\right] \qquad (6.136)$$

En utilisant $C_{\varepsilon_1} = a/b$, le terme $\mathcal{G}$ s'écrit plus simplement selon

$$\mathcal{G} = bC_{\varepsilon_2} - a \qquad (6.137)$$

On considère séparément les deux cas $\psi = L = k^{3/2}/\varepsilon$ et $\psi = T = k/\varepsilon$, en turbulence homogène cisaillée.

- **Choix $\psi = L$** : ce cas correspond à $a = 3/2$ et $b = 1$. D'après la relation (6.134), on a $C_{\varepsilon_1} = a/b = 3/2$, résultat similaire à Schiestel & Dejoan [166] et Chaouat & Schiestel [28]. On rappelle que la dérivation temporelle de la relation $\kappa_d = \kappa_c + \zeta_m \varepsilon_m / k_m^{3/2}$ permet à ces auteurs de déduire la valeur $C_{\varepsilon_1} = 3/2$, valeur provenant de l'exposant de k_m dans l'échelle de longueur $k_m^{3/2}/\varepsilon_m$. D'après la relation (6.134), on a

$$C_{\varepsilon_2} = \frac{3}{2} + \frac{1}{\sqrt{k}} \frac{dL}{dt} \qquad (6.138)$$

La relation (6.135) permet d'écrire

$$C_{\varepsilon_2} = \frac{3}{2} + \mathcal{G} \exp\left\{ \left[\left(\frac{P}{\varepsilon}\right)_\infty - 1 - C_{\varepsilon_1}\left(\frac{P}{\varepsilon}\right)_\infty + C_{\varepsilon_2} \right] \frac{t}{T_\infty} \right\} \qquad (6.139)$$

où $\mathcal{G} = C_{\varepsilon_2} - 3/2 \neq 0$. Le coefficient C_{ε_2} étant constant, la relation (6.139) montre que l'argument de l'exponentiel est nécessairement nul. On retrouve la relation (6.129) et l'équation (6.139) est identiquement vérifiée.

- **Choix $\psi = T$** : ce cas correspond à $a = 1$ et $b = 1$. D'après la relation (6.134), on a $C_{\varepsilon_1} = a/b = 1$ et

$$C_{\varepsilon_2} = 1 + \frac{dT}{dt} \qquad (6.140)$$

En turbulence homogène cisaillée, puisque $\lim_{t \to \infty} \frac{dT}{dt} = 0$, on a $C_{\varepsilon_2} = 1$, et le terme $\mathcal{G} = C_{\varepsilon_2} - 1$ est donc identiquement nul. Bien que Launder [111] ait proposé un modèle pour l'équation de la dissipation avec $C_{\varepsilon_1} = 1.0$ et C_{ε_2} fonction des invariants du tenseur d'anisotropie, les valeurs $C_{\varepsilon_1} = C_{\varepsilon_2} = 1$ posent un problème d'ordre théorique. En effet, la valeur $C_{\varepsilon_1} = 1$ implique que $C_{\varepsilon_2} = 1$ pour garantir la compatibilité avec la turbulence homogène cisaillée (cf. équation (6.128)). Or, la valeur $C_{\varepsilon_2} = 1$ n'est pas consistante avec la turbulence de grille, car dans ce cas il faudrait que la valeur de n_ε soit infinie (cf. relation (6.127)), signifiant une décroissance instantanée de la turbulence. Les valeurs $C_{\varepsilon_1} = C_{\varepsilon_2} = 1$ sont donc inacceptables.

6.2.4.3 Seconde approche de l'équation de la dissipation

Le paragraphe (6.2.4.2) montre que, dans le cas où $\psi = L$, le choix des valeurs de C_{ε_1} et C_{ε_2} selon (6.134) est cohérent avec la turbulence de grille et la turbulence homogène cisaillée, mais que ce n'est plus le cas quand $\psi = T$. On propose, dans ce paragraphe, un choix des valeurs de C_{ε_1} et

C_{ε_2} compatible avec la turbulence de grille et la turbulence homogène cisaillée, quelle que soit la variable ψ. Pour retrouver l'équation empirique (6.123) de la dissipation, à partir de la relation (6.133), il faut écrire

$$\frac{a}{b}\frac{P\varepsilon}{k} = C_{\varepsilon_1}\frac{P\varepsilon}{k} - \left(C_{\varepsilon_1} - \frac{a}{b}\right)\frac{P}{\varepsilon}\frac{\varepsilon^2}{k} \qquad (6.141)$$

Cette relation triviale introduit un degré de liberté puisque le coefficient C_{ε_1} est indéterminé. Sa valeur est donnée par l'expérience et/ou la DNS. Le second terme, à droite de l'égalité (6.141), participe au terme de destruction de la dissipation, et l'équation (6.133) donne alors la forme classique (6.123) en posant

$$C_{\varepsilon_2} = \frac{a}{b} + \left(C_{\varepsilon_1} - \frac{a}{b}\right)\frac{P}{\varepsilon} + \frac{1}{b}\frac{\varepsilon^{b-1}}{k^{a-1}}\frac{d\psi}{dt} \qquad (6.142)$$

avec C_{ε_1} quelconque, c'est-à-dire que sa valeur est indépendante de la variable ψ choisie. On va montrer que cette nouvelle formulation pour C_{ε_2} est consistante avec la turbulence de grille et la turbulence homogène cisaillée, quelle que soit la variable ψ choisie. Le résultat est immédiat en turbulence de grille, car le terme de production disparaît et l'on retrouve la formulation (6.134) avec C_{ε_1} quelconque. On a vu que la relation (6.127) était identiquement vérifiée quelles que soient les valeurs de a et b, c'est-à-dire quel que soit le choix de la variable ψ. En turbulence homogène cisaillée, on étudie les deux cas séparément.

• **Choix $\psi = L$**. D'après la relation (6.142), on a

$$C_{\varepsilon_2} = \frac{3}{2} + \left(C_{\varepsilon_1} - \frac{3}{2}\right)\frac{P}{\varepsilon} + \frac{1}{\sqrt{k}}\frac{dL}{dt} \qquad (6.143)$$

Partant de la définition $L = k^{3/2}/\varepsilon$, et utilisant les équations (6.130) et (6.131), on aboutit à

$$C_{\varepsilon_2} = \frac{3}{2} + \left(C_{\varepsilon_1} - \frac{3}{2}\right)\left(\frac{P}{\varepsilon}\right)_\infty + \left[C_{\varepsilon_2} - \frac{3}{2} - \left(\frac{P}{\varepsilon}\right)_\infty\left(C_{\varepsilon_1} - \frac{3}{2}\right)\right]\exp\left\{\mathcal{M}\frac{t}{T_\infty}\right\} \qquad (6.144)$$

où l'on pose

$$\mathcal{M} = C_{\varepsilon_2} - 1 - \left(\frac{P}{\varepsilon}\right)_\infty (C_{\varepsilon_1} - 1) \qquad (6.145)$$

Le coefficient C_{ε_2} étant **constant** en fonction du temps, la relation (6.144) montre que le terme $\mathcal{M}$ est nul, ce qui permet de retrouver la formule (6.129), et l'équation (6.144) est identiquement vérifiée quelle que soit la valeur de C_{ε_1}. La valeur $C_{\varepsilon_1} = 3/2$ proposée par Schiestel & Dejoan [166] et Chaouat & Schiestel [28] est un cas particulier.

• **Choix $\psi = T$**. D'après la relation (6.142), on a

$$C_{\varepsilon_2} = 1 + (C_{\varepsilon_1} - 1)\frac{P}{\varepsilon} + \frac{dT}{dt} \qquad (6.146)$$

En turbulence homogène cisaillée, on retrouve la relation (6.129) de façon immédiate.

En conclusion, la relation triviale (6.141) permet d'obtenir des valeurs de C_{ε_1} et C_{ε_2} compatibles avec la turbulence de grille et la turbulence homogène cisaillée, et quelle que soit la variable ψ choisie. La section suivante propose une modification de la théorie PITM pour tenir compte du nouveau choix de la valeur de C_{ε_2} donnée par la relation (6.142).

6.2.5 Reformulation du modèle PITM

La section (6.2.4) montre qu'il est possible d'obtenir une valeur de C_{ε_1} plus générale que celle donnée par Schiestel & Dejoan [166] et Chaouat & Schiestel [28] ($C_{\varepsilon_1} = 3/2$ selon ces auteurs). Pour cela, on écrit

$$\frac{3}{2}\frac{P_m \varepsilon_m}{k_m} = C_{\varepsilon_1}^* \frac{P_m \varepsilon_m}{k_m} - \left(C_{\varepsilon_1}^* - \frac{3}{2}\right)\frac{P_m}{\varepsilon_m}\frac{\varepsilon_m^2}{k_m} \qquad (6.147)$$

Cette relation, identiquement vérifiée, introduit un degré de liberté puisque $C_{\varepsilon_1}^*$ est inconnu. Il peut *a priori* dépendre du nombre d'onde de coupure, tout en atteignant la valeur C_{ε_1} à la limite RANS. La formulation (6.115) donne alors

$$C_{\varepsilon_2}^* = \frac{3}{2} + \left(C_{\varepsilon_1}^* - \frac{3}{2}\right)\frac{P_m}{\varepsilon_m} + \frac{k_m}{(\kappa_d - \kappa_c)\varepsilon_m}\left(\frac{\partial \kappa_c}{\partial t} - \frac{\partial \kappa_d}{\partial t}\right) \qquad (6.148)$$

Cette relation, valable quelle que soit la position de la coupure dans le spectre, permet d'écrire à la limite RANS ($\kappa_c = 0\ \forall t \Longrightarrow \partial \kappa_c/\partial t = 0$)

$$C_{\varepsilon_2} = \frac{3}{2} + \left(C_{\varepsilon_1} - \frac{3}{2}\right)\frac{P}{\varepsilon} - \frac{k}{\varepsilon \kappa_d}\frac{\partial \kappa_d}{\partial t} \qquad (6.149)$$

La comparaison de (6.148) et (6.149) donne

$$\begin{aligned} C_{\varepsilon_2}^* &= \frac{3}{2} + \left(C_{\varepsilon_1}^* - \frac{3}{2}\right)\frac{P_m}{\varepsilon_m} \\ &+ \frac{f_k}{f_\varepsilon}\left(1 - \frac{\kappa_c}{\kappa_d}\right)^{-1}\left[\frac{k}{\varepsilon \kappa_d}\frac{\partial \kappa_c}{\partial t} + C_{\varepsilon_2} - \frac{3}{2} - \left(C_{\varepsilon_1} - \frac{3}{2}\right)\frac{P}{\varepsilon}\right] \end{aligned} \qquad (6.150)$$

En utilisant l'hypothèse $\kappa_c \ll \kappa_d$, valable à grand nombre de Reynolds, et en supposant que les variations temporelles de la coupure sont négligeables, on a

$$C_{\varepsilon_2}^* = \frac{3}{2} + \left(C_{\varepsilon_1}^* - \frac{3}{2}\right)\frac{P_m}{\varepsilon_m} + \frac{f_k}{f_\varepsilon}\left[C_{\varepsilon_2} - \frac{3}{2} - \left(C_{\varepsilon_1} - \frac{3}{2}\right)\frac{P}{\varepsilon}\right] \quad (6.151)$$

$$= C_{\varepsilon_1}^*\frac{P_m}{\varepsilon_m} + \frac{f_k}{f_\varepsilon}\left(C_{\varepsilon_2} - C_{\varepsilon_1}\frac{P}{\varepsilon}\right) + \underbrace{\frac{3}{2}\left[1 + \frac{f_k}{f_\varepsilon}\left(\frac{P}{\varepsilon} - 1\right) - \frac{P_m}{\varepsilon_m}\right]}_{\mathcal{N}} \quad (6.152)$$

Cette nouvelle formulation, plus complexe que (6.120), reste difficile à utiliser en pratique du fait que la production totale P n'est pas connue au début de la simulation. Une relation explicite entre P et P_m est nécessaire pour aboutir à une formulation plus pratique. En utilisant la relation de fermeture (6.72) sur $f_p = P_m/P$, on montre que le terme $\mathcal{N}$ est nul, et on aboutit finalement à une nouvelle formulation pour $C_{\varepsilon_2}^*$:

$$C_{\varepsilon_2}^* = C_{\varepsilon_1} + \frac{f_k}{f_\varepsilon}(C_{\varepsilon_2} - C_{\varepsilon_1}) + \frac{P_m}{\varepsilon_m}(C_{\varepsilon_1}^* - C_{\varepsilon_1}) \quad (6.153)$$

En introduisant la relation (6.153) dans l'équation (6.113) de la dissipation écrite avec les variables partielles, on obtient

$$\frac{d\varepsilon_m}{dt} = C_{\varepsilon_1}\frac{P_m \varepsilon_m}{k_m} - \left[C_{\varepsilon_1} + \frac{f_k}{f_\varepsilon}(C_{\varepsilon_2} - C_{\varepsilon_1})\right]\frac{\varepsilon_m^2}{k_m} \quad (6.154)$$

Le degré de liberté, introduit initialement par l'inconnue $C_{\varepsilon_1}^*$, disparaît de l'équation (6.154). Cette formulation de l'équation de la dissipation de sous-maille est finalement identique à celle donnée par Schiestel & Dejoan [166] et Chaouat & Schiestel [28], mis à part que le coefficient C_{ε_1} peut prendre une valeur quelconque, variant selon le modèle de turbulence utilisé. En fait, le choix $C_{\varepsilon_1} = 1.45$, utilisé par Chaouat & Schiestel [28], revient à négliger le terme $\mathcal{N}$ dans l'équation (6.152). On utilisera par la suite la valeur $C_{\varepsilon_1} = 1.44$ avec le modèle EB-RSM.

6.2.6 Modèle T-PITM

Le modèle PITM est basé sur une approche spatiale de la LES. Cependant, une question se pose dans la mesure où les formalismes RANS et LES sont différents : l'opérateur RANS est une moyenne d'ensemble alors que celui de la LES est un filtre spatial. Dans un écoulement pariétal, quelle est alors la signification précise d'un modèle hybride RANS-LES quand on s'approche de la paroi et que l'on passe du formalisme LES au formalisme RANS ? On a vu à la section (6.1.1) que la TLES, basée sur un filtrage temporel, offre un cadre plus cohérent pour les modèles hybrides RANS-LES non-zonaux. Le but de cette section est d'apporter une justification théorique à ce type de modèle, en combinant le formalisme de la TLES à la méthodologie PITM pour aboutir finalement à la formulation T-PITM (*Temporal Partially Integrated Transport Model*).

6.2.6.1 Équation d'évolution du spectre temporel

A la connaissance de l'auteur, il n'existe pas d'étude précise sur l'équation d'évolution du spectre temporel, car l'approche temporelle de la turbulence ne s'est pas révélée pertinente jusqu'à maintenant. Cette section donne sa définition et son équation d'évolution en turbulence stationnaire inhomogène, écoulement où l'on est assuré de l'existence de la transformée de Fourier temporelle [139]. On décompose les variables instantanées en une moyenne temporelle et une fluctuation, selon la décomposition de Reynolds. On note ϕ_A la variable ϕ prise à l'instant t_A, et ϕ_B la variable ϕ prise à l'instant t_B. Les variables t_A et t_B sont supposées indépendantes. On écrit l'équation (2.8) des fluctuations de vitesse pour u_{iA} et on la multiplie par u_{jB}. On écrit ensuite l'équation (2.8) pour u_{jB} et on la multiplie par u_{iA}. Puis on somme les deux équations obtenues pour aboutir à

$$\begin{aligned} U_k \frac{\partial}{\partial x_k}(u_{iA}u_{jB}) &= -u_{jB}\frac{\partial u_{iA}}{\partial t_A} - u_{iA}\frac{\partial u_{jB}}{\partial t_B} - u_{kA}u_{jB}\frac{\partial U_i}{\partial x_k} - u_{iA}u_{kB}\frac{\partial U_j}{\partial x_k} \\ &- u_{iA}\frac{\partial}{\partial x_k}(u_{jB}u_{kB} - \overline{u_{jB}u_{kB}}) - u_{jB}\frac{\partial}{\partial x_k}(u_{iA}u_{kA} - \overline{u_{iA}u_{kA}}) \\ &- \frac{u_{jB}}{\rho}\frac{\partial p_A}{\partial x_i} - \frac{u_{iA}}{\rho}\frac{\partial p_B}{\partial x_j} + \nu u_{jB}\frac{\partial^2 u_{iA}}{\partial x_k \partial x_k} + \nu u_{iA}\frac{\partial^2 u_{jB}}{\partial x_k \partial x_k} \end{aligned} \quad (6.155)$$

L'écoulement étant supposé stationnaire, la vitesse moyenne ne dépend pas du temps et donc $U_{kA} = U_{kB} = U_k$. En effectuant le changement de variable $(t_A, t_B) \longmapsto (t, \tau)$, où $t = t_A$ et $\tau = t_B - t_A$, on a

$$\frac{\partial}{\partial t_A} = \frac{\partial}{\partial t}\frac{\partial t}{\partial t_A} + \frac{\partial}{\partial \tau}\frac{\partial \tau}{\partial t_A} = \frac{\partial}{\partial t} - \frac{\partial}{\partial \tau} \quad (6.156)$$

$$\frac{\partial}{\partial t_B} = \frac{\partial}{\partial t}\frac{\partial t}{\partial t_B} + \frac{\partial}{\partial \tau}\frac{\partial \tau}{\partial t_B} = \frac{\partial}{\partial \tau} \quad (6.157)$$

Les variables t_A et t_B étant supposées indépendantes, on peut écrire

$$-u_{jB}\frac{\partial u_{iA}}{\partial t_A} - u_{iA}\frac{\partial u_{jB}}{\partial t_B} = -\frac{\partial}{\partial t_A}(u_{iA}u_{jB}) - \frac{\partial}{\partial t_B}(u_{iA}u_{jB}) = -\frac{\partial}{\partial t}(u_{iA}u_{jB}) \quad (6.158)$$

La dernière égalité s'obtient en utilisant les relations (6.156) et (6.157). La condition d'incompressibilité du champ fluctuant à tout instant et un peu d'algèbre montrent que

$$u_{iA}\frac{\partial}{\partial x_k}u_{jB}u_{kB} + u_{jB}\frac{\partial}{\partial x_k}u_{iA}u_{kA} = \frac{\partial}{\partial x_k}(u_{iA}u_{kA}u_{jB}) + (u_{kB} - u_{kA})u_{iA}\frac{\partial u_{jB}}{\partial x_k} \quad (6.159)$$

De même, on montre que

$$\nu u_{jB}\frac{\partial^2 u_{iA}}{\partial x_k \partial x_k} + \nu u_{iA}\frac{\partial^2 u_{jB}}{\partial x_k \partial x_k} = \nu\frac{\partial^2 u_{iA}u_{jB}}{\partial x_k \partial x_k} - 2\nu\frac{\partial u_{iA}}{\partial x_k}\frac{\partial u_{jB}}{\partial x_k} \quad (6.160)$$

On définit

$$Q_{i,j}(\mathbf{x},\tau) = \overline{u_{iA}u_{jB}} \tag{6.161}$$

$$\mathcal{S}_{ik,j}(\mathbf{x},\tau) = \overline{u_{iA}u_{kA}u_{jB}} \tag{6.162}$$

$$\mathcal{T}_{i,j}(\mathbf{x},\tau) = \frac{1}{2}\overline{(u_{kA}-u_{kB})u_{iA}\frac{\partial u_{jB}}{\partial x_k}} \tag{6.163}$$

$$K_{(p),j}(\mathbf{x},\tau) = \overline{p_A u_{jB}} \tag{6.164}$$

$$K_{i,(p)}(\mathbf{x},\tau) = \overline{u_{iA}p_B} \tag{6.165}$$

$$\mathcal{D}_{i,j}(\mathbf{x},\tau) = \nu \overline{\frac{\partial u_{iA}}{\partial x_k}\frac{\partial u_{jB}}{\partial x_k}} \tag{6.166}$$

Dans toutes ces définitions, les indices avant et après la virgule se rapportent respectivement aux instants t_A et t_B. L'indice p dans $K_{(p),j}$ et $K_{i,(p)}$ se rapporte à la pression et n'est pas un indice tensoriel. Par définition, on a

$$Q_{i,j}(\mathbf{x},0) = R_{ij}(\mathbf{x}) \tag{6.167}$$

$$\mathcal{T}_{i,j}(\mathbf{x},0) = 0 \tag{6.168}$$

$$\mathcal{D}_{i,j}(\mathbf{x},0) = \frac{1}{2}\varepsilon_{ij}(\mathbf{x}) \tag{6.169}$$

En prenant la moyenne temporelle de l'équation (6.155) et en utilisant les relations (6.158), (6.159) et (6.160), on obtient

$$\begin{aligned}U_k\frac{\partial Q_{i,j}}{\partial x_k} = & -\frac{\partial U_i}{\partial x_k}Q_{k,j} - \frac{\partial U_j}{\partial x_k}Q_{i,k} - \frac{\partial \mathcal{S}_{ik,j}}{\partial x_k} + 2\mathcal{T}_{i,j} + \nu\frac{\partial^2 Q_{i,j}}{\partial x_k \partial x_k} - 2\mathcal{D}_{i,j} \\ & -\frac{1}{\rho}\left(\frac{\partial K_{i,(p)}}{\partial x_j} + \frac{\partial K_{(p),j}}{\partial x_i}\right) + \frac{1}{\rho}\left(\overline{p_B\frac{\partial u_{iA}}{\partial x_j}} + \overline{p_A\frac{\partial u_{jB}}{\partial x_i}}\right)\end{aligned} \tag{6.170}$$

En utilisant la condition d'incompressibilité du champ fluctuant à tout instant, on montre que

$$\frac{1}{\rho}\left(\overline{p_B\frac{\partial u_{iA}}{\partial x_i}} + \overline{p_A\frac{\partial u_{iB}}{\partial x_i}}\right) = 0 \tag{6.171}$$

et la contraction des indices libres donne

$$\frac{1}{2}U_j\frac{\partial Q_{i,i}}{\partial x_j} = \mathbb{P} + \mathbb{D}^T + \mathcal{T}_{i,i} + \mathbb{D}^\nu - \mathcal{D}_{i,i} + \mathbb{D}^P \tag{6.172}$$

où l'on a posé par commodité

137

$$\mathbb{P}(\mathbf{x},\tau) = -\frac{1}{2}(Q_{i,j} + Q_{j,i})\frac{\partial U_i}{\partial x_j} \tag{6.173}$$

$$\mathbb{D}^T(\mathbf{x},\tau) = -\frac{1}{2}\frac{\partial \mathcal{S}_{ik,i}}{\partial x_k} \tag{6.174}$$

$$\mathbb{D}^P(\mathbf{x},\tau) = -\frac{1}{2\rho}\frac{\partial}{\partial x_j}\left(K_{j,(p)} + K_{(p),j}\right) \tag{6.175}$$

$$\mathbb{D}^\nu(\mathbf{x},\tau) = \frac{\nu}{2}\frac{\partial^2 Q_{i,i}}{\partial x_j \partial x_j} \tag{6.176}$$

Les termes $\mathbb{D}^T$, $\mathbb{D}^P$ et $\mathbb{D}^\nu$ sont des termes de transport dûs aux inhomogénéités spatiales. Par définition, on a

$$\mathbb{P}(\mathbf{x},0) = -\overline{u_i u_j}\frac{\partial U_i}{\partial x_j} = P(\mathbf{x}) \tag{6.177}$$

$$\mathbb{D}^T(\mathbf{x},0) = -\frac{1}{2}\frac{\partial \overline{u_i u_i u_k}}{\partial x_k} = D^T(\mathbf{x}) \tag{6.178}$$

$$\mathbb{D}^P(\mathbf{x},0) = -\frac{1}{\rho}\frac{\partial \overline{pu_j}}{\partial x_j} = D^P(\mathbf{x}) \tag{6.179}$$

$$\mathbb{D}^\nu(\mathbf{x},0) = \nu\frac{\partial^2 k}{\partial x_j \partial x_j} = D^\nu(\mathbf{x}) \tag{6.180}$$

On peut facilement vérifier que le choix $A = B$ (c'est-à-dire $\tau = 0$), dans l'équation (6.172), redonne l'équation (2.10) de l'énergie cinétique fluctuante, en turbulence stationnaire.

Dans un tel écoulement, on peut introduire la transformée de Fourier temporelle $\hat{\phi}$ d'une variable ϕ quelconque selon

$$\phi(\mathbf{x},\tau) = \int_\omega e^{-i\omega\tau}\hat{\phi}(\mathbf{x},\omega)\,\mathrm{d}\omega \tag{6.181}$$

Le domaine d'intégration sur ω est $[-\infty, +\infty]$ de façon générale. Contrairement à l'approche spatiale, l'approche temporelle ne pose pas de problème particulier avec les conditions aux limites dans l'espace (paroi par exemple). Elle posera un problème dans le cas d'écoulement statistiquement instationnaire. Par définition, on a

$$R_{ij}(\mathbf{x}) = Q_{i,j}(\mathbf{x},0) = \int_\omega \hat{Q}_{i,j}(\mathbf{x},\omega)\,\mathrm{d}\omega \tag{6.182}$$

On définit le spectre temporel d'énergie turbulente E_T par

$$E_T(\mathbf{x},\omega) = \frac{1}{2}\hat{Q}_{i,i}(\mathbf{x},\omega) \tag{6.183}$$

Le spectre temporel est la demi-trace de la transformée de Fourier des corrélations de fluctuations de vitesse à deux instants différents, prises au même point. L'énergie turbulente totale s'obtient par intégration du spectre sur toutes les valeurs admissibles de la fréquence

$$k(\mathbf{x}) = \int_\omega E_T(\mathbf{x},\omega)\,d\omega \qquad (6.184)$$

L'introduction des transformées de Fourier dans l'équation (6.172) aboutit à

$$U_j \frac{\partial E_T}{\partial x_j} = \hat{\mathbb{P}} + \hat{\mathbb{D}}^T + \hat{\mathcal{T}}_{j,j} + \hat{\mathbb{D}}^\nu - \hat{\mathcal{D}}_{j,j} + \hat{\mathbb{D}}^P \qquad (6.185)$$

avec

$$\hat{\mathbb{P}}(\mathbf{x},\omega) = -\frac{1}{2}(\hat{Q}_{k,j} + \hat{Q}_{j,k})\frac{\partial U_j}{\partial x_k} \qquad (6.186)$$

$$\hat{\mathbb{D}}^T(\mathbf{x},\omega) = -\frac{1}{2}\frac{\partial \hat{\mathcal{S}}_{kj,k}}{\partial x_j} \qquad (6.187)$$

$$\hat{\mathbb{D}}^P(\mathbf{x},\omega) = -\frac{1}{2\rho}\frac{\partial}{\partial x_j}\left(\hat{K}_{j,(p)} + \hat{K}_{(p),j}\right) \qquad (6.188)$$

$$\hat{\mathbb{D}}^\nu(\mathbf{x},\omega) = \nu \frac{\partial^2 E_T}{\partial x_j \partial x_j} \qquad (6.189)$$

Les relations (6.168), (6.169), (6.177), (6.178), (6.179) et (6.180) dans l'espace physique impliquent dans l'espace spectral

$$\int_\omega \hat{\mathcal{T}}_{i,j}(\mathbf{x},\omega)\,d\omega = 0 \qquad (6.190)$$

$$\int_\omega \hat{\mathcal{D}}_{i,j}(\mathbf{x},\omega)\,d\omega = \frac{1}{2}\varepsilon_{ij}(\mathbf{x}) \qquad (6.191)$$

$$\int_\omega \hat{\mathbb{P}}(\mathbf{x},\omega)\,d\omega = P(\mathbf{x}) \qquad (6.192)$$

$$\int_\omega \hat{\mathbb{D}}^T(\mathbf{x},\omega)\,d\omega = D^T(\mathbf{x}) \qquad (6.193)$$

$$\int_\omega \hat{\mathbb{D}}^P(\mathbf{x},\omega)\,d\omega = D^P(\mathbf{x}) \qquad (6.194)$$

$$\int_\omega \hat{\mathbb{D}}^\nu(\mathbf{x},\omega)\,d\omega = D^\nu(\mathbf{x}) \qquad (6.195)$$

En intégrant l'équation (6.185) sur toutes les valeurs admissibles de la fréquence, on obtient l'équation (2.10) de l'énergie cinétique fluctuante. Le terme $\hat{\mathcal{T}}_{i,j}$ est un flux spectral dû aux interactions triadiques non-linéaires et non-locales. Il représente le transfert d'énergie des structures à basse fréquence (grandes échelles) vers les structures à haute fréquence (petites échelles). Il peut être également à l'origine du *backscatter* (transfert d'énergie des structures à haute fréquence vers les structures à basse fréquence), bien que ce phénomène soit assez rare. Contrairement à l'approche spatiale, l'approche temporelle ne fait pas apparaître de terme rapide de transfert, dépendant directement du champ moyen. Dans une turbulence statistiquement instationnaire, on pourrait montrer qu'il apparaît un terme de transfert rapide, dépendant directement du champ moyen (au sens d'une moyenne d'ensemble), en effectuant un développement limité de la vitesse moyenne autour de $\tau = 0$. Cette méthode est similaire à l'approche spatiale en turbulence inhomogène [29].

On écrit formellement l'équation (6.185) du spectre temporel sous la forme

$$U_j \frac{\partial E_T}{\partial x_j}(\mathbf{x},\omega) = \hat{\mathbb{P}}(\mathbf{x},\omega) - \hat{\mathcal{D}}(\mathbf{x},\omega) + \hat{\mathbb{F}}(\mathbf{x},\omega) + \hat{\mathbb{D}}(\mathbf{x},\omega) \qquad (6.196)$$

où $\hat{\mathbb{P}}$, $\hat{\mathcal{D}}$ et $\hat{\mathbb{F}}$ sont respectivement les termes de production par le champ moyen, de dissipation visqueuse et de transfert spectral. Le terme $\hat{\mathbb{D}}$ correspond à la somme de la diffusion moléculaire, du transport turbulent et du transport par la pression. Ces différents termes s'écrivent

$$\hat{\mathcal{D}}(\mathbf{x},\omega) = \hat{\mathcal{D}}_{j,j}(\mathbf{x},\omega) \qquad (6.197)$$

$$\hat{\mathbb{F}}(\mathbf{x},\omega) = \hat{\mathcal{T}}_{j,j}(\mathbf{x},\omega) \qquad (6.198)$$

$$\hat{\mathbb{D}}(\mathbf{x},\omega) = \hat{\mathbb{D}}^T(\mathbf{x},\omega) + \hat{\mathbb{D}}^\nu(\mathbf{x},\omega) + \hat{\mathbb{D}}^P(\mathbf{x},\omega) \qquad (6.199)$$

6.2.6.2 Formulation du modèle T-PITM

Maintenant que l'on a défini le spectre temporel et que l'on possède son équation d'évolution, une démarche similaire à la théorie PITM peut être suivie. On découpe le spectre temporel en trois zones $[0,\omega_c]$, $[\omega_c,\omega_d]$ et $[\omega_d,\infty]$ où ω_c est la fréquence de coupure et ω_d une fréquence telle que $\omega_d \geqslant \omega_c$. L'intégration de l'équation (6.196) sur un intervalle quelconque $[\omega_1,\omega_2]$ donne

$$U_i \frac{\partial}{\partial x_i} k_{[\omega_1,\omega_2]} = P_{[\omega_1,\omega_2]} - \varepsilon_{[\omega_1,\omega_2]} + \mathcal{J}(\omega_1) - \mathcal{J}(\omega_2) + D_{[\omega_1,\omega_2]} \qquad (6.200)$$

où

$$k_{[\omega_1,\omega_2]} = \int_{\omega_1}^{\omega_2} E_T(\omega)\,\mathrm{d}\omega \qquad (6.201)$$

$$P_{[\omega_1,\omega_2]} = \int_{\omega_1}^{\omega_2} \hat{\mathbb{P}}(\omega)\,\mathrm{d}\omega \qquad (6.202)$$

$$\varepsilon_{[\omega_1,\omega_2]} = \int_{\omega_1}^{\omega_2} \hat{\mathcal{D}}(\omega)\,\mathrm{d}\omega \qquad (6.203)$$

$$D_{[\omega_1,\omega_2]} = \int_{\omega_1}^{\omega_2} \hat{\mathbb{D}}(\omega)\, d\omega \qquad (6.204)$$

$$\mathcal{F}(\omega) = -\int_0^\omega \hat{\mathbb{F}}(\omega')\, d\omega' = \int_\omega^\infty \hat{\mathbb{F}}(\omega')\, d\omega' \qquad (6.205)$$

$$\mathcal{J}(\omega) = \mathcal{F}(\omega) - U_i \frac{\partial \omega}{\partial x_i} E_T(\omega) \qquad (6.206)$$

La dépendance par rapport à la variable d'espace ne sera plus notée explicitement pour simplifier les notations. Les termes $k_{[\omega_1,\omega_2]}$, $P_{[\omega_1,\omega_2]}$, $\varepsilon_{[\omega_1,\omega_2]}$ et $D_{[\omega_1,\omega_2]}$ sont respectivement l'énergie turbulente partielle, la production partielle de la turbulence par le champ moyen, la dissipation visqueuse partielle et la diffusion partielle, associées à la zone $[\omega_1,\omega_2]$. Le terme $\mathcal{J}$ contient un terme de flux spectral et un terme de transport qui fait intervenir la variation spatiale de la fréquence. Puisque $\mathcal{J}(0) = 0$ et $\mathcal{J}(\infty) = 0$, l'équation (6.200) donne sur les trois intervalles définis précédemment

$$U_j \frac{\partial}{\partial x_j} k_{[0,\omega_c]} = P_{[0,\omega_c]} - \varepsilon_{[0,\omega_c]} - \mathcal{J}(\omega_c) + D_{[0,\omega_c]} \qquad (6.207)$$

$$U_j \frac{\partial}{\partial x_j} k_{[\omega_c,\omega_d]} = P_{[\omega_c,\omega_d]} - \varepsilon_{[\omega_c,\omega_d]} + \mathcal{J}(\omega_c) - \mathcal{J}(\omega_d) + D_{[\omega_c,\omega_d]} \qquad (6.208)$$

$$U_j \frac{\partial}{\partial x_j} k_{[\omega_d,\infty]} = P_{[\omega_d,\infty]} - \varepsilon_{[\omega_d,\infty]} + \mathcal{J}(\omega_d) + D_{[\omega_d,\infty]} \qquad (6.209)$$

avec $k_{[0,\omega_c]} = k_{LES}$ par définition. La somme terme à terme des équations (6.207) et (6.208) et (6.209) redonne l'équation (2.10) de l'énergie cinétique fluctuante en turbulence stationnaire

$$U_i \frac{\partial k}{\partial x_i} = P - \varepsilon + D \qquad (6.210)$$

avec, par définition

$$k_{[0,\omega_c]} + k_{[\omega_c,\omega_d]} + k_{[\omega_d,\infty]} = k_{[0,\infty]} = k \qquad (6.211)$$

$$P_{[0,\omega_c]} + P_{[\omega_c,\omega_d]} + P_{[\omega_d,\infty]} = P_{[0,\infty]} = P \qquad (6.212)$$

$$\varepsilon_{[0,\omega_c]} + \varepsilon_{[\omega_c,\omega_d]} + \varepsilon_{[\omega_d,\infty]} = \varepsilon_{[0,\infty]} = \varepsilon \qquad (6.213)$$

$$D_{[0,\omega_c]} + D_{[\omega_c,\omega_d]} + D_{[\omega_d,\infty]} = D_{[0,\infty]} = D \qquad (6.214)$$

L'équation de l'énergie fluctuante totale peut également se déduire de (6.207) en prenant la limite où la coupure se situe dans la zone dissipative, ce que l'on note formellement $\omega_c \to \infty$ à grand nombre de Reynolds. La somme terme à terme de (6.208) et (6.209) permet de déduire l'équation de l'énergie de sous-maille

$$U_j \frac{\partial k_m}{\partial x_j} = P_{[\omega_c,\infty]} - \varepsilon_m + \mathcal{J}(\omega_c) + D_{[\omega_c,\infty]} \qquad (6.215)$$

avec, par définition

$$k_{[\omega_c,\omega_d]} + k_{[\omega_d,\infty]} = k_{[\omega_c,\infty]} = k_m \qquad (6.216)$$

$$P_{[\omega_c,\omega_d]} + P_{[\omega_d,\infty]} = P_{[\omega_c,\infty]} \qquad (6.217)$$

$$P_{[\omega_c,\infty]} + \mathcal{J}(\omega_c) = P_m \qquad (6.218)$$

$$\varepsilon_{[\omega_c,\omega_d]} + \varepsilon_{[\omega_d,\infty]} = \varepsilon_{[\omega_c,\infty]} = \varepsilon_m \qquad (6.219)$$

$$D_{[\omega_c,\omega_d]} + D_{[\omega_d,\infty]} = D_{[\omega_c,\infty]} \qquad (6.220)$$

L'équation moyennée de l'énergie de sous-maille (6.29), déduite dans l'espace physique, donne en turbulence stationnaire

$$U_i \frac{\partial k_m}{\partial x_i} = P_m - \varepsilon_m + D_m \qquad (6.221)$$

où l'on a posé

$$D_m = D_m^T + D_m^\nu + D_m^P + D_m^C \qquad (6.222)$$

$$D_m^T = \overline{D_{SGS}^T}; \quad D_m^\nu = \overline{D_{SGS}^\nu}; \quad D_m^P = \overline{D_{SGS}^P}; \quad D_m^C = -\frac{\partial}{\partial x_i}\overline{u_i' k_{SGS}} \qquad (6.223)$$

La comparaison de (6.215) et de (6.221) montre que

$$D_{[\omega_c,\infty]} = D_m^T + D_m^\nu + D_m^P + D_m^C = D_m \qquad (6.224)$$

Dans tout ce qui suit, on choisit la position de ω_d dans le spectre de telle sorte que l'énergie turbulente partielle associée à la zone $[\omega_d, \infty]$ soit négligeable. Pour cela, de manière similaire à l'approche PITM, on suppose que les fréquences ω_d et ω_c sont liées par la relation dimensionnelle suivante

$$\omega_d = \omega_c + \chi_m \frac{\varepsilon_m}{k_m} \qquad (6.225)$$

Le paramètre χ_m peut dépendre du nombre de Reynolds mais ne dépend pas explicitement de l'espace, par hypothèse. Il est choisi suffisamment grand de telle sorte que l'énergie turbulente partielle associée à la zone $[\omega_d, \infty]$ soit négligeable. La dérivée convective de (6.225) par le champ moyen et l'utilisation de (6.215), (6.218), et (6.224) donne

avec

$$U_j \frac{\partial \varepsilon_m}{\partial x_j} = \frac{P_m \varepsilon_m}{k_m} - C^*_{\varepsilon_2} \frac{\varepsilon_m^2}{k_m} + D_{\varepsilon_m} \qquad (6.226)$$

$$C^*_{\varepsilon_2} = 1 + \frac{k_m}{(\omega_d - \omega_c)\varepsilon_m}\left(U_j \frac{\partial \omega_c}{\partial x_j} - U_j \frac{\partial \omega_d}{\partial x_j}\right) \qquad (6.227)$$

$$D_{\varepsilon_m} = \frac{\varepsilon_m}{k_m} D_m \qquad (6.228)$$

Le terme D_{ε_m} est un terme de diffusion dont on ne s'occupe pas pour l'instant, car il n'a pas une importance primordiale sur la théorie, contrairement aux termes de génération et de destruction de la dissipation de sous-maille. On verra par la suite comment modéliser les termes de diffusion. L'approche T-PITM semble donner $C^*_{\varepsilon_1} = 1$ dans un premier temps. Pour remédier à ce problème et retrouver l'équation classique de la dissipation (cf. section (6.2.4)), on écrit trivialement

$$\frac{P_m \varepsilon_m}{k_m} = C^*_{\varepsilon_1} \frac{P_m \varepsilon_m}{k_m} - \left(C^*_{\varepsilon_1} - 1\right) \frac{P_m}{\varepsilon_m} \frac{\varepsilon_m^2}{k_m} \qquad (6.229)$$

Cette relation introduit un degré de liberté supplémentaire puisque $C^*_{\varepsilon_1}$ est inconnu. Ce coefficient peut dépendre de la fréquence de coupure et tend nécessairement vers C_{ε_1} à la limite RANS. Dans la relation (6.229), le second terme à droite de l'égalité devient un terme de destruction de la dissipation. La réécriture de l'équation (6.226) permet d'obtenir une nouvelle formulation pour $C^*_{\varepsilon_2}$

$$C^*_{\varepsilon_2} = 1 + \left(C^*_{\varepsilon_1} - 1\right)\frac{P_m}{\varepsilon_m} + \frac{f_k}{f_\varepsilon} \frac{k}{(\omega_d - \omega_c)\varepsilon}\left(U_j \frac{\partial \omega_c}{\partial x_j} - U_j \frac{\partial \omega_d}{\partial x_j}\right) \qquad (6.230)$$

En supposant que $\lim_{DNS} f_k/f_\varepsilon = 0$, cette nouvelle formulation est cohérente car $C^*_{\varepsilon_2}$ tend bien vers $C^*_{\varepsilon_1}$ à la limite DNS. A la limite RANS ($\omega_c = 0\ \forall \mathbf{x} \Longrightarrow \partial \omega_c/\partial x_j = 0$), cette relation permet d'obtenir

$$C_{\varepsilon_2} = 1 + (C_{\varepsilon_1} - 1)\frac{P}{\varepsilon} - \frac{k}{\varepsilon \omega_d} U_j \frac{\partial \omega_d}{\partial x_j} \qquad (6.231)$$

La comparaison des lois (6.230) et (6.231) permet d'écrire $C^*_{\varepsilon_2}$ sous la forme suivante

$$C^*_{\varepsilon_2} = 1 + \left(C^*_{\varepsilon_1} - 1\right)\frac{P_m}{\varepsilon_m} +$$
$$\frac{f_k}{f_\varepsilon}\left(1 - \frac{\omega_c}{\omega_d}\right)^{-1}\left(\frac{k}{\varepsilon \omega_d} U_j \frac{\partial \omega_c}{\partial x_j} + C_{\varepsilon_2} - 1 - (C_{\varepsilon_1} - 1)\frac{P}{\varepsilon}\right) \qquad (6.232)$$

Les limites RANS et DNS sont vérifiées. On supposera que la variation spatiale de la fréquence de coupure est faible, pour négliger le terme de convection. En écoulement de canal par exemple, ce terme est exactement nul. A grand nombre de Reynolds, on peut supposer $\omega_c \ll \omega_d$. La relation (6.232) se simplifie alors en

$$\begin{aligned} C_{\varepsilon_2}^* &= 1 + (C_{\varepsilon_1}^* - 1)\frac{P_m}{\varepsilon_m} + \frac{f_k}{f_\varepsilon}\left(C_{\varepsilon_2} - 1 - (C_{\varepsilon_1} - 1)\frac{P}{\varepsilon}\right) \quad (6.233)\\ &= C_{\varepsilon_1}^* \frac{P_m}{\varepsilon_m} + \frac{f_k}{f_\varepsilon}\left(C_{\varepsilon_2} - C_{\varepsilon_1}\frac{P}{\varepsilon}\right) + \underbrace{1 + \frac{f_k}{f_\varepsilon}\left(\frac{P}{\varepsilon} - 1\right) - \frac{P_m}{\varepsilon_m}}_{\mathcal{N}} \quad (6.234) \end{aligned}$$

Cette relation est très similaire à l'approche spatiale PITM (cf. (6.152)). De même, une relation de fermeture sur f_p, liant P et P_m, est nécessaire. La dérivée convective par le champ moyen de f_k, et l'utilisation des équations (2.10) et (6.215) concernant k et k_m, permettent d'écrire de façon exacte, en turbulence stationnaire

$$U_j \frac{\partial f_k}{\partial x_j} = \frac{1}{k}\left(P_m - \varepsilon_m + D_m - f_k(P - \varepsilon + D)\right) \quad (6.235)$$

En canal, le terme de convection est exactement nul. Dans un cadre plus général, les termes de transport (convection et diffusion) étant impossible à manipuler théoriquement, on se place dans une zone en équilibre spectral où ils sont négligeables. On obtient alors la relation de fermeture sur f_p

$$\frac{1}{f_p} \simeq \frac{1}{f_k}\left(1 - \frac{\varepsilon_m}{P_m}\right) + \frac{1}{f_\varepsilon}\frac{\varepsilon_m}{P_m} \quad (6.236)$$

Cette relation est identique à celle donnée par Girimaji et al. [68] (équation (6.72)) en turbulence homogène cisaillée. L'introduction de (6.236) dans (6.234) montre que $\mathcal{N}$ est nul, et on aboutit finalement à la même formulation que l'approche PITM pour l'équation de la dissipation de sous-maille (relation (6.154)).

6.2.6.3 Estimation du paramètre f_k dans l'approche T-PITM

La formulation (6.153), valable également en T-PITM, nécessite l'estimation du paramètre f_k. Pour cela, on se réfère à la loi de Kolmogorov dans la zone inertielle, écrite pour le spectre temporel. Il convient ici de distinguer le spectre lagrangien de son homologue eulérien, auquel on s'intéressera plus particulièrement. On supposera $f_\varepsilon \simeq 1$, signifiant que la coupure est en dehors des échelles dissipatives, hypothèse valable à grand nombre de Reynolds.

- **Spectre lagrangien**

Le spectre lagrangien est la transformée de Fourier des corrélations temporelles de la vitesse lagrangienne. Inoue [84] a été le premier à supposer que le spectre temporel suit une loi universelle dans la zone inertielle et à donner sa forme. En supposant que celle-ci ne dépend que de la dissipation et de la fréquence, une analyse dimensionnelle montre qu'elle est donnée par [84, 182, 142, 31]

$$\mathcal{E}_T(\omega) = C_1 \varepsilon \omega^{-2} \tag{6.237}$$

où C_1 est une constante de l'ordre de l'unité *a priori*. Sa mesure par simulation numérique a donné $C_1 \approx 0.94$ [88] ou $C_1 \approx 0.80$ [55]. Sa mesure en couche limite atmosphérique a donné $C_1 \approx 0.6 \pm 0.3$ [75].

- **Spectre eulérien**

Le spectre eulérien est la transformée de Fourier des corrélations temporelles de la vitesse eulérienne. Celui-ci a un comportement tout à fait différent de son homologue lagrangien à cause de la convection. Dans la zone inertielle, l'observateur verra les petites structures, correspondant aux hautes fréquences, être emportées, balayées aléatoirement par les grandes échelles plus énergétiques [183, 182]. Cet effet est similaire à l'effet Doppler pour les ondes acoustiques ou électromagnétiques. En se plaçant dans un écoulement où la vitesse moyenne de convection est nulle, la plus haute fréquence du spectre eulérien sera de l'ordre de grandeur de $\sqrt{k}/L_\eta$, où $L_\eta = \nu^{3/4}\varepsilon^{-1/4}$ est l'échelle de longueur de Kolmogorov. La plus haute fréquence du spectre lagrangien est donnée par l'échelle de Kolmogorov $\sqrt{\varepsilon/\nu}$. On voit que le ratio de la fréquence eulérienne par rapport à son homologue lagrangien est de l'ordre de $Re_T^{1/4}$ [183, 182]. A faible nombre de Reynolds, l'effet Doppler est donc faible. A des nombres de Reynolds plus élevés, le spectre eulérien est beaucoup plus large que son homologue lagrangien. Selon Tennekes [182], si la contribution principale d'une structure à la fréquence ω à l'énergie turbulente est due à l'advection par les grandes échelles, on peut écrire dans la zone inertielle

$$\omega \propto \kappa\sqrt{k} \tag{6.238}$$

En utilisant cette relation de dispersion dans la loi de Kolmogorov pour le spectre spatial, Tennekes [182] déduit la forme du spectre eulérien dans la zone inertielle

$$E_T(\omega) = C_0 \varepsilon^{2/3} k^{1/3} \omega^{-5/3} \tag{6.239}$$

où C_0 est une constante de l'ordre de l'unité *a priori*. Cette forme du spectre eulérien a été confirmée par plusieurs auteurs [142, 31, 88]. Kaneda [88] donne une estimation théorique de la valeur de la constante $C_0 \approx 0.4$. L'intégration du spectre eulérien permet d'obtenir l'énergie partielle

$$k_m = \int_{\omega_c}^{\infty} C_0 \varepsilon^{2/3} k^{1/3} \omega^{-5/3} \, d\omega = \frac{3}{2} C_0 \varepsilon^{2/3} k^{1/3} \omega_c^{-2/3} \tag{6.240}$$

On en déduit

$$f_k(\mathbf{x}, t) = \frac{1}{\beta_1} \xi_c^{-2/3} \tag{6.241}$$

où $\beta_1 = 2/(3C_0) \approx 1.67$ et ξ_c est la fréquence de coupure adimensionnée selon

$$\xi_c = \omega_c \frac{k}{\varepsilon} = \frac{T_{RANS}}{T_{TLES}} \tag{6.242}$$

Le paramètre sans dimension ξ_c s'interprète comme le ratio de l'échelle de temps des plus grandes échelles de la turbulence (k/ε) par l'échelle de temps caractéristique de la TLES (ω_c^{-1}).

En supposant une relation de dispersion eulérienne de la forme $\omega \propto \kappa\sqrt{k}$ [183, 182], les formulations PITM et T-PITM pour f_k sont identiques : les approches spatiale et temporelle aboutissent finalement au même résultat, avec des hypothèses différentes. Les simulations PITM en canal, réalisées par Schiestel & Dejoan [166] et Chaouat & Schiestel [28], peuvent s'interpréter comme des simulations T-PITM, où le formalisme de la TLES permet d'avoir une vision cohérente des méthodes hybrides RANS-LES à transition continue dans un écoulement inhomogène, tel que les écoulements de paroi. Dorénavant, on ne différenciera plus les modèles PITM et T-PITM car leur formulation est identique en pratique. On parlera plus simplement de modèle PITM quelle que soit l'approche (spatiale ou temporelle).

6.2.7 Choix de la fréquence de coupure dans l'approche temporelle

Dans l'approche spatiale classique, le nombre d'onde de coupure est directement relié à la taille locale de maille. Cependant, d'autres possibilités existent théoriquement, comme l'utilisation de variables dynamiques (échelles de la turbulence, production, vitesse, *etc.*), ce qui permettrait par ailleurs de découpler le numérique (maillage) et la physique. En TLES, il n'y a pas de « candidats naturels » pour définir la fréquence de coupure. On pourrait penser au pas de temps, mais il demeure le même partout dans l'écoulement, dans une simulation instationnaire. Il faut alors utiliser une fonction de pondération pour faire varier la fréquence de coupure dans l'écoulement, par exemple la faire tendre vers zéro à la paroi, et la placer dans la zone inertielle, loin des parois. Cette fonction de pondération doit faire intervenir, explicitement ou implicitement, la distance à la paroi. En s'inspirant du modèle EB-RSM, on pourrait prendre, de façon empirique

$$\omega_c T = \xi_1 \alpha^b \frac{T}{\Delta t} + \xi_2 (1 - \alpha^b) \frac{T_\eta}{\Delta t} \tag{6.243}$$

où α est le coefficient de pondération elliptique (contenant implicitement la distance à la paroi), $T = k/\varepsilon$ l'échelle temporelle des plus grandes échelles de la turbulence et $T_\eta = \sqrt{\nu/\varepsilon}$ l'échelle temporelle de Kolmogorov; b, ξ_1 et ξ_2 sont des constantes. En pratique, on peut supposer que Δt est de l'ordre de grandeur du temps caractéristique des structures de la zone inertielle, signifiant $T_\eta \ll \Delta t \ll T$ à grand nombre de Reynolds. A la paroi, puisque $\alpha = 0$, on a $\omega_c T \propto T_\eta/\Delta t \ll 1$, ce qui permet d'obtenir une valeur suffisamment faible de la coupure pour aboutir à la limite RANS ($\omega_c \to 0$). Loin des parois, puisque $\alpha = 1$, on a $\omega_c T \propto T/\Delta t \gg 1$, ce qui permet d'obtenir une valeur suffisamment grande de la coupure pour effectuer une LES (ω_c dans la zone inertielle).

Une autre tentative de réponse, déjà esquissée à la section précédente, est d'utiliser une relation de dispersion explicite, comme celle proposée par Tennekes [182] (cf. relation (6.238)) qui se place dans un écoulement où la vitesse de convection moyenne est nulle. Des études théoriques plus poussées doivent être réalisées dans cette direction, pour un écoulement plus réaliste.

Dans une simulation pratique, on adoptera l'approche spatiale PITM : le nombre d'onde de coupure est alors relié directement à la taille de maille locale, de façon classique. On gardera en tête que la formulation T-PITM est identique si on utilise la relation de dispersion $\omega \propto \kappa\sqrt{k}$ pour calculer le paramètre f_k dans l'approche temporelle.

6.3 Développement d'un modèle hybride à pondération elliptique. Calibration en canal ($Re_\tau = 395$)

On propose d'utiliser le modèle bas-Reynolds EB-RSM pour modéliser le tenseur de sous-maille et le taux de dissipation. Dans toutes les équations, les grandeurs totales (k, P_{ij}, R_{ij}, ε_{ij}, etc.) sont remplacées par leur homologue partielle (k_{SGS}, $P_{ij\,SGS}$, $\tau_{ij\,SGS}$, $\varepsilon_{ij\,SGS}$, etc.). Pour un écoulement inhomogène, les termes de convection et de diffusion doivent être pris en compte. Il faut se rappeler que les équations de la théorie PITM s'écrivent avec les variables partielles moyennes (k_m, P_m, ε_m, etc.). Le passage aux équations écrites avec les variables partielles (k_{SGS}, P_{SGS}, ε_{SGS}, etc.) a déjà été discuté à la section (6.2.2.2). L'hypothèse forte des modèles hybrides est d'utiliser un modèle RANS pour calculer les corrélations inconnues que sont les termes $D^T_{ij\,SGS}$, $\phi^*_{ij\,SGS}$ et $\varepsilon_{ij\,SGS}$ dans l'équation du tenseur de sous-maille. Cette hypothèse n'a pas de fondements théoriques, dans la mesure où les structures modélisées par un modèle RANS et LES différent par leur nature. La section (6.3.5) donne une justification de l'utilisation d'un modèle RANS (Rotta+IP) pour le terme de pression partiel $\phi^*_{ij\,SGS}$, en utilisant une base de données DNS. Par ailleurs, à grand nombre de Reynolds, la coupure se situe en général dans la zone productive ou inertielle du spectre d'énergie et est bien séparée des échelles dissipatives, signifiant que $\overline{\varepsilon_{ij\,SGS}} \simeq \varepsilon_{ij}$. Dans ce cas, l'utilisation d'un modèle RANS pour le terme $\overline{\varepsilon_{ij\,SGS}}$ est totalement justifiée. Le passage de l'équation concernant $\overline{\varepsilon_{ij\,SGS}}$ à l'équation sur $\varepsilon_{ij\,SGS}$ a déjà été discuté à la section (6.2.2.2).

Plusieurs questions se posent et méritent réflexions :

- comment écrire les termes de transport et choisir l'échelle temporelle de corrélation de sous-maille des effets de paroi dans l'équation de la dissipation du modèle à pondération elliptique, associé à la méthodologie PITM ?
- quelle est la valeur optimale du coefficient β_0 dans la définition du paramètre f_k ?
- comment choisir le paramètre f_k lorsqu'on s'approche de la paroi ?
- dans le modèle RANS EB-RSM, l'équation elliptique (3.48) simule l'effet de blocage de la paroi. Celui-ci reflète la condition d'incompressibilité du fluide pour les échelles non-résolues. Dans un modèle hybride où les structures à grandes échelles sont résolues, la condition d'incompressibilité est imposée explicitement sur ces structures, par la résolution de l'équation de continuité. L'effet de blocage de la paroi doit en conséquence être diminué pour simuler la condition d'incompressibilité uniquement sur les échelles modélisées. Dans la méthodologie PITM, il faut donc que l'échelle de corrélation des effets de pression soit diminuée. Comment la modifier ?
- la théorie générale de la turbulence [99, 78] stipule que les petites échelles retournent à l'isotropie plus vite que les grandes. Est-il alors nécessaire de modifier le terme lent de pression, qui est à l'origine du retour à l'isotropie ? Et si oui, comment ?

Les paragraphes qui suivent tentent d'apporter des éléments de réponse. Le développement du modèle EB-RSM dans la méthodologie PITM se fait en écoulement de canal à $Re_\tau = 395$, basé sur la demi-hauteur $H/2$. Cet écoulement de paroi académique a été choisi pour pouvoir faire des comparaisons avec les résultats de Chaouat & Schiestel [28]. Les dimensions du canal sont $4H * H * 2H$ en longueur, hauteur et envergure, correspondant à trois fois la longueur moyenne des *streaks* et seize fois leur largeur moyenne. Des conditions périodiques sont imposées dans les directions longitudinales et transverses. Un terme source de gradient de pression $2\rho u_\tau^2/H$ est rajouté sur l'équation de quantité de mouvement longitudinale (cf. chapitre 4, section (4.8)). Deux maillages, homogènes dans les directions longitudinale et transverse, sont utilisés : leurs caractéristiques sont données dans le tableau (6.4). Pour le maillage 1, la première maille à la paroi est placée en $y_1^+ = 1.5$ et la distance des mailles au centre du canal vaut $\Delta y_c^+ = 40$ (en unité pariétale). Pour le maillage 2, les directions homogènes sont raffinées d'un facteur 2, et le maillage dans la direction normale à la paroi est similaire au maillage 1, sauf que la première maille à la paroi est placée en $y_1^+ = 3$. Une LES classique est effectuée avec le modèle dynamique de Smagorinsky, pour initialiser le champ de vitesse dans le calcul PITM. Le spectre initial de la turbulence possède ainsi une large gamme d'échelles et permet de converger plus vite vers la solution. Les variables turbulentes sont initialisées à partir d'une simulation RANS. Celle-ci permet également d'estimer *a priori* l'échelle intégrale de la turbulence $k^{3/2}/\varepsilon$ dans la formulation de f_k. L'avancement dans le temps se fait par un schéma de Crank-Nicolson. La discrétisation spatiale se fait par un schéma centré pour les vitesses, et un schéma décentré amont pour les variables turbulentes ($\tau_{ij\,SGS}$ et ε).

Une remarque importante en pratique doit être signalée. Les fluctuations à grande échelle du champ de vitesse filtrée (résolue) peuvent être très importantes, contrairement à un calcul RANS

Maillage	N_x	N_y	N_z	N_{cell}	Δx^+	y_1^+	Δy_c^+	Δz^+
1 (grossier)	32	54	32	55296	100	1.5	40	50
2 (raffiné)	64	42	64	172032	50	3	40	25

TABLE 6.4 – Caractéristiques des deux maillages utilisés pour l'adaptation du modèle EB-RSM à la méthodologie PITM.

où la vitesse résolue est la moyenne d'ensemble, impliquant une fluctuation à grande échelle nulle. Pour des raisons de stabilité numérique, avec un modèle EVM, Schiestel & Dejoan [166] proposent de moyenner dans les directions homogènes et/ou dans le temps la viscosité de sous-maille. D'après une communication personnelle de B. Chaouat, dans le cas d'un modèle de sous-maille avec équations de transport des tensions de Reynolds, il est nécessaire de moyenner le terme de production $P_{ij_{SGS}}$ dans les directions homogènes, afin que le modèle puisse répondre aux fluctuations à grande échelle. Dans le cas contraire, tous les calculs effectués pendant la thèse ont abouti à une solution RANS partout dans l'écoulement. Cette pratique a maintenant été abandonnée par Chaouat & Schiestel [28]. En effet, B. Chaouat a proposé, dans une communication personnelle très récente, une autre technique numérique de stabilisation consistant à moyenner uniquement des termes associés au champ turbulent modélisé (énergie cinétique fluctuante partielle, échelle de longueur ou de temps de la turbulence de sous-maille). Cette nouvelle approche numérique a été connue de l'auteur qu'en fin de thèse et n'a donc pu être testée. Pour des raisons de stabilité numérique avec le terme rapide de pression du modèle SSG [179], il est également indispensable de moyenner dans les directions homogènes les tenseurs $\tilde{S}_{ij}$ et $\tilde{\Omega}_{ij}$, qui dépendent directement du champ de vitesse filtrée. Sinon, le calcul diverge.

6.3.1 Équation modèle de la dissipation

Pour un écoulement inhomogène, les termes de transport doivent être pris en compte. Les termes de convection et de diffusion moléculaire sont exacts et ne nécessitent donc pas de modèle. Dans le modèle EB-RSM, on rappelle que le terme de pression n'est pas décomposé en une partie redistributive et un transport par la pression ; il est modélisé dans sa totalité. Il reste à modéliser le terme de diffusion turbulente. On utilise, par extension, le modèle de Daly & Harlow [40] où les nombres de Prandtl de l'énergie de sous-maille et de la dissipation sont supposés garder leur valeur RANS. L'équation de la dissipation de sous-maille du modèle EB-RSM se met sous la forme

$$\frac{\partial \varepsilon_{SGS}}{\partial t} + \tilde{U}_j \frac{\partial \varepsilon_{SGS}}{\partial x_j} = C'_{\varepsilon_1} \frac{P_{SGS}}{T_{SGS}} - C^*_{\varepsilon_2} \frac{\varepsilon_{SGS}}{T_{SGS}} + \frac{\partial}{\partial x_l} \left(\nu \delta_{lm} + \frac{C_S}{\sigma_\varepsilon} \tau_{lm\,SGS} T_{SGS} \right) \frac{\partial \varepsilon_{SGS}}{\partial x_m} \quad (6.244)$$

avec

$$C'_{\varepsilon_1} = C_{\varepsilon_1}\left(1 + A_1(1-\alpha^2)\sqrt{\frac{k_{SGS}}{\tau_{ij\,SGS}n_i n_j}}\right) \quad (6.245)$$

$$C^*_{\varepsilon_2} = C'_{\varepsilon_1} + \frac{f_k}{f_\varepsilon}\left(C_{\varepsilon_2} - C'_{\varepsilon_1}\right) \quad (6.246)$$

$$T_{SGS} = \max\left(\frac{k_{SGS}}{\varepsilon_{SGS}}, C_T\sqrt{\frac{\nu}{\varepsilon}}\right) \quad (6.247)$$

La relation (6.246) suppose que la coupure est bien séparée des échelles dissipatives, hypothèse valable en pratique à grand nombre de Reynolds, signifiant $f_\varepsilon \simeq 1$. Dans la formulation (6.246), C_{ε_1} a été remplacé par C'_{ε_1} par cohérence avec le modèle EB-RSM. En pratique, on ne verra pas de différences : en proche paroi $C^*_{\varepsilon_2} \simeq C_{\varepsilon_2}$ et loin des parois $C'_{\varepsilon_1} \simeq C_{\varepsilon_1}$. La valeur de la constante C_T n'est pas modifiée, car l'échelle de temps de Kolmogorov n'est prédominante que dans la sous-couche visqueuse [47], où le modèle PITM est sensé se comporter comme un modèle RANS, en pratique.

6.3.2 Choix de la constante β_0

La constante β_0, intervenant dans le paramètre f_k, peut être déduite analytiquement de la loi de Kolmogorov. On obtient

$$f_k(\mathbf{x},t) = \frac{1}{\beta_0}\left(\kappa_c \frac{k^{3/2}}{\varepsilon}\right)^{-2/3} \quad (6.248)$$

où en théorie $\beta_0 = 2/(3C_K)$. La constante de Kolmogorov, déterminée par l'expérience et la DNS, se trouve dans l'intervalle $[1.4, 2.1]$. Cette dispersion est due essentiellement à la difficulté de mesurer la dissipation et d'obtenir un nombre de Reynolds suffisamment élevé [149]. On a donc $\beta_0 \in [0.3, 0.5]$. La plupart des auteurs utilisent souvent la valeur $C_K \simeq 1.5$ correspondant à $\beta_0 \simeq 0.44$. En pratique, cette constante peut dépendre du modèle de turbulence et des schémas numériques utilisés. En effet, les modèles linéaires EVM étant plus diffusifs que les modèles RSM, il faut augmenter la valeur de β_0, de telle sorte à diminuer f_k et $C^*_{\varepsilon_2}$, et diminuer implicitement la viscosité turbulente. Le tableau (6.5) donne la valeur de β_0 choisie par différents auteurs et pour divers types d'écoulement. Girimaji et al. [67] et Basu et al. [11] ne proposent pas de tests systématiques pour calibrer la constante, et les résultats de Basu et al. [11] sur la marche descendante ne sont pas convaincants. Schiestel & Dejoan [166] et Chaouat & Schiestel [28] font des tests systématiques, en turbulence de grille et en canal, pour choisir la valeur optimale de β_0. Schiestel & Dejoan [166] proposent $\beta_0 = 0.37$, en utilisant un modèle k–ε. Avec un modèle RSM, Chaouat & Schiestel [28] prennent $\beta_0 = 0.15$.

Le schéma numérique peut également jouer un rôle important dans le choix de la constante β_0. De façon générale, le nombre d'onde de coupure est défini par les relations (6.6) et (6.7), c'est-à-dire

$\kappa_c = 2\pi/(C_g \Delta_m)$ où Δ_m est la taille de maille. Le théorème de Shannon implique que $C_g \geqslant 2$. De façon classique, on prend $C_g = 2$, mais Ghosal [62] a montré que, dans ce cas, avec un schéma centré d'ordre 2 en espace pour les termes convectifs, les erreurs numériques (essentiellement *aliasing*) peuvent être plus beaucoup importantes que les contraintes de sous-maille, pour une large bande de nombre d'onde. Dans ce cas, la modélisation influe peu sur le champ de vitesse résolue, et il devient illusoire de vouloir résoudre les structures jusqu'à la taille correspondant au nombre d'onde de Nyquist $\kappa_c = \pi/\Delta_m$. Avec $C_g = 4$, les erreurs numériques et les contraintes de sous-maille sont du même ordre de grandeur, et ces dernières ne dominent d'un ou deux ordres de grandeur qu'à partir de $C_g = 8$. Dans ce cas, le coût du calcul est multiplié par $(8/2)^4 = 256$ par rapport au cas où $C_g = 2$. Une alternative est de choisir $C_g = 2$ mais d'utiliser des schémas aux différences plus précis d'ordre 4, voire 8 [62], ou des schémas spectraux. Ces schémas sont cependant difficiles à implémenter pour un maillage complexe non-structuré.

En utilisant les définitions (6.6) et (6.7), le paramètre f_k s'écrit, si la coupure se situe dans la zone inertielle

$$f_k(\mathbf{x},t) = \frac{1}{\beta_0} \left(\frac{2\pi}{C_g \Delta_m} \frac{k^{3/2}}{\varepsilon} \right)^{-2/3} = \frac{1}{\beta_0'} \eta_c^{-2/3} \qquad (6.249)$$

où l'on pose par définition

$$\eta_c = \frac{\pi}{\Delta_m} \frac{k^{3/2}}{\varepsilon} \qquad (6.250)$$

et

$$\beta_0' = \beta_0 \left(\frac{2}{C_g} \right)^{2/3} \leqslant \beta_0 \qquad (6.251)$$

En pratique, la valeur théorique β_0 doit être modifiée en $\beta_0' \leqslant \beta_0$. Le tableau (6.6) donne la valeur de la constante modifiée en fonction du paramètre C_g, en prenant $\beta_0 = 0.44$. Avec un schéma centré, on voit qu'il faut prendre $\beta_0' \in [0.18; 0.28]$. Des tests sont effectués au paragraphe suivant, pour calibrer cette constante.

6.3.3 Choix du paramètre f_k en proche paroi

Le calcul du paramètre $f_k = k_m/k$ se fait en utilisant la loi de Kolmogorov, valable uniquement dans la zone inertielle. On obtient

$$f_k(\mathbf{x},t) = \frac{1}{\beta_0'} \eta_c^{-2/3} \qquad (6.252)$$

Auteurs	Configuration	Modèle	Valeur de β'_0
Girimaji et al. [67]	Jet $Re = 11500$	k–ε bas-Reynolds	0.14
Basu et al. [11]	Marche $Re = 37500$	k–ε bas-Reynolds	0.74
Schiestel & Dejoan [166]	Turbulence de grille + Canal $Re_\tau = 590$	k–ε bas-Reynolds	0.37
Chaouat & Schiestel [28]	Canal $Re_\tau = 395$	RSM bas-Reynolds	0.15

TABLE 6.5 – Valeur choisie de β'_0 par différents auteurs et pour divers types d'écoulement.

C_g	2	4	6	8	10
β'_0	0.44	0.28	0.21	0.18	0.15

TABLE 6.6 – Valeur de la constante modifiée β'_0 en fonction du paramètre C_g.

avec η_c le nombre d'onde de coupure adimensionné par l'échelle de la turbulence (cf. relation (6.250)). La figure (6.2) montre l'évolution de η_c en fonction de y^+, selon le maillage. L'échelle intégrale de la turbulence $k^{3/2}/\varepsilon$ est obtenue par un pré-calcul RANS, avec le modèle EB-RSM. Bien que le maillage devienne de plus en plus raffiné lorsqu'on s'approche de la paroi, η_c diminue pour atteindre la valeur nulle à la paroi, signifiant que l'échelle intégrale $k^{3/2}/\varepsilon$ diminue plus vite que la taille de maille : le modèle se comporte bien comme un modèle RANS en proche paroi, et un modèle LES loin des parois. Loin des parois, on peut supposer que le maillage est tel que le nombre d'onde de coupure se trouve bien dans la zone inertielle. Plus on s'approche des parois, plus cette hypothèse devient fausse et la formulation (6.252) doit être remise en cause. Girimaji [66] ne donne aucune indication sur la façon de choisir f_k lorsqu'on s'approche de la paroi. Schiestel & Dejoan [166] ainsi que Chaouat & Schiestel [28] proposent de façon empirique

$$f_k(\mathbf{x}, t) = \frac{1}{1 + \beta'_0 \eta_c^{2/3}} \qquad (6.253)$$

Cette formulation sera notée CS1. Les limites RANS et DNS sont ainsi vérifiées. Néanmoins, la constante β'_0 est faible et la fonction $x \mapsto x^{2/3}$ augmente assez lentement. Loin des parois, et avec un maillage « grossier » (η_c faible), il se peut que le terme $\beta'_0 \eta_c^{2/3}$ ne soit pas dominant par rapport à 1, comme le montre la figure (6.2).

En pratique, Chaouat & Schiestel [28] adimensionnent le nombre d'onde de coupure par la longueur de mélange $\mathcal{K}y$, ce qui leur évite d'effectuer un calcul RANS pour estimer $k^{3/2}/\varepsilon$. La formulation (6.253), s'écrit dans ce cas

$$f_k(\mathbf{x}, t) = \frac{1}{1 + \beta_\mathcal{N} \mathcal{N}_c^{2/3}} \qquad (6.254)$$

où $\beta_\mathcal{N}$ est une nouvelle constante et

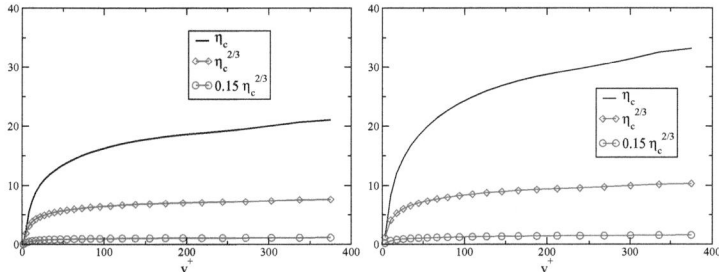

FIGURE 6.2 – Estimation en canal ($Re_\tau = 395$) du nombre d'onde adimensionné η_c et de $\beta'_0 \eta_c^{2/3}$, avec $\beta'_0 = 0.15$. Gauche : maillage 1 (grossier). Droite : maillage 2 (raffiné).

$$\mathcal{N}_c = \frac{\pi}{\Delta_m} \mathcal{K} y \quad (6.255)$$

Cette nouvelle formulation sera notée CS2. Dans la zone logarithmique, en utilisant les lois (2.37), on montre que $k^{3/2}/\varepsilon = C_\mu^{-3/4} \mathcal{K} y$, d'où l'on déduit la valeur de la nouvelle constante

$$\beta_\mathcal{N} = C_\mu^{-1/2} \beta'_0 \quad (6.256)$$

Avec le modèle RSM de Launder & Shima [114], Chaouat & Schiestel [28] proposent de prendre $\beta_\mathcal{N} = 0.5$, ce qui correspond à $\beta'_0 = 0.15$. Un autre défaut de la formulation (6.253) est son gradient important en proche paroi : f_k diminuant trop vite quand on s'éloigne de la paroi, la transition vers la zone LES se fait très près de la paroi (cf. figure (6.3)). Une alternative simple est de prendre

$$f_k(\mathbf{x}, t) = \min\left(1; \frac{1}{\beta'_0} \eta_c^{-2/3}\right) \quad (6.257)$$

Cette formulation sera notée MIN. Pour les mêmes raisons que précédemment, le terme $1/\beta'_0 \eta_c^{-2/3}$ peut être très grand, loin des parois, et aboutir à $f_k = 1$ dans une majeure partie de l'écoulement, comme le montre la figure (6.3) : avec $\beta'_0 = 0.15$, on a $f_k = 1$ pour $y^+ < 100$.

Une autre idée est de se baser sur un spectre analytique. Celui de Von Karman [78] a l'avantage d'être intégrable analytiquement, et s'écrit

$$E(\kappa) = C_K \varepsilon^{2/3} \kappa^q \left(\frac{C_K}{q+1} \left(\frac{\varepsilon}{k^{3/2}}\right)^{m-1} + \kappa^{m-1}\right)^{-\frac{m+q}{m-1}}, \quad (6.258)$$

Pour retrouver la loi de Kolmogorov dans la zone inertielle (κ suffisamment grand), il faut prendre $m = 5/3$. En turbulence de grille, on montre que le coefficient C_{ε_2} et le paramètre q sont liés par la relation [166]

$$C_{\varepsilon_2} = \frac{3q+5}{2(q+1)} \tag{6.259}$$

Avec $C_{\varepsilon_2} = 1.83$, on obtient $q \simeq 2.0$. L'intégration partielle du spectre de Von Karman permet d'obtenir la formulation suivante, notée VK :

$$f_k(\mathbf{x},t) = 1 - \left(1 + \frac{2}{3(q+1)\beta_0'}\eta_c^{-2/3}\right)^{-\frac{3}{2}(q+1)} \tag{6.260}$$

Pour les grandes valeurs de η_c, on retouve la formulation (6.252). L'inconvénient de cette méthode est de pré-supposer la forme du spectre pour les grandes échelles, qui n'ont pas de caractère universel.

On propose plutôt d'utiliser le coefficient de pondération du modèle EB-RSM pour faire la transition entre la zone de proche paroi, où $f_k \to 1$, et la zone lointaine, où $f_k \to 1/\beta_0'\eta_c^{-2/3}$, selon la relation

$$f_k(\mathbf{x},t) = (1-\alpha^c) + \alpha^c \frac{1}{\beta_0'}\eta_c^{-2/3} \tag{6.261}$$

où c est un réel à déterminer. En proche paroi, on suppose $\Delta x = \mathcal{O}(1)$, $\Delta z = \mathcal{O}(1)$ et $\Delta y = \mathcal{O}(y)$, signifiant $\Delta_m = \mathcal{O}(y^{1/3})$. En conséquence, on a $\alpha^c \eta_c^{-2/3} = \mathcal{O}(y^{c-16/9})$, en utilisant les comportements asymptotiques suivants : $k = \mathcal{O}(y^2)$, $\varepsilon = \mathcal{O}(1)$ et $\alpha = \mathcal{O}(y)$. Pour avoir un comportement asymptotique cohérent en proche paroi ($f_k \to 1$), il faut donc prendre $c > 16/9$. Le choix le plus simple est de prendre c entier, et donc $c = 2$. La relation de pondération pour f_k est ainsi similaire aux relations de pondération concernant le terme de pression et de dissipation (cf. équations (3.62) et (3.63)). En proche paroi, la relation (6.261) peut donner des valeurs légèrement supérieures à l'unité. Pour y remédier, on prend la formulation

$$f_k(\mathbf{x},t) = \min\left[1, (1-\alpha^2) + \alpha^2 \frac{1}{\beta_0'}\eta_c^{-2/3}\right] \tag{6.262}$$

Cette formulation sera notée EB. Le tableau (6.7) récapitule les différentes formulations possibles du paramètre f_k.

Les figures (6.3) et (6.4) montrent, selon le maillage, le profil de f_k imposé a priori en utilisant l'échelle de longueur de la turbulence $k^{3/2}/\varepsilon$ et le coefficient de pondération α issus d'une simulation RANS, pour les différentes formulations (CS1, CS2, MIN, VK et EB). Les formulations CS1 et VK sont similaires, ainsi que les formulations MIN et EB. Ces deux dernières permettent d'imposer un gradient plus souple en proche paroi : avec $\beta'_0 = 0.20$, $f_k = 1$ jusqu'à $y^+ \simeq 20$, puis f_k diminue quand on s'éloigne de la paroi.

La figure (6.5) montre le profil des contraintes résolue $\tau^+_{11\,LES}$, modélisée $\tau^+_{11\,SGS}$ et totale $\tau^+_{11\,LES} + \overline{\tau^+_{11\,SGS}}$ avec les formulations CS1 et EB pour f_k. L'exposant $^+$ signifie que les quantités sont données en valeur pariétale (adimensionnées par u_τ pour la vitesse, et ν/u_τ pour les longueurs). Le coefficient de pondération α est imposé a priori par un pré-calcul RANS. D'abord, on voit que le modèle se comporte comme espéré : la partie modélisée domine en proche paroi ; au centre du canal, elle diminue et c'est la partie résolue qui devient prépondérante. Dans la formulation CS1, f_k diminue trop vite quand on s'éloigne des parois ; en conséquence, la partie résolue est dominante presque partout dans l'écoulement. Au final, les tensions de Reynolds sont fortement surestimées. La formulation EB pour f_k a donc été choisie par la suite.

Pour tester l'influence de la constante empirique β'_0, des simulations sont effectuées sur une large gamme de valeur allant de 0.10 à 0.60. La valeur 0.60 est au-delà de la valeur théorique maximale admissible, qui vaut 0.44, et permet de voir le comportement du modèle. La figure (6.6) montre l'influence de la constante empirique β'_0 avec la formulation EB pour f_k. Plus elle est grande, plus la partie résolue augmente, comme on pouvait s'y attendre. Pour $\beta'_0 = 0.10$, la formulation EB donne $f_k = 1$ partout (solution RANS). Pour $\beta'_0 \in [0.15, 0.25]$ les résultats sont semblables. Au-delà, la partie résolue devient prépondérante presque partout dans l'écoulement, et les tensions de Reynolds sont fortement surestimées. Le choix optimum s'est avéré être $\beta'_0 \simeq 0.20$.

Les figures (6.7), (6.8), (6.9) et (6.10) montrent les contraintes résolue, modélisée et totale, avec la formulation EB pour f_k et $\beta'_0 = 0.20$. Le coefficient de pondération elliptique est toujours imposé a priori par un pré-calcul RANS. De façon globale, on voit que la partie modélisée $\overline{\tau_{ij\,SGS}}$ est dominante en proche paroi et diminue loin des parois, où la partie résolue $\tau_{ij\,LES}$ devient prépondérante. L'effet du raffinement du maillage est d'augmenter la partie résolue des contraintes et de diminuer la partie modélisée. Le total reste quasiment constant. On peut considérer que les statistiques sont bien convergées lorsque les profils moyens sont symétriques de part et d'autre du canal, et lorsque la tension de Reynolds $\overline{uv}$ est linéaire au centre du canal (cf. section (2.5)). Le coefficient de pondération elliptique étant imposé a priori par un pré-calcul RANS, on surestime l'effet de blocage : la composante $\overline{u^2}$ est fortement surestimée, alors que la composante $\overline{v^2}$ est sous-estimée. On verra plus loin comment choisir l'échelle de corrélation des effets de paroi dans la version PITM de l'EB-RSM.

Les figures (6.11) et (6.12) dévoilent que l'énergie turbulente totale est surestimée en proche paroi, et que le profil de f_k mesuré a posteriori est très différent de sa valeur imposée a priori par la formulation (6.262). Cette remarque est également vraie pour les formulations CS1, VK et MIN. On parlera de f_k a priori lorsque f_k est imposé par la relation (6.262) où α et $k^{3/2}/\varepsilon$ sont donnés par un calcul RANS, et de f_k a posteriori quand f_k est calculé à la fin de la simulation par le

155

ratio $\overline{k_{SGS}}/(\overline{k_{SGS}} + k_{LES})$, où k_{LES} est l'énergie turbulente résolue à grande échelle. A la paroi, f_k a posteriori n'atteint pas la valeur unité, mais est de l'ordre de 0.9 pour le maillage grossier, et 0.6 pour le maillage raffiné : les structures résolues explicitement loin de la paroi ont une influence importante sur l'écoulement de proche paroi. Au centre du canal, f_k vaut 20% pour le maillage 1 et est nul pour le maillage 2, signifiant que l'on y effectue une quasi-DNS. A partir d'une simulation RANS EB-RSM, le tableau (6.8) donne, en fonction du maillage, au centre du canal et en unités pariétales, la valeur de la dissipation ε^+, l'échelle de Kolmogorov $L_\eta^+ = (\varepsilon^+)^{-1/4}$, le nombre d'onde correspondant au début de la zone dissipative $\kappa_\varepsilon^+ \approx 2\pi/L_\eta^+/60$ [150] et la coupure κ_c^+ estimé par $\kappa_c^+ = 2\pi/(C_g \Delta_m^+)$ où $C_g = 6.5$ (correspondant à $\beta_0' = 0.20$), ainsi que l'énergie totale k^+ et partielle $k_m^+ = 3/2 C_K (\varepsilon^+/\kappa_c^+)^{2/3}$ calculée par la loi de Kolmogorov. Le paramètre f_k est ensuite estimé par $f_k = k_m^+/k^+$. On remarque que le nombre d'onde de coupure et celui caractérisant les échelles dissipatives ne sont pas séparés de façon nette et sont du même ordre de grandeur. La formulation (6.120) n'est donc plus valable, car κ_c et κ_d sont du même ordre de grandeur. En réalité, la coupure se trouve dans la zone dissipative, signifiant qu'une partie de la dissipation est résolue et par conséquent $f_\varepsilon \neq 1$. Le calcul PITM donnant ε_m, on calcule a posteriori le ratio dissipation de sous-maille / dissipation totale par $f_\varepsilon = \varepsilon_{m\,\mathrm{PITM}}^+/\varepsilon_{\mathrm{RANS}}^+$. Sur le maillage grossier, on obtient $f_\varepsilon \simeq 30\%$, et sur le maillage raffiné $f_\varepsilon \simeq 10\%$, signifiant que 70% ou 90% de la dissipation est en fait résolue selon le maillage. La coupure étant dans la zone dissipative, il est plutôt rassurant de trouver une faible valeur pour f_k et f_ε a posteriori, signifiant que l'on effectue une quasi-DNS au centre du canal. On aurait pu utiliser un maillage tel que la coupure au centre du canal ait été bien séparée des échelles dissipatives. Dans ce cas, le maillage aurait été trop grossier pour pouvoir résoudre correctement les structures.

En conclusion, la figure (6.12) et le tableau (6.8) montrent que les effets bas-Reynolds sont importants dans le cas $Re_\tau = 395$, et il est difficile de vérifier l'hypothèse de validité du modèle (6.120) qui suppose une bonne séparation de la coupure et de κ_d, ainsi que l'existence de la zone inertielle où s'applique la loi de Kolmogorov. En utilisant par exemple la loi (6.83) de Pao pour le spectre, valable lorsque la coupure est dans la zone dissipative, on peut obtenir une estimation plus réaliste de l'énergie de sous-maille, au centre du canal. Pour le maillage raffiné, on aboutit à $f_k \simeq 20\%$, alors que la loi de Kolmogorov donne $f_k \simeq 50\%$ (cf. figure (6.12)). Bien que les hypothèses de validité du modèle (6.120) ne soient pas remplies, ce dernier semble se comporter correctement. En pratique, aux grands nombres de Reynolds, l'hypothèse précédente sera vérifiée et la limite DNS ne sera jamais atteinte. D'ailleurs, l'objectif d'un modèle aussi complexe, basé sur des équations de transport, n'est pas d'atteindre la limite DNS, mais plutôt d'effectuer une LES sur maillage grossier, avec une coupure placée dans la zone productive ou inertielle. La calibration du modèle à des nombres de Reynolds plus élevés aurait cependant été très coûteuse en temps CPU.

La figure (6.13) montre que le profil de vitesse moyenne est surestimée dans la zone logarithmique et au centre du canal. On verra que ce défaut est dû au choix de l'échelle de corrélation des effets de paroi. Les figures (6.14) et (6.15) montrent les *streaks*, structures pariétales très allongées dans la direction longitudinale (cf. chapitre 2), pour les deux maillages. Sur le maillage raffiné, les structures sont plus réalistes : on devine les structures en Ω inclinées environ à 45° par rapport à la paroi. Ces figures montrent que le raffinement permet de tendre vers une LES mieux résolue.

Acronyme	Formulation
CS1	$f_k = \dfrac{1}{1 + \beta'_0 \eta_c^{2/3}}$
CS2	$f_k = \dfrac{1}{1 + \beta_\mathcal{N} \mathcal{N}_c^{2/3}}$
MIN	$f_k = \min\left(1; \dfrac{1}{\beta'_0} \eta_c^{-2/3}\right)$
VK	$f_k = 1 - \left(1 + \dfrac{2}{3(q+1)\beta'_0} \eta_c^{-2/3}\right)^{-\frac{3}{2}(q+1)}$
EB	$f_k = \min\left(1; (1-\alpha^2) + \alpha^2 \dfrac{1}{\beta'_0} \eta_c^{-2/3}\right)$

TABLE 6.7 – Différentes propositions semi-empiriques pour le choix de f_k.

	ε^+	L_η^+	κ_ε^+	κ_c^+	k_m^+	k^+	f_k
Maillage 1	0.0018	4.8	0.022	0.016	0.52	0.78	0.66
Maillage 2	0.0018	4.8	0.022	0.026	0.38	0.78	0.49

TABLE 6.8 – Comparaison, selon le maillage, de la valeur de f_k au centre du canal donnée *a priori* par le modèle RANS EB-RSM, en utilisant la loi de Kolmogorov.

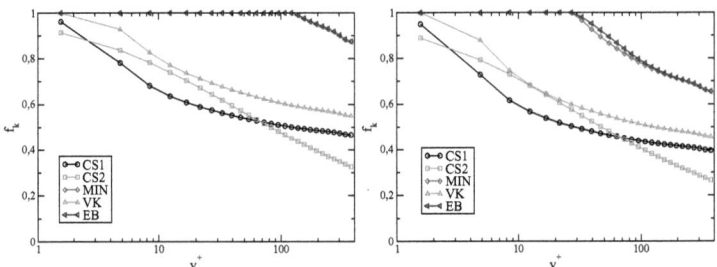

FIGURE 6.3 – Profil du paramètre f_k imposé *a priori* en utilisant l'échelle de longueur $k^{3/2}/\varepsilon$ et le coefficient de pondération α issus d'une simulation RANS. Maillage 1. Gauche : $\beta'_0 = 0.15$ (les formulations MIN et EB sont confondues). Droite : $\beta'_0 = 0.20$. Se reporter au tableau (6.7) pour la signification des sigles.

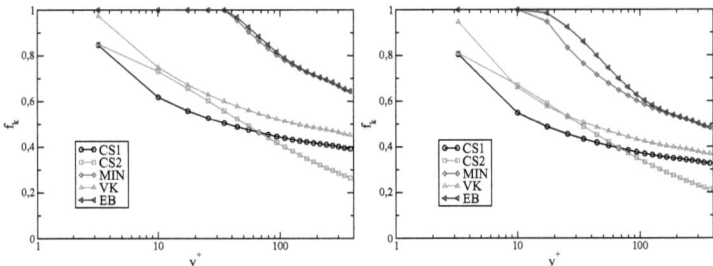

FIGURE 6.4 – Même légende que la figure (6.3). Maillage 2.

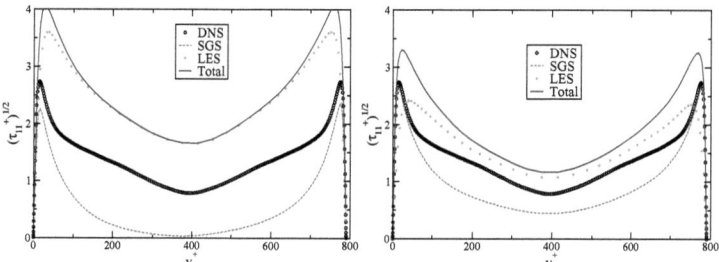

FIGURE 6.5 – Influence de la formulation de f_k. Maillage 1, $\beta'_0 = 0.20$ et coefficient de pondération α imposé par un calcul RANS. Composante $\overline{u^2}$ des contraintes résolues, modélisée et totales. Comparaison avec la DNS [140]. Gauche : formulation CS1. Droite : formulation EB.

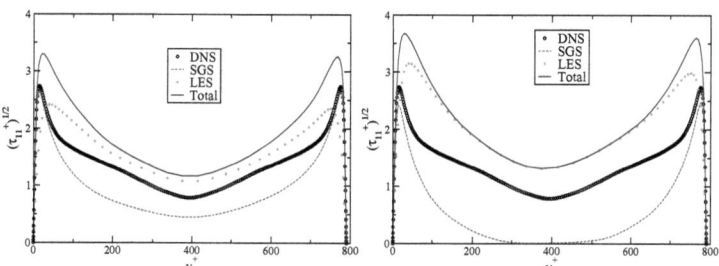

FIGURE 6.6 – Influence de la valeur de β'_0. Maillage 1, formulation EB pour f_k, et coefficient de pondération α imposé par un calcul RANS. Composante $\overline{u^2}$ des contraintes résolue, modélisée et totale. Comparaison avec la DNS [140]. Gauche : $\beta'_0 = 0.20$. Droite : $\beta'_0 = 0.60$.

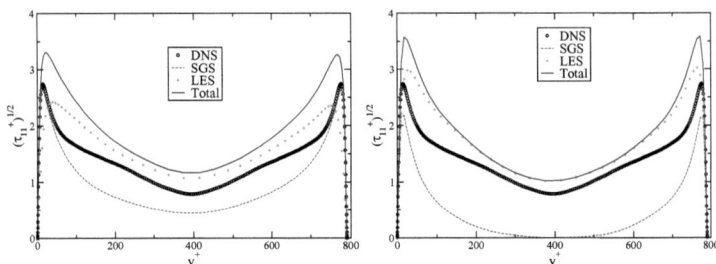

FIGURE 6.7 – Composante $\overline{u^2}$ du profil des contraintes résolue, modélisée et totale. Comparaison avec la DNS [140]. Formulation EB pour f_k ($\beta'_0 = 0.20$) et coefficient de pondération α imposé par un calcul RANS. Gauche : maillage 1. Droite : maillage 2.

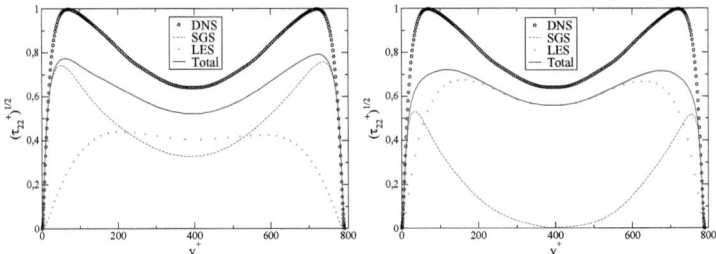

FIGURE 6.8 – Même légende que la figure (6.7). Composante $\overline{v^2}$.

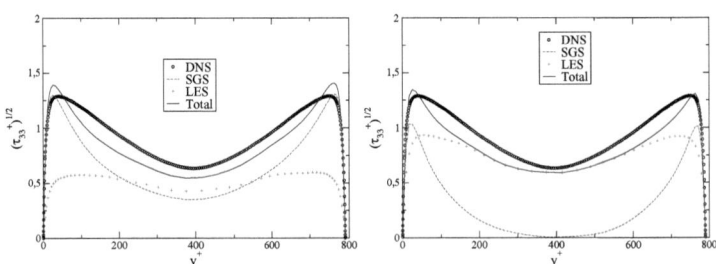

FIGURE 6.9 – Même légende que la figure (6.7). Composante $\overline{w^2}$.

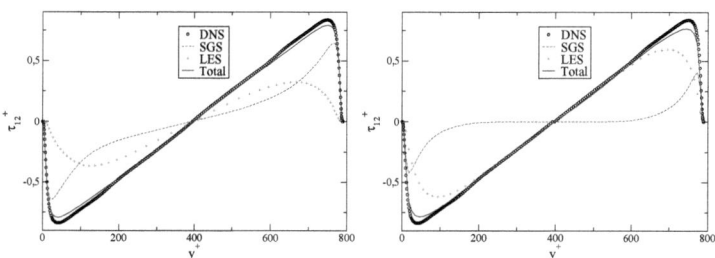

FIGURE 6.10 – Même légende que la figure (6.7). Composante $\overline{uv}$.

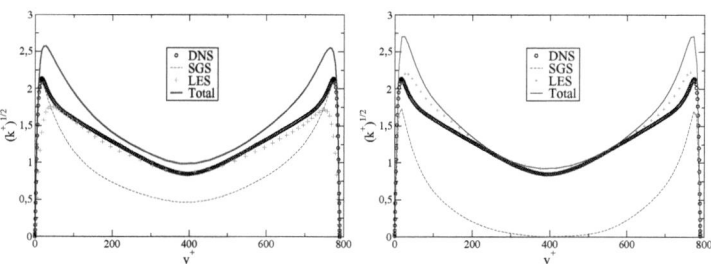

FIGURE 6.11 – Profil de l'énergie turbulente résolue, modélisée et totale. Gauche : maillage 1. Droite : maillage 2.

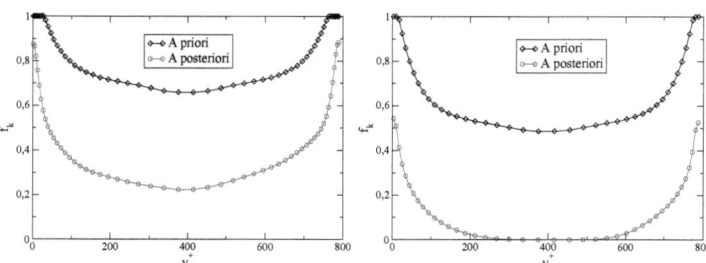

FIGURE 6.12 – Comparaison du profil de f_k imposé *a priori* avec sa valeur mesurée *a posteriori* lors de la simulation. Gauche : maillage 1. Droite : maillage 2.

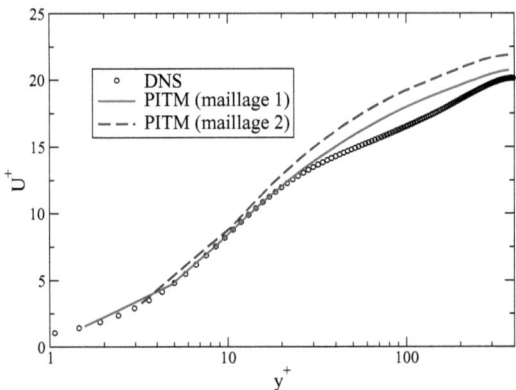

FIGURE 6.13 – Profil de vitesse moyenne selon le maillage.

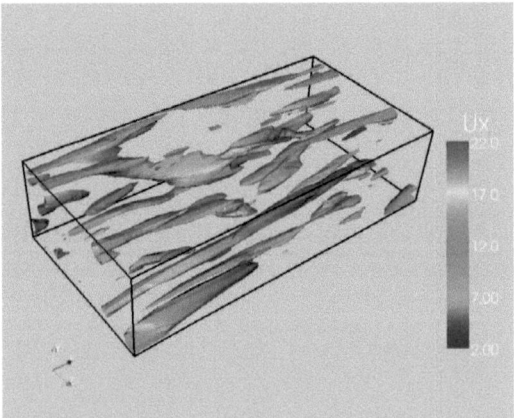

FIGURE 6.14 – Visualisation des *streaks* par isocontours positives du critère Q. Maillage 1. Coloration selon la vitesse longitudinale résolue.

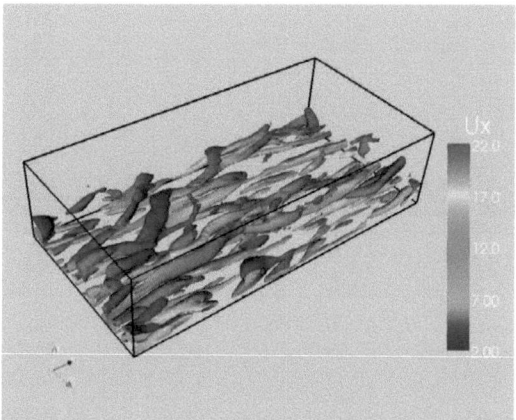

FIGURE 6.15 – Visualisation des *streaks* sur la paroi inférieure par isocontours positives du critère Q. Maillage 2. Coloration selon la vitesse longitudinale résolue.

6.3.4 Échelle de corrélation des effets de paroi

Les structures à grandes échelles étant explicitement résolues, la condition d'incompressibilité est donc imposée sur ces structures par la résolution de l'équation de continuité. L'effet de blocage de la paroi doit être appliqué uniquement sur les échelles de sous-maille modélisées, ce qui revient à dire que l'échelle de sous-maille de corrélation des effets de pression, noté L_{SGS}, doit être diminuée dans le modèle à pondération elliptique. L'idée est de toujours résoudre une équation linéaire et elliptique sur le coefficient de pondération, selon

$$\alpha - L_{SGS}^2 \nabla^2 \alpha = 1 \qquad (6.263)$$

Une proposition simple et intuitive pour définir L_{SGS} est de prendre

$$L_{SGS} = C_L \max\left(\frac{k_{SGS}^{3/2}}{\varepsilon_{SGS}}, C_\eta \frac{\nu^{3/4}}{\varepsilon^{1/4}}\right) \qquad (6.264)$$

sans modification des constantes C_L et C_η. L'échelle de la turbulence $k^{3/2}/\varepsilon$ est remplacée par l'échelle de sous-maille $k_{SGS}^{3/2}/\varepsilon_{SGS}$, caractérisant la plus grande taille des structures modélisées.

D'après la section (4.8), du chapitre 3, on peut supposer que la relation (3.49) est approximativement correcte en canal, ce qui permet d'effectuer des tests en imposant α selon

$$\alpha(y) = 1 - \exp\left(-\frac{y}{L_{SGS}}\right) \qquad (6.265)$$

Le calcul RANS donne $L \simeq 0.03H$. Un test est effectué en imposant $L_{SGS} = 0.02H$. Dans tous ces tests, on utilise la formulation EB pour f_k (équation (6.262)) où $\beta'_0 = 0.20$. Les figures (6.16) et (6.17) montrent le profil des tensions de Reynolds normales et de l'énergie turbulente totale. L'effet de blocage de la paroi étant diminué, le pic de $\overline{u^2}$ est moins importante que dans le cas $L = 0.03H$ (cf. figures (6.7)), et l'énergie modélisée est redistribuée essentiellement vers la composante $\overline{v^2}$. La figure (6.18) montre que la vitesse moyenne est sous-estimée dans la zone logarithmique et au centre du canal. On voit donc qu'il existe une valeur de L_{SGS} comprise dans l'intervalle $[0.02H, 0.03H]$, qui permet d'obtenir le bon profil de vitesse. Quelle valeur prendre dans cet intervalle ?

Les variations de la valeur de L_{SGS} joue essentiellement sur la redistribution. En prenant les valeurs de k_{SGS} et ε_{SGS} données par le calcul PITM de la section (6.3.3), on calcule en chaque point la longueur de corrélation $L_{SGS}(y)$ selon la relation (6.264). On en déduit sa valeur moyenne dans tout le canal : $L_{SGS} \simeq 0.05H$, ce qui n'est pas dans le bon intervalle. En réalité, la constante C_η a une valeur élevée et c'est l'échelle de Kolmogorov qui domine partout dans le canal. Il faut donc diminuer l'influence de l'échelle de Kolmogorov. L'échelle partielle de la turbulence $k_{SGS}^{3/2}/\varepsilon_{SGS}$ est diminuée d'un facteur $f_k^{3/2}/f_\varepsilon$ par rapport à sa valeur totale $k^{3/2}/\varepsilon$. On propose ainsi de prendre

$$L_{SGS} = C_L \max\left(\frac{k_{SGS}^{3/2}}{\varepsilon_{SGS}}, C_\eta \frac{f_k^{3/2}}{f_\varepsilon} \frac{\nu^{3/4}}{\varepsilon^{1/4}}\right) \qquad (6.266)$$

A la limite où f_k et f_ε tendent vers l'unité, on obtient la formulation RANS. A la limite DNS, on obtient $L_{SGS} = 0$, signifiant $\alpha = 1$ partout : ce résultat est cohérent car toutes les structures étant résolues explicitement, la condition d'incompressibilité est imposée explicitement et il n'y a plus d'effets de paroi à prendre en compte dans le modèle. On voit d'ailleurs que la formulation (6.264) est inconsistante avec la limite DNS.

Une valeur moyenne calculée dans tout le canal selon la formulation (6.266) donne $L_{SGS} \simeq 0.025H$, valeur admissible. Un test est effectué avec cette valeur imposée *a priori*. La figure (6.18) montre que le profil de vitesse moyenne est amélioré, mais présente encore des défauts en zone logarithmique. Un calcul complet est effectué en résolvant maintenant l'équation elliptique (6.263) avec L_{SGS} donnée par (6.266). Les résultats, concernant les tensions de Reynolds normales et l'énergie turbulente, sont visibles sur les figures (6.19), (6.20), (6.21) et (6.22). La composante $\overline{u^2}$, ainsi que l'énergie turbulente, sont surestimées partout dans le canal pour le maillage grossier, alors que $\overline{v^2}$ est sous-estimée. Sur le maillage raffiné, la composante $\overline{u^2}$ est sensiblement améliorée, mais $\overline{v^2}$ présente paradoxalement une sous-estimation partout dans le canal. La composante $\overline{w^2}$ est toujours prédite de façon satisfaisante. La figure (6.23) montre que f_k *a posteriori* est de l'ordre de 90% à la paroi et 20% au centre du canal, pour le maillage grossier, signifiant que 80% de l'énergie y est résolue. Pour le maillage raffiné, f_k *a posteriori* vaut 80% à la paroi et est nul au centre du canal. La figure (6.24) montre le profil de vitesse moyenne, en comparaison avec la DNS [140], un calcul RANS avec le modèle EB-RSM, et un calcul LES avec le modèle dynamique de Smagorinsky. Ce dernier surestime le débit et montre l'inaptitude de ce modèle à donner des résultats acceptables sur un maillage « grossier », conclusion similaire à celle de Temmerman *et al.* [181]. Sur le maillage 1, le modèle PITM donne un résultat satisfaisant en association avec le modèle EB-RSM. Sur le maillage 2, la vitesse moyenne est sous-estimée, montrant que des efforts doivent être poursuivis dans le choix de l'échelle de corrélation des effets de paroi dans le cadre hybride.

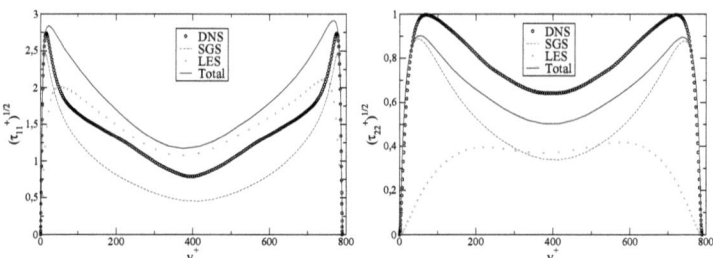

FIGURE 6.16 – Influence de la longueur de corrélation. Cas $L_{SGS} = 0.02H$. Maillage 1, formulation EB pour f_k. Profil des contraintes résolue, modélisée et totale. Gauche : composante $\overline{u^2}$. Droite : composante $\overline{v^2}$.

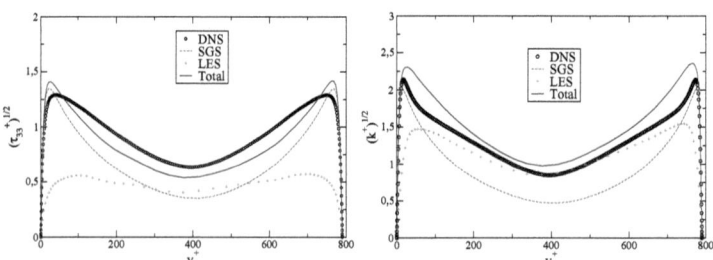

FIGURE 6.17 – Influence de la longueur de corrélation. Cas $L_{SGS} = 0.02H$. Maillage 1, formulation EB pour f_k. Gauche : profil des contraintes résolue, modélisée et totale, pour la composante $\overline{w^2}$. Droite : profil de l'énergie turbulente modélisée, résolue et totale.

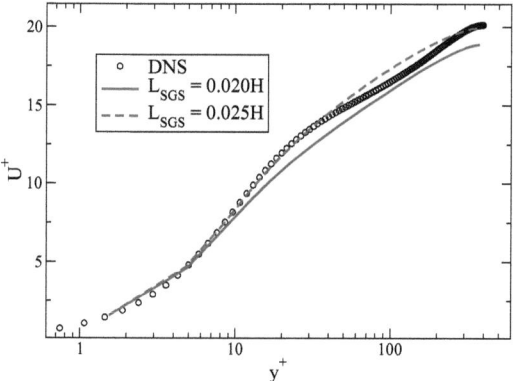

FIGURE 6.18 – Profil de vitesse moyenne. Influence de la longueur de corrélation. Comparaison des cas $L_{SGS} = 0.020H$ et $L_{SGS} = 0.025H$ avec la DNS [140]. Maillage 1, formulation EB pour f_k.

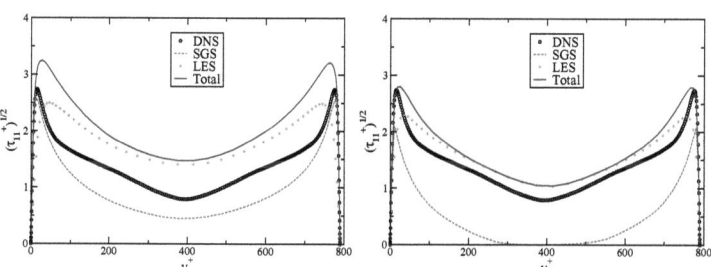

FIGURE 6.19 – Influence de la longueur de corrélation avec la formulation (6.266). Formulation EB pour f_k. Composante $\overline{u^2}$ des contraintes résolue, modélisée et totale. Gauche : maillage 1. Droite : maillage 2.

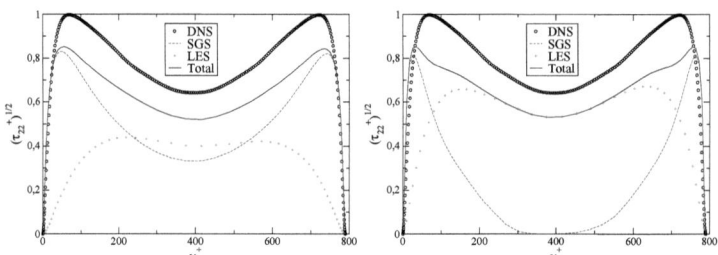

FIGURE 6.20 – Même légende que la figure (6.19). Composante $\overline{v^2}$.

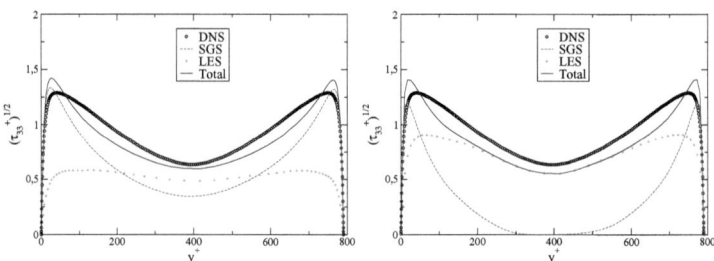

FIGURE 6.21 – Même légende que la figure (6.19). Composante $\overline{w^2}$.

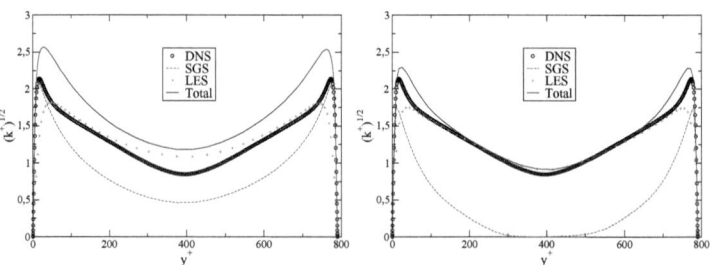

FIGURE 6.22 – Influence de la longueur de corrélation avec la formulation (6.266). Formulation EB pour f_k. Énergie turbulente résolue, modélisée et totale. Gauche : maillage 1. Droite : maillage 2.

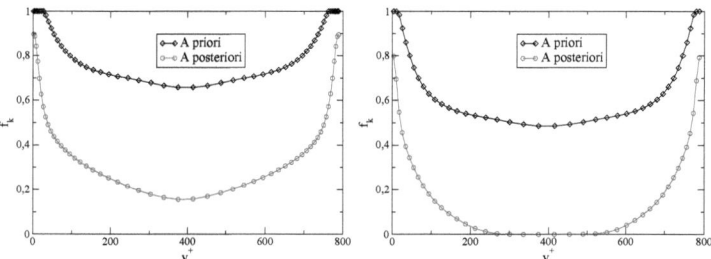

FIGURE 6.23 – Influence de la longueur de corrélation avec la formulation (6.266). Formulation EB pour f_k. Comparaison du profil de f_k imposé *a priori* avec sa valeur mesurée *a posteriori* lors de la simulation. Gauche : maillage 1. Droite : maillage 2.

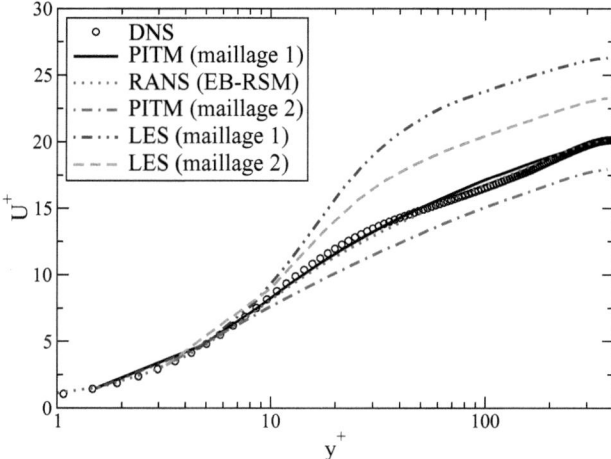

FIGURE 6.24 – Influence de la longueur de corrélation avec la formulation (6.266). Profil de vitesse moyenne selon le maillage. Comparaison avec la DNS [140], un calcul RANS (modèle EB-RSM) et une LES classique (modèle dynamique de Smagorinsky).

6.3.5 Terme de pression

La théorie générale de la turbulence [99, 78] stipule que les petites échelles retournent à l'isotropie plus vite que les grandes. Est-il nécessaire de modifier le terme de pression pour prendre en compte cet effet et mieux prédire l'anisotropie ? Et si oui, comment ? En utilisant une base de données DNS pour différents types d'écoulements (turbulence homogène cisaillée, décroissance de grille, déformations simples et déformations successives), Schiestel [165, 164] a cherché à vérifier la validité du modèle Rotta+IP [157, 141] appliqué à une tranche spectrale $[\kappa_{m-1}, \kappa_m]$. Le terme modélisé de pression s'écrit alors

$$\phi_{ij}^{h\,(m)} = -C_1^{(m)} \frac{\varepsilon^{(m)}}{k^{(m)}} \left(\tau_{ij}^{(m)} - \frac{\tau_{kk}^{(m)}}{3} \delta_{ij} \right) - C_2^{(m)} \left(P_{ij}^{(m)} - \frac{P_{kk}^{(m)}}{3} \delta_{ij} \right) \tag{6.267}$$

où l'exposant (m) se rapporte à la tranche spectrale $[\kappa_{m-1}, \kappa_m]$; $C_1^{(m)}$ et $C_2^{(m)}$ sont maintenant des « constantes » dépendant de la tranche spectrale considérée. Schiestel [165, 164] a montré que le modèle (6.267) reproduit qualitativement les tendances de la DNS, et a mesuré les paramètres $C_1^{(m)}$ (partie lente du terme de pression) et $C_2^{(m)}$ (partie rapide du terme de pression) : $C_2^{(m)}$ est globalement constant alors que $C_1^{(m)}$ est une fonction croissante du nombre d'onde, pour l'ensemble des écoulements considérés. Ainsi, Chaouat & Schiestel [28] proposent de modifier uniquement le terme lent de pression selon

$$\phi_{ij\,SGS}^{h} = -C_1 f_{SGS} \frac{\varepsilon_{SGS}}{k_{SGS}} \left(\tau_{ij\,SGS} - \frac{\tau_{kk\,SGS}}{3} \delta_{ij} \right) - C_2 \left(P_{ij\,SGS} - \frac{P_{kk\,SGS}}{3} \delta_{ij} \right) \tag{6.268}$$

où C_1 et C_2 sont les constantes du modèle Rotta+IP, égales à leur valeur RANS. La fonction f_{SGS} doit être croissante par rapport au paramètre η_c, afin d'augmenter le retour à l'isotropie aux petites échelles. Chaouat & Schiestel [28] proposent de façon empirique

$$f_{SGS} = \frac{1 + \gamma \eta_c^2}{1 + \eta_c^2} \geqslant 1 \tag{6.269}$$

où $\gamma = 1.5$ est une constante nécessairement supérieure à l'unité. Cette formulation sera notée P-CS1. A la paroi, le paramètre η_c tend vers zéro et f_{SGS} tend vers l'unité, redonnant un modèle RANS. Loin des parois, le paramètre η_c^2 est suffisamment grand devant l'unité et f_{SGS} tend vers γ, signifiant que les petites échelles tendent plus vite vers l'isotropie d'un facteur $\gamma > 1$. En pratique, Chaouat & Schiestel [28] utilisent le nombre d'onde de coupure $\mathcal{N}_c$, adimensionné par $\mathcal{K}y$. Cette formulation sera notée P-CS2.

Avec le modèle SSG [179], valable loin des parois, on propose de modifier le terme de pression similairement à (6.268) selon

$$\phi^h_{ij\,SGS} = -f_{SGS}\left(g_1 + g_1^*\frac{P_{SGS}}{\varepsilon_{SGS}}\right)\varepsilon_{SGS}\tilde{b}_{ij} + \left(g_3 - g_3^*\sqrt{\tilde{b}_{kl}\tilde{b}_{kl}}\right)k_{SGS}\tilde{S}_{ij}$$
$$+ g_4 k_{SGS}\left(\tilde{b}_{ik}\tilde{S}_{jk} + \tilde{b}_{jk}\tilde{S}_{ik} - \frac{2}{3}\tilde{b}_{lm}\tilde{S}_{lm}\delta_{ij}\right)$$
$$+ g_5 k_{SGS}\left(\tilde{b}_{ik}\tilde{\Omega}_{jk} + \tilde{b}_{jk}\tilde{\Omega}_{ik}\right) \qquad (6.270)$$

où les tenseurs $\tilde{b}_{ij}$, $\tilde{S}_{ij}$ et $\tilde{\Omega}_{ij}$ sont définis à la section (6.3.6). Un inconvénient de la formulation (6.269) est son gradient important en proche paroi (cf. figure (6.25)) : des tests ont montré qu'avec cette formulation l'énergie résolue augmente très vite dès qu'on s'éloigne de la paroi. Similairement à la formulation (6.262) de f_k, on propose alors la formulation P-EB

$$f_{SGS} = \max\left[1, (1-\alpha^b) + \alpha^b\frac{\gamma\eta_c^2}{1+\eta_c^2}\right] \qquad (6.271)$$

avec b un réel positif quelconque. En proche paroi, η_c et α^b tendent vers zéro : on retrouve la formulation RANS, puisque $f_{SGS} \to 1$. Loin des parois, $\eta_c \gg 1$ et α^b tend vers l'unité; la fonction $x \mapsto x^2$ augmentant rapidement, on a $f_{SGS} \to \gamma$. Le tableau (6.9) récapitule les différentes formulations de f_{SGS}. La figure (6.25) donne l'allure de la fonction f_{SGS} dans le canal, selon les formulations P-CS1, P-CS2 et P-EB ($b = 2$ et $b = 0.5$), et selon le maillage. Dans le cadre du modèle EB-RSM, la formulation en proche paroi du terme de pression $\phi^w_{ij\,SGS}$ n'est pas modifié car en proche paroi le modèle est sensé tendre vers sa limite RANS. Dans un premier temps, on choisit $b = 2$ pour avoir une formulation similaire à f_k (cf. relation (6.262)). Aucun effet significatif n'a été noté sur la redistribution et le profil de vitesse. On a donc choisi $b = 0.5$ pour augmenter plus rapidement la valeur de f_{SGS} en fonction de la distance à la paroi, par rapport au cas $b = 2$. Un test est effectué avec la formulation P-EB où $b = 0.5$ et $\gamma = 1.5$.

Les figures (6.26) et (6.27) montrent que le pic de $\overline{u^2}$ n'est pas amélioré de façon significative, contrairement à $\overline{v^2}$. La composante $\overline{w^2}$ est peu sensible à la modification du terme de pression (cf. figure (6.28)). La contrainte de cisaillement est donnée sur la figure (6.29) : au centre du canal, la partie modélisée tend plus vite vers zéro que dans le cas où la fonction f_{SGS} n'est pas utilisée. Cette tendance se remarque également sur les tensions normales. Pourquoi a-t-on cet effet ? La fonction f_{SGS} a tendance à augmenter le terme de pression $\phi^h_{12\,SGS}$ et donc le tenseur de sous-maille $\tau_{12\,SGS}$. Or on a $\tau_{12\,SGS} < 0$, signifiant que $\tau_{12\,SGS}$ augmente à partir de valeurs négatives et tend vers zéro. La production de sous-maille $P_{SGS} \simeq -\tau_{12\,SGS}\partial\tilde{U}/\partial y$ diminue en conséquence, signifiant que l'énergie de sous-maille k_{SGS} et les tensions de sous-maille décroissent. Ainsi, la partie résolue de l'énergie augmente. L'effet principal n'est pas sur la redistribution entre composantes diagonales mais plutôt sur la contrainte de cisaillement. Cet effet, non désiré au départ, « force » le modèle à se comporter comme une DNS. Les figures (6.30) et (6.31) montrent que l'énergie turbulente et le paramètre f_k ne sont pas modifiés de façon significative. La figure (6.32) montre le

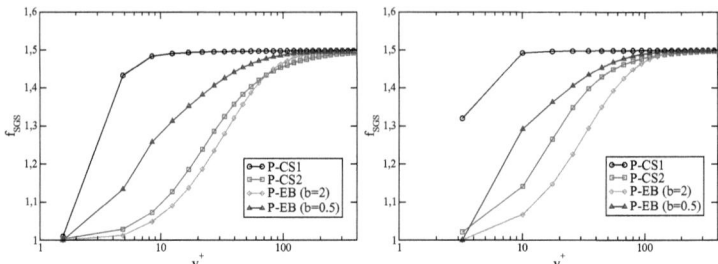

FIGURE 6.25 – Allure de la fonction f_{SGS} en fonction de y^+, avec $\gamma = 1.5$. Se reporter au tableau (6.9) pour la signification des sigles. Gauche : maillage 1. Droite : maillage 2.

profil de vitesse moyenne. Il est peu sensible à la modification du terme de pression sur le maillage grossier, mais on note une amélioration sur le maillage raffiné.

En conclusion, la modification du terme de pression ne donne pas de résultats satisfaisants avec le modèle EB-RSM, à part une légère amélioration de la valeur du pic de $\overline{v'^2}$ et du profil de vitesse moyenne. On choisit donc de ne pas utiliser la fonction f_{SGS} par la suite. Une étude plus poussée devra être effectuée concernant la forme de la fonction $f_{SGS}(\eta_c)$, la valeur de la constante γ, ainsi qu'une éventuelle modification possible du terme de pression $\phi^w_{ij\,SGS}$ en proche paroi. Cette dernière voie s'avère difficile dans la mesure où l'on ne différencie pas le terme lent et rapide de pression dans le modèle EB-RSM.

Acronyme	Formulation
P-CS1	$f_{SGS} = \dfrac{1+\gamma\eta_c^2}{1+\eta_c^2}$
P-CS2	$f_{SGS} = \dfrac{1+\gamma\mathcal{N}_c'^2}{1+\mathcal{N}_c^2}$
P-EB	$f_{SGS} = \max\left(1;(1-\alpha^b)+\alpha^b\dfrac{\gamma\eta_c^2}{1+\eta_c^2}\right)$

TABLE 6.9 – Différentes propositions empiriques pour le choix de la fonction f_{SGS}. Chaouat & Schiestel [28] proposent $\gamma = 1.5$.

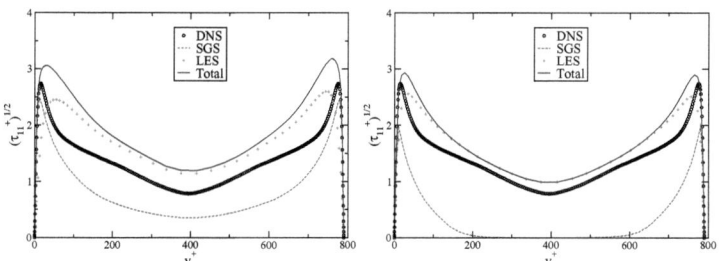

FIGURE 6.26 – Influence de la fonction f_{SGS} (formulation P-EB avec $b = 0.5$). Formulation EB pour f_k. Composante $\overline{u^2}$ du profil des contraintes résolue, modélisée et totale. Gauche : maillage 1. Droite : maillage 2.

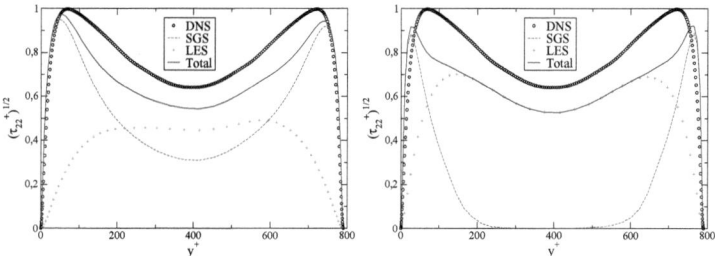

FIGURE 6.27 – Même légende que la figure (6.26). Composante $\overline{v^2}$.

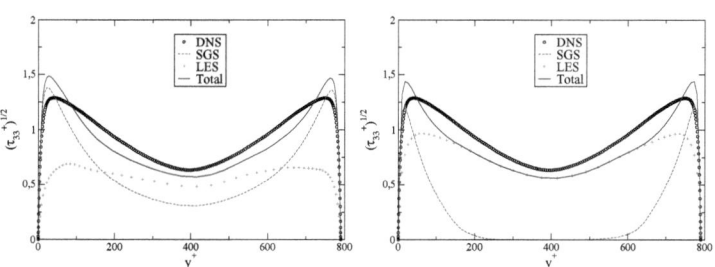

FIGURE 6.28 – Même légende que la figure (6.26). Composante $\overline{w^2}$.

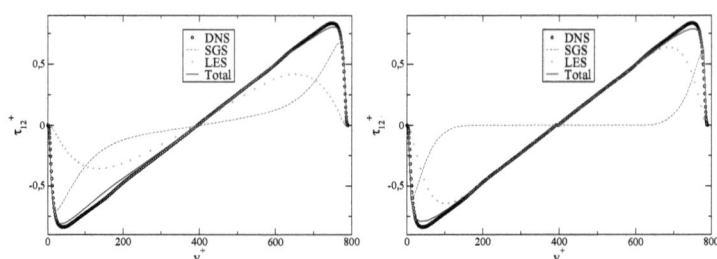

FIGURE 6.29 – Même légende que la figure (6.26). Composante $\overline{uv}$.

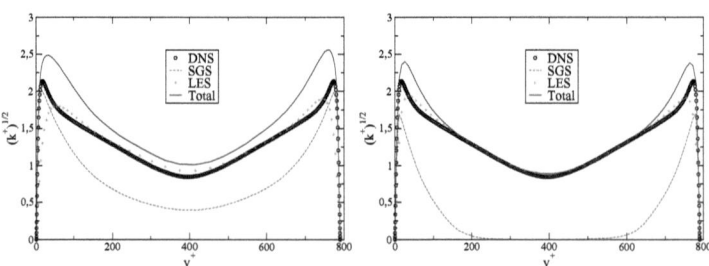

FIGURE 6.30 – Influence de la fonction f_{SGS} (formulation P-EB avec $b = 0.5$). Formulation EB pour f_k. Profil de l'énergie turbulente résolue, modélisée et totale. Gauche : maillage 1. Droite : maillage 2.

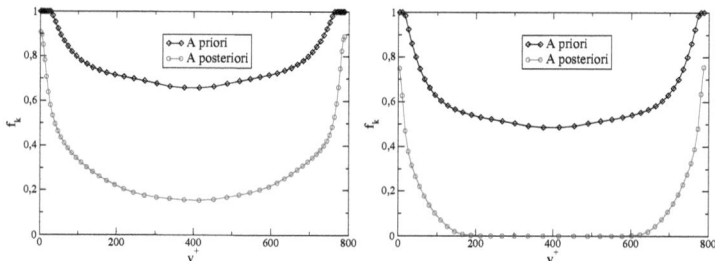

FIGURE 6.31 – Influence de la fonction f_{SGS} (formulation P-EB avec $b = 0.5$). Formulation EB pour f_k. Comparaison du profil de f_k imposé *a priori* avec sa valeur mesurée *a posteriori* lors de la simulation. Gauche : maillage 1. Droite : maillage 2.

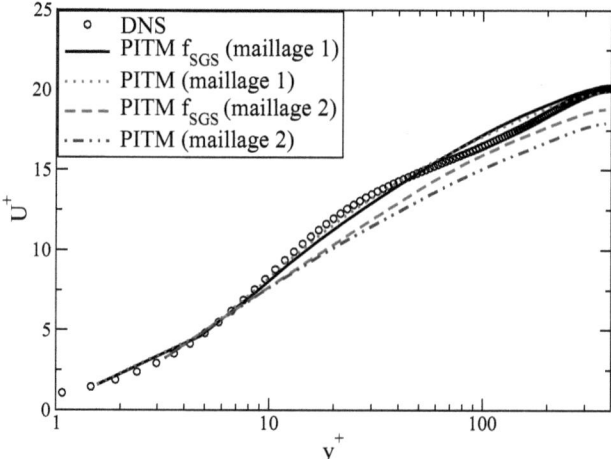

FIGURE 6.32 – Influence de la fonction f_{SGS} (formulation P-EB avec $b = 0.5$). Formulation EB pour f_k. Profil de vitesse moyenne.

6.3.6 Formulation complète du modèle hybride

Le gradient de la fonction f_k, en zone pariétale, a une importance primordiale dans la qualité des résultats. C'est pour mieux le contrôler qu'on propose la formulation (6.262), qui est une pondération des valeurs théoriques de f_k en proche paroi et en zone lointaine. Cette formulation a l'avantage de ne pas faire intervenir explicitement la distance à la paroi et reste cohérent avec l'esprit du modèle EB-RSM. La valeur optimale de la constante est $\beta'_0 = 0.20$. Le calcul de l'échelle de corrélation des effets de paroi a été modifié selon la relation (6.266), pour les raisons données au paragraphe (6.3.4). Une étude plus approfondie devra être réalisée pour ce terme, en utilisant par exemple les données DNS en canal.

En pratique, la simulation d'un écoulement de canal nécessite de moyenner, dans les directions homogènes et/ou dans le temps, le terme de production partielle ainsi que les tenseurs de déformation et de rotation, pour des raisons de stabilité numérique et de temps de réponse du modèle aux variations rapides du champ de vitesse filtrée. Selon une communication personnelle très récente de B. Chaouat, une autre technique numérique de stabilisation consiste à moyenner uniquement des termes associés au champ turbulent modélisé (énergie cinétique fluctuante partielle, échelle de longueur ou de temps de la turbulence de sous-maille). Cette nouvelle approche numérique a été connue de l'auteur qu'en fin de thèse et n'a donc pu être testée.

On présente ci-dessous la formulation choisie du modèle EB-RSM dans la méthodologie PITM, pour des écoulements à grand nombre de Reynolds, où la coupure est bien séparée des échelles dissipatives de plusieurs ordres de grandeur. On gardera à l'esprit que $f_\varepsilon \simeq 1$, signifiant $\overline{\varepsilon_{SGS}} \simeq \varepsilon$. Dans une simulation pratique, on remplacera ε par ε_{SGS} dans les équations (6.288) et (6.289).

$$\phi^*_{ij\,SGS} = (1-\alpha^2)\phi^w_{ij\,SGS} + \alpha^2 \phi^h_{ij\,SGS} \tag{6.272}$$

$$\varepsilon_{ij\,SGS} = (1-\alpha^2)\varepsilon^w_{ij\,SGS} + \alpha^2 \varepsilon^h_{ij\,SGS} \tag{6.273}$$

$$\alpha - L^2_{SGS}\nabla^2\alpha = 1 \tag{6.274}$$

$$\phi^w_{ij\,SGS} = -5\frac{\varepsilon_{SGS}}{k_{SGS}}\left(\tau_{ik\,SGS}n_j n_k + \tau_{jk\,SGS}n_i n_k - \frac{1}{2}\tau_{kl\,SGS}n_k n_l\left(n_i n_j + \delta_{ij}\right)\right) \tag{6.275}$$

$$\mathbf{n} = \frac{\boldsymbol{\nabla}\alpha}{||\boldsymbol{\nabla}\alpha||} \tag{6.276}$$

$$\begin{aligned}\phi^h_{ij\,SGS} = &-\left(g_1 + g^*_1\frac{P_{SGS}}{\varepsilon_{SGS}}\right)\varepsilon_{SGS}\tilde{b}_{ij} + \left(g_3 - g^*_3\sqrt{\tilde{b}_{kl}\tilde{b}_{kl}}\right)k_{SGS}\tilde{S}_{ij} \\ &+ g_4 k_{SGS}\left(\tilde{b}_{ik}\tilde{S}_{jk} + \tilde{b}_{jk}\tilde{S}_{ik} - \frac{2}{3}\tilde{b}_{lm}\tilde{S}_{lm}\delta_{ij}\right) \\ &+ g_5 k_{SGS}\left(\tilde{b}_{ik}\tilde{\Omega}_{jk} + \tilde{b}_{jk}\tilde{\Omega}_{ik}\right)\end{aligned} \tag{6.277}$$

$$\tilde{b}_{ij} = \frac{\tau_{ij\,SGS}}{2k_{SGS}} - \frac{1}{3}\delta_{ij} \tag{6.278}$$

$$\tilde{S}_{ij} = \frac{1}{2}\left(\frac{\partial \tilde{U}_i}{\partial x_j} + \frac{\partial \tilde{U}_j}{\partial x_i}\right) \tag{6.279}$$

$$\tilde{\Omega}_{ij} = \frac{1}{2}\left(\frac{\partial \tilde{U}_i}{\partial x_j} - \frac{\partial \tilde{U}_j}{\partial x_i}\right) \tag{6.280}$$

$$\varepsilon_{ij\,SGS}^{w} = \frac{\tau_{ij\,SGS}}{k_{SGS}}\varepsilon_{SGS} \tag{6.281}$$

$$\varepsilon_{ij\,SGS}^{h} = \frac{2}{3}\varepsilon_{SGS}\delta_{ij} \tag{6.282}$$

$$\frac{\partial \varepsilon_{SGS}}{\partial t} + \tilde{U}_j \frac{\partial \varepsilon_{SGS}}{\partial x_j} = C'_{\varepsilon_1}\frac{P_{SGS}}{T_{SGS}} - C^*_{\varepsilon_2}\frac{\varepsilon_{SGS}}{T_{SGS}} + \frac{\partial}{\partial x_l}\left(\nu\delta_{lm} + \frac{C_S}{\sigma_\varepsilon}\tau_{lm\,SGS}T_{SGS}\right)\frac{\partial \varepsilon_{SGS}}{\partial x_m} \tag{6.283}$$

$$C'_{\varepsilon_1} = C_{\varepsilon_1}\left(1 + A_1(1-\alpha^2)\sqrt{\frac{k_{SGS}}{\tau_{ij\,SGS}n_i n_j}}\right) \tag{6.284}$$

$$C^*_{\varepsilon_2} = C'_{\varepsilon_1} + f_k\left(C_{\varepsilon_2} - C'_{\varepsilon_1}\right) \tag{6.285}$$

$$f_k = \min\left[1, \left(1-\alpha^2\right) + \alpha^2\frac{1}{\beta'_0}\eta_c^{-2/3}\right] \tag{6.286}$$

$$\eta_c = \frac{\pi}{(\Delta x \Delta y \Delta z)^{1/3}}\frac{k^{3/2}}{\varepsilon} \tag{6.287}$$

$$T_{SGS} = \max\left(\frac{k_{SGS}}{\varepsilon_{SGS}}, C_T\sqrt{\frac{\nu}{\varepsilon}}\right) \tag{6.288}$$

$$L_{SGS} = C_L \max\left(\frac{k_{SGS}^{3/2}}{\varepsilon_{SGS}}, C_\eta f_k^{3/2}\frac{\nu^{3/4}}{\varepsilon^{1/4}}\right) \tag{6.289}$$

$$D_{ij\,SGS}^{T} = \frac{\partial}{\partial x_l}\left(\frac{C_S}{\sigma_k}\tau_{lm\,SGS}T_{SGS}\frac{\partial \tau_{ij\,SGS}}{\partial x_m}\right) \tag{6.290}$$

$g_1 = 3.4$;	$g_1^* = 1.8$;	$g_3 = 0.8$;	$g_3^* = 1.3$;	$g_4 = 1.25$;	$g_5 = 0.4$;	
$C_{\varepsilon_1} = 1.44$;	$C_{\varepsilon_2} = 1.83$;	$C_S = 0.21$;	$\sigma_\varepsilon = 1.15$;	$A_1 = 0.03$;	$\sigma_k = 1.0$;	
$C_L = 0.161$;	$C_\eta = 80$;	$C_T = 6$;	$\beta'_0 = 0.20$			

TABLE 6.10 – Valeur des constantes du modèle EB-RSM dans la méthodologie PITM.

$$\tilde{U}_i = 0; \quad \tau_{ij\,SGS} = 0; \quad \varepsilon_{SGS} = 2\nu \frac{k_{SGS}}{y^2}; \quad \alpha = 0$$

TABLE 6.11 – Conditions à la paroi.

6.4 Conclusions du chapitre

La nécessité d'effectuer des simulations instationnaires, à plus faible coût qu'une LES classique, a conduit à s'intéresser aux modèles hybrides RANS-LES, et en particulier à la méthodologie PITM. La formulation PITM originale [166, 28] aboutit à $C_{\varepsilon_1} = 3/2$. Durant la thèse, une approche plus générale a été proposée où la valeur de ce coefficient est quelconque, assurant ainsi la compatibilité avec la limite RANS du modèle utilisé pour la turbulence de sous-maille.

La théorie PITM, établie en turbulence homogène anisotrope, est généralisée aux écoulements inhomogènes par le concept d'*espace homogène tangent* [29], qui repose sur une hypothèse d'homogénéité locale de la vitesse moyenne. Afin d'éviter l'utilisation d'une telle hypothèse, qui est forte pour les écoulements de paroi, et offrir un cadre plus cohérent pour les modèles hybrides RANS-LES à transition continue dans les écoulements inhomogènes, l'approche temporelle de la TLES a été adaptée à la méthodologie PITM et a permis d'aboutir à la formulation T-PITM. Suivant certaines hypothèses, les approches PITM et T-PITM sont totalement équivalentes dans leur formulation.

Le modèle à pondération elliptique, adapté à la méthodologie hybride PITM, a donné des résultants encourageants en écoulement de canal à $Re_\tau = 395$: les statistiques de la turbulence sont satisfaisantes, mais le profil de vitesse moyenne devra être amélioré, notamment par l'intermédiaire d'un meilleur choix de l'échelle de corrélation des effets de paroi. Des problèmes de stabilité numérique, et de manque de temps pour les résoudre, n'a pas permis de tester cette nouvelle voie de modélisation dans l'écoulement de marche descendante, à grand nombre de Reynolds.

Une question fondamentale se pose encore : quelle est la validité d'un modèle RANS adapté aux modèles hybrides, car les structures modélisées par un modèle RANS sont différentes, par essence, de celles modélisées par un modèle LES ? Par exemple, le modèle de Daly & Harlow [40] appliqué au transport des échelles de sous-maille n'a pas de fondements théoriques. En ce qui concerne le terme de pression, comme proposé par Chaouat & Schiestel [28], le terme lent devrait être modifié pour prendre en compte le retour plus rapide à l'isotropie des petites échelles par rapport aux grandes. Cette modification, testée avec le modèle EB-RSM, n'a pas donné de résultats satisfaisants et n'a donc pas été retenue dans la formulation finale de l'EB-RSM, dans la méthodologie PITM. L'utilisation d'une base de données DNS, par exemple en turbulence homogène ou en canal, peut donner des indications sur les modifications à apporter aux modèles RANS pour les appliquer dans un cadre hybride RANS-LES.

Chapitre 7

Conclusions et perspectives

L'objectif de cette thèse était de prendre en compte les instationnarités naturelles à grande échelle dans les écoulements décollés et à un coût plus faible que la LES, tout en s'intéressant à la modélisation des effets de paroi par des modèles statistiques au second ordre.

Dans une approche statistique RANS, l'inconsistance des modèles classiques bas-Reynolds, basés sur des hypothèses fortes non-valables en écoulement de paroi, telles que localité de la pression et quasi-homogénéité de la vitesse, a conduit à s'intéresser à de nouvelles approches. Dans la continuité de la théorie de la relaxation elliptique, proposée par Durbin [47, 48], un modèle simplifié et plus robuste a été suggéré par Manceau & Hanjalić [131], puis modifié par Manceau [128]. Ce modèle, dénommé EB-RSM, résout une seule équation différentielle linéaire et elliptique sur le coefficient de pondération. Celui-ci permet de passer du comportement des variables turbulentes en proche paroi à leur comportement loin des parois. Le caractère elliptique de cette équation permet de conserver la non-localité du terme de pression apparaissant dans l'équation des tensions de Reynolds, et modélise l'effet de blocage de la paroi sur la composante normale de la vitesse fluctuante. Cet effet inviscide est la conséquence de l'incompressibilité du champ fluctuant.

Le modèle EB-RSM a été implémenté dans *Code_Saturne*, développé par *Électricité de France*, puis validé en écoulement de canal pour une large gamme de nombre de Reynolds. Les résultats sont très satisfaisants, tant au niveau du champ moyen que des statistiques de la turbulence. En particulier, la limite à deux composantes de la turbulence est prédite en proche paroi. Par ailleurs, le modèle a l'avantage de ne pas faire intervenir explicitement la distance à la paroi et peut donc s'appliquer à une géométrie complexe.

Le modèle EB-RSM a ensuite été appliqué à l'écoulement de marche descendante, dans la méthodologie URANS, qui consiste à résoudre les équations RANS avec un avancement en temps. Au-delà de la définition générale de la décomposition URANS et du filtrage associé qui reste encore aujourd'hui une question ouverte, il a été montré que le type de solution (stationnaire/instationnaire) est très dépendant du numérique. Sur un maillage « grossier », les erreurs numériques en amont de la marche peuvent être suffisantes pour exciter le mode le plus instable de la couche cisaillée. La solution est alors instationnaire : le *shedding* est capté avec le bon ordre de grandeur du nombre de Strouhal et de la vitesse de convection des structures, résultats conformes à Lasher & Taulbee [108], à l'origine de la diffusion des calculs URANS dans le monde industriel. Mais sur un maillage plus raffiné, les erreurs numériques deviennent insuffisantes et l'on aboutit finalement à une solution stationnaire. Le paramètre important, déterminant le type de solution obtenue, est le nombre de Peclet local. Celui-ci quantifie les effets convectifs par rapport aux effets diffusifs. Cependant, même sur les maillages les plus raffinés, l'existence d'une solution instationnaire en régime transitoire a été mise en évidence. Cette phase transitoire dure relativement longtemps, pouvant atteindre vingt fois le temps caractéristique du *shedding*. Au-delà, la solution tend vers un état stationnaire. Ce travail a montré que l'URANS n'est pas capable de donner de façon fiable une information instationnaire sur l'écoulement de marche descendante, notamment en ce qui concerne l'énergie contenue dans les structures résolues. Une raison possible est que la séparation échelles résolues/échelles modélisées n'est pas définie de façon claire : aucun paramètre, apparaissant explicitement dans les équations URANS, ne permet de contrôler le ratio énergie résolue/énergie modélisée.

En ce qui concerne le modèle à pondération elliptique EB-RSM, on a noté une amélioration considérable du coefficient de frottement et de la longueur moyenne de recirculation principale, par rapport aux modèles haut-Reynolds standards. Il a également montré une faible sensibilité à un déraffinement raisonnable du maillage en proche paroi. Cet aspect, déjà noté par Manceau & Hanjalić [131] en canal, est important pour une utilisation industrielle, où les maillages sont souvent « grossiers ».

La nécessité de développer de nouvelles méthodologies pour réaliser des simulations instationnaires, a conduit à s'intéresser aux modèles hybrides. Contrairement à l'URANS, ceux-ci font intervenir explicitement dans les équations le ratio énergie résolue/énergie modélisée, et sont compatibles avec les deux limites extrêmes RANS et DNS. Le choix s'est porté sur le modèle PITM, proposé par Schiestel & Dejoan [166] avec un modèle EVM, puis Chaouat & Schiestel [28] avec un modèle RSM. Ce modèle définit de façon claire la séparation échelles résolues/échelles modélisées, par l'utilisation d'un filtre à coupure spectrale. Les auteurs cités ci-dessus aboutissent à une équation de la dissipation formellement identique à l'approche RANS, mais écrite avec les variables de sous-maille : le coefficient C_{ε_2} est modifié en $C_{\varepsilon_2}^*$ et devient une fonction de la position de la coupure dans le spectre d'énergie, et la valeur $C_{\varepsilon_1} = 3/2$ est déduite. Cependant, Chaouat & Schiestel [28] choisissent en pratique la valeur $C_{\varepsilon_1} = 1.45$ pour être compatible avec le modèle de turbulence de Launder & Shima [114]. Pendant la thèse, une approche plus générale a été proposée où la valeur du coefficient C_{ε_1} est quelconque, afin de garantir la compatibilité avec le modèle utilisé pour la turbulence de sous-maille.

Une critique justifiée des modèles hybrides à transition continue est souvent faite, dans la mesure où les formalismes RANS et LES sont différents par essence : l'opérateur RANS correspond à une moyenne d'ensemble, équivalente à une moyenne temporelle pour un écoulement statistiquement stationnaire, alors que l'opérateur LES est un filtrage spatial. La TLES, simulation aux grandes échelles basée sur un filtrage temporel, offre un cadre formel plus cohérent pour les modèles hybrides à transition continue, dans les écoulements stationnaires inhomogènes. Selon la largeur du filtre temporel, les deux limites RANS et DNS sont formellement atteintes. La méthodologie PITM, adaptée à l'approche TLES, a permis d'aboutir à la formulation T-PITM. Suivant certaines hypothèses, les approches PITM et T-PITM sont totalement équivalentes dans leur formulation.

Le développement d'un modèle hybride à pondération elliptique a été entreprise. De nombreuses questions furent soulevés : forme et influence du paramètre énergie modélisée/énergie totale en proche paroi, choix des nouvelles constantes empiriques, choix de la longueur de corrélation des effets de paroi. La modification du terme lent de pression, pour modéliser le retour à l'isotropie plus rapide des petites échelles, n'a pas apporté d'améliorations nettes, et a donc été abandonnée. Les résultats en canal à $Re_\tau = 395$ sont satisfaisants concernant les statistiques de la turbulence, mais le profil de vitesse moyenne présente des défauts dûs au choix de l'échelle de corrélation des effets de paroi. Une étude plus approfondie devra être réalisée dans cette direction. Le modèle se comporte bien en mode RANS en proche paroi et en mode LES loin des parois. Le transfert d'énergie des échelles modélisées vers les échelles résolues est bien reproduit quand on raffine le maillage. L'application de ce modèle à d'autres écoulements académiques (sillage, jet, marche descendante, etc.) permettra de tester cette nouvelle voie de modélisation instationnaire.

Plusieurs points restent à être élucidés. L'application pratique du modèle PITM en canal nécessite de moyenner le terme de production partielle P_{SGS} dans les directions homogènes et/ou dans le temps. Sinon, le calcul dégénère vers une solution RANS partout dans l'écoulement. Cet artifice semble être de nature purement numérique, selon les très récentes communications personnelles de B. Chaouat, qui propose une autre méthode de stabilisation numérique basée sur la moyenne de termes uniquement liés à la turbulence de sous-maille.

L'approche temporelle de la LES demeure encore immature car le choix de la fréquence de coupure reste un problème crucial. Dans une LES spatiale classique, le nombre d'onde de coupure est directement relié à la taille de maille. En TLES, l'équivalent serait le pas de temps, mais étant le même partout dans l'écoulement, on ne pourrait pas prendre en compte les variations de la coupure dans le spectre, selon la région de l'écoulement, sans introduire une distance à la paroi. On pourrait, par exemple, calculer la fréquence de coupure en se basant sur les variables dynamiques (vitesse, vorticité, production, échelles de temps, etc.), tout comme on pourrait le faire théoriquement en LES spatiale. Une proposition a été faite en basant la fréquence de coupure sur le coefficient de pondération elliptique et les échelles temporelles de Kolmogorov et de la turbulence. Une autre tentative de réponse serait d'utiliser une relation de dispersion explicite, comme celle proposée par Tennekes [182] valable pour un écoulement moyen au repos. Une recherche théorique dans cette voie pourrait donner des réponses intéressantes.

Enfin, la validité d'un modèle RANS appliqué dans un contexte hybride n'est à l'heure actuelle pas justifiée. Schiestel [164] a cependant montré, à partir de données DNS, que le modèle Rotta+IP donne qualitativement les bonnes tendances et que les « constantes » sont en fait des fonctions de la coupure, d'où la modification empirique du terme lent proposée par Chaouat & Schiestel [28], sans amélioration nette dans le modèle EB-RSM. Des efforts dans cette voie devront être faits. L'application du modèle de Daly & Harlow [40] pour le terme de transport par la turbulence de sous-maille devra également être justifiée par l'utilisation d'une base de données DNS, en canal par exemple.

Bibliographie

[1] E.W. Adams and J.P. Johnston. Effects of the seperating shear layer on the reattachment flow structure. part I : pressure and turbulent quantities. *Exp. in Fluids*, 6(6) :400–408, 1988.

[2] E.W. Adams and J.P. Johnston. Effects of the seperating shear layer on the reattachment flow structure. part II : reattachment length and wall shear stress. *Exp. in Fluids*, 6(7) :493–499, 1988.

[3] A. E. Alving and H. H. Fernholz. Turbulent measurements around a mild seperation bubble and downstream of reattachment. *J. Fluid Mech.*, 322 :297–328, 1996.

[4] F. Archambeau, N. Méchitoua, and M. Sakiz. Code Saturne : A finite volume code for the computation of turbulent incompressible flows - Industrial applications. *Int. J. on Finite Volumes, Electronical edition : http ://averoes.math.univ-paris13.fr/html*, ISSN 1634(0655), 2004.

[5] S. Aubrun. *Etudes expérimentales des structures cohérentes dans un écoulement turbulent décollé et comparaison avec une couche de mélange*. PhD thesis, Institut National Polytechnique de Toulouse, 1998.

[6] S. Aubrun, P.L. Kao, and H.C. Boisson. Experimental coherent structures extraction and numerical semi-deterministic modelling in the turbulent flow behind a backward-facing step. *Exp. Thermal and Fluid Science*, 22 :93–101, 2000.

[7] J. Bardina, J. H. Ferziger, and W. C. Reynolds. Improved subgrid scale models for large eddy simulation. *AIAA paper*, 80 :1357–1365, 1980.

[8] B. Basara. Employment of the second-moment turbulence closure on arbitrary structured grids. *Int. J. Num. Meth. Fluids*, 44(4) :377–407, 2004.

[9] J. Bass. *Cours de mathématiques*. Masson, 1961.

[10] F. Bastin, P. Lafon, and S. Candel. Computation of jet mixing noise due to coherent structures : the plane jet case. *J. Fluid Mech.*, 335 :261–304, 1997.

[11] D. Basu, A. Hamed, and K. Das. DES, Hybrid RANS/LES and PANS models for unsteady seperated turbulent flow simulations. AIAA paper 77421, Proc. of FEDSM'05, 2005 ASME Fluids Engng. Division Summer Meeting and Exhib., Houston, Texas, USA, 2005.

[12] P. Batten, U. Goldberg, and S. Chakravarthy. LNS-An approach towards embedded LES. AIAA paper 0427, 40th Aerospace Sciences Meeting and Exhibit, Reno, Nevada, 2002.

[13] P. Batten, U. Goldberg, Palaniswamy S., and S. R. Chakravarthy. Hybrid RANS/LES : spatial-resolution and energy-transfer issues. In *Proc. 2nd Int. Symp. Turb. Shear Flow Phenomena, Stockholm, Sweden*, volume 1, pages 159–164, 2001.

[14] W. Bauer, O. Haag, and D. K. Hennecke. Accuracy and robustness of non-linear eddy viscosity models. *Int. J. Heat & Fluid Flow*, 21 :312–319, 2000.

[15] Y. Benarafa, O. Cioni, F. Ducros, and P. Sagaut. RANS-LES coupling for unsteady turbulent flow simulation at high Reynolds number on coarse meshes. *Comput. Methods in Applied Mech. & Eng.*, 195 :2939–2960, 2006.

[16] J.-P. Bonnet and J. Delville. Review of coherent structures in turbulent free shear flows and their possible influence on computational methods. *Flow, Turb. & Combustion*, 66 :333–353, 2001.

[17] G. Bosch and W. Rodi. Simulation of vortex shedding past a square cylinder with different turbulence models. *Int. J. Num. Meth. Fluids*, 28 :601–616, 1998.

[18] P. Bradshaw, N. N. Mansour, and U. Piomelli. On local approximations of the pressure-strain term in turbulence models. In *Proc. of the Summer Program*, pages 159–164. Center for Turbulence Research, Stanford Univ., 1987.

[19] P. Bradshaw and F. Y. F. Wong. The reattachment and relaxation of a turbulent shear layer. *J. Fluid Mech.*, 52 :113–135, 1972.

[20] V. Brederode and P Bradshaw. Influence of the side walls on the turbulent center-plane boudary-layer in a square duct. *J. Fluids Eng.*, 100 :91–96, 1978.

[21] K. Bremhorst, T. J. Craft, and B. E. Launder. Two-time-scale turbulence modelling of a fully-pulsed axisymmetric air jet. In *Proc. 3rd Int. Symp. Turb. Shear Flows and Phenomena, Sendai, Japan*, pages 711–716, 2003.

[22] M. Breuer, B. Kniazev, and M. Abel. Developments of wall models for LES of seperated flows. In *Proc. 6th Int. ERCOFTAC Workshop on Direct and Large-Eddy Simulation, Poitiers, France*, volume 10, pages 373–380, 2005.

[23] G. Brown and A. Roshko. On density effects and large structure in turbulent mixing layers. *J. Fluid Mech.*, 64 :775–816, 1974.

[24] A. Cadiou, K. Hanjalić, and K. Stawiarski. A two-scale second-moment turbulence closure based on weighted spectrum integration. *Theoret. Comput. Fluid Dynamics*, 18 :1–26, 2004.

[25] S. Carpy. *Contribution à la modélisation instationnaire de la turbulence. Modélisations URANS et hybride RANS/LES*. PhD thesis, Université de Poitiers / Ecole Nationale Supérieure de Mécanique et d'Aérotechnique, 2006.

[26] S. Carpy and R. Manceau. Turbulence modelling of statistically periodic flows : Synthetic jet into quiescent air. *Int. J. Heat & Fluid Flow*, 27(5) :756–767, 2006.

[27] P. Catalano, M. Wang, G. Iaccarino, and P. Moin. Numerical simulations of the flow around a circular cylinder at high reynolds numbers. *Int. J. Heat & Fluid Flow*, 24 :463–469, 2003.

[28] B. Chaouat and R. Schiestel. A new partially integrated transport model for subgrid-scale stresses and dissipation rate for turbulent developping flows. *Phys. Fluids*, 17 :1–19, 2005.

[29] B. Chaouat and R. Schiestel. From single-scale turbulence models to multiple-scale models by Fourier transform. *Theoret. Comput. Fluid Dynamics*, 21 :201–229, 2007.

[30] P. Chassaing. *Turbulence en mécanique des fluides : Analyse du phénomène en vue de sa modélisation à l'usage de l'ingénieur*. Cépaduès, 2000.

[31] S. Chen and R. H. Kraichnan. Sweeping decorrelation in isotropic turbulence. *Phys. Fluids*, 1(12) :2019–2024, 1989.

[32] N. J. Cherry, R. Hillier, and M. E. M. Latour. Unsteady measurements in a seperated and reattaching flow. *J. Fluid Mech.*, 144 :13–46, 1984.

[33] C. C. Chieng and B. E. Launder. On the calculation of turbulent transport downstream from an abrupt pipe expansion. *Num. Heat transfer*, 3 :189–207, 1980.

[34] R.E. Childs and D. Nixon. Turbulence and fluid/acoustic interaction in impinging jets. *SAE paper*, 87 :2345, 1987.

[35] J. P. Chollet and M. Lesieur. Parametrization of small scales of three-dimensional isotropic turbulence utilizing spectral closures. *J. Atmos. Sci.*, 38 :2747–2757, 1981.

[36] E. R. Corino and R. S. Brodkey. A visual investigation of the wall region in turbulent flow. *J. Fluid Mech.*, 37 :1–30, 1969.

[37] T. J. Craft and B. E. Launder. Computation of impinging flows using second-moment closures. In *Proc. 8th Symp. Turb. Shear Flows*, 8, pages 1–6, 1991.

[38] Y. M. Dakhoul and K. W. Bedford. Improved averaging method for turbulent flow simulation. Part I : theoretical development and application to Burger's transport equation. *Int. J. Num. Meth. Fluids*, 6 :49–64, 1986.

[39] Y. M. Dakhoul and K. W. Bedford. Improved averaging method for turbulent flow simulation. Part II : calculations and verification. *Int. J. Num. Meth. Fluids*, 6 :65–82, 1986.

[40] B. J. Daly and F. H. Harlow. Transport equations in turbulence. *Phys. Fluids*, 13 :2634–2649, 1970.

[41] J. W. Deardorff. A numerical study of three-dimensional turbulent channel flow at large Reynolds number. *J. Fluid Mech.*, 41 :453–480, 1970.

[42] A. Dejoan, Y.-J. Jang, and M. A. Leschziner. Comparative LES and URANS computations for a periodically seperated flow over a backward-facing step. In *Proc. ASME-FED Symp. on advancements and applications of LES, North Carolina, USA*, 2004.

[43] P. G. Drazin and W. H. Reid. *Hydrodynamic stability*. Cambridge University Press, 1981.

[44] D. Driver and H.L. Seegmiller. Features of a reattaching turbulent shear layer in divergent channel flow. *AIAA J.*, 23 :163–171, 1985.

[45] D.M. Driver, H.L. Seegmiller, and J.G. Marvin. Time dependent behavior of a reattaching shear layer. *AIAA J.*, 25 :914–919, 1987.

[46] Y. Dubief and F. Delcayre. On coherent-vortex identification in turbulence. *J. Turbulence*, 11, 2000.

[47] P. A. Durbin. Near-wall turbulence closure modeling without "damping functions". *Theoret. Comput. Fluid Dynamics*, 3 :1–13, 1991.

[48] P. A. Durbin. A Reynolds stress model for near-wall turbulence. *J. Fluid Mech.*, 249 :465–498, 1993.

[49] P. A. Durbin. Separated flow computations with the k–ε–$\overline{v^2}$ model. *AIAA J.*, 33 :659–664, 1995.

[50] P. A. Durbin and D. Laurence. Nonlocal effects in single point closure. In *Proc. Turb. Res. Associates 96 meeting, Seoul, Korea*, 1996.

[51] J. K. Eaton and J. P. Johnston. A review of research on subsonic turbulent flow reattachment. *AIAA J.*, 19 :1093–1100, 1981.

[52] D. Euvrard. *Résolution numérique des équations aux dérivées partielles de la physique, de la mécanique et des sciences de l'ingénieur. Différences finies, éléments finis, problèmes en domaine non borné*. Masson, 1994.

[53] J. H. Ferziger and M. Perić. *Computational methods for fluid dynamics*. Springer, 3rd edition, 2002.

[54] R. Franke and W. Rodi. Calculation of vortex shedding past a square cylinder with various turbulence models. In *Turb. Shear Flows 8*, pages 189–204. Springer, 1993.

[55] J. C. H. Fung, J. C. R. Hunt, N. A. Malik, and R. J. Perkins. Kinematic simulation of homogeneous turbulence by unsteady random Fourier modes. *J. Fluid Mech.*, 236 :281–318, 1992.

[56] T. Gatski and C. Rumsey. Workshop on CFD validation of synthetic jets and turbulent separation control. http ://cfdval2004.larc.nasa.gov. Technical report, Langley Research Center Workshop, USA, 2004.

[57] T. B. Gatski, C. L. Rumsey, and R. Manceau. Current trends in modelling research for turbulent aerodynamic flows. *Philosophical Transactions of the Royal Society : Mathematical, Physical and Engineering Sciences (Series A)*, pages 1–30, 2007.

[58] M. Germano. Turbulence : the filtering approach. *J. Fluid Mech.*, 238 :325–336, 1992.

[59] M. Germano. Properties of the hybrid RANS/LES filter. *Theoret. Comput. Fluid Dynamics*, 17 :225–231, 2004.

[60] M. Germano, U. Piomelli, P. Moin, and W. H. Cabot. A dynamic subgrid-scale eddy viscosity model. *Phys. Fluids*, 3 :1760–1765, 1991.

[61] M. Germano and P. Sagaut. Formal properties of the additive RANS/DNS filter. In *Proc. 6th Int. ERCOFTAC Workshop on Direct and Large-Eddy Simulation, Poitiers, France*, volume 10, pages 127–134, 2005.

[62] S. Ghosal. An analysis of numerical errors in large eddy simulations of turbulence. *J. Comput. Physics*, 125 :187–206, 1996.

[63] S. Ghosal and P. Moin. The basic equations of the large eddy simulation of turbulent flows in complex geometries. *J. Appl. Mech.*, 118 :24–37, 1995.

[64] M. M. Gibson and R. D. Harper. Calculations of separated flows with the low-Reynolds-number q-ζ turbulence model. In *Proc. 10th Symp. on Turb. Shear Flows, Pennsylvania, USA*, pages 19–24, 1995.

[65] M. M. Gibson and B. E. Launder. Ground effects on pressure fluctuations in the atmospheric bounday layer. *J. Fluid Mech.*, 86(3) :491–511, 1978.

[66] S. S. Girimaji. Partially-Averaged Navier-Stokes model for turbulence : a Reynolds-Averaged Navier-Stokes to Direct Numerical Simulation bridging method. *J. Appl. Mech.*, 73 :413–421, 2006.

[67] S. S. Girimaji and K. S. Abdol-Hamid. Partially-Averaged Navier-Stokes model for turbulence : implementation and validation. AIAA paper 0502, 43rd Aerospace Sciences Meeting and Exhibit, Reno, Nevada, USA, 2005.

[68] S. S. Girimaji, R. Srinivasan, and E. Jeong. PANS turbulence model for seamless transition between RANS and LES : fixed-point analysis and preliminary results. In *Proc. 4th ASME-JSME Joint Fluids Engng. Conf., Honolulu, Hawaii, USA*, 2003.

[69] H. Ha Minh. *Décollement provoqué d'un écoulement turbulent incompressible*. PhD thesis, Institut National Polytechnique de Toulouse, 1976.

[70] H. Ha Minh. La modélisation statistique de la turbulence : ses capacités et ses limitations. *C. R. Acad. Sci. Paris*, 327(IIb) :343–358, 1999.

[71] K. Hanjalić. Advanced turbulence closure models : a view of current status and future prospects. *Int. J. Heat & Fluid Flow*, 15(3) :178–203, 1994.

[72] K. Hanjalić. Some resolved and unresolved issues in modeling non equilibrium and unsteady turbulent flows. *Engng. Turb. Modelling and Measurements*, 3 :3–18, 1996.

[73] K. Hanjalić and S. Kenjereš. T-RANS simulation of deterministic eddy structure in flows driven by thermal buoyancy and Lorentz force. *Flow, Turb. & Combustion*, 66 :427–451, 2001.

[74] K. Hanjalić and B. E. Launder. Contribution towards a Reynolds-stress closure for low-Reynolds-number turbulence. *J. Fluid Mech.*, 74(4) :593–610, 1976.

[75] S. R. Hanna. Lagrangian and Eulerian time-scale relations in daytime boundary layer. *J. Appl. Meteorol.*, 20 :242–249, 1981.

[76] M.R. Head and P. Bandyopadhyay. New aspects of turbulent boundary-layer structure. *J. Fluid Mech.*, 107 :297–338, 1981.

[77] L. S. Hedges, A. K. Travin, and P. S. Spalart. Detached-eddy simulation over a simplified landing gear. *J. Fluids Eng.*, 124 :413–423, 2002.

[78] J. O. Hinze. *Turbulence.* McGraw-Hill, New-York, 1975.

[79] Y. Hoarau, R. Perrin, M. Braza, D. Ruiz, and G. Tzabiras. Advances in turbulence modelling for unsteady flows. In *Flomania - A European initiative on flow physics modelling*, volume 94, pages 85–88. W. Haase, B. Aupoix, U. Bunge and D. Schwamborn (Editors), 2006.

[80] A. K. M. F. Hussain. Coherent structures, reality and myth. *Phys. Fluids*, 26(10), 1983.

[81] A. K. M. F. Hussain and W. C. Reynolds. The mechanics of an organized wave in turbulent shear flow. *J. Fluid Mech.*, 41 :241–258, 1970.

[82] G. Iaccarino and P. Durbin. Unsteady 3D RANS simulations using the $\overline{v^2}$–f model. In *Ann. Res. Briefs*, pages 263–269. Center for Turbulence Research, Stanford Univ., 2000.

[83] G. Iaccarino, A. Ooi, P. A. Durbin, and M. Behnia. Reynolds averaged simulation of unsteady seperated flow. *Int. J. Heat & Fluid Flow*, 24 :147–156, 2003.

[84] E. Inoue. On the turbulent diffusion in the atmosphere. *J. Meteorol. Soc. Jpn.*, 29 :246, 1951.

[85] K. Isomoto and S. Honami. The effect of inlet turbulence intensity on the reattachment process over a backward facing step. *J. Fluids Eng.*, 111 :87–92, 1989.

[86] G Jin and M. Braza. Two-equation turbulence model for unsteady seperated flows around airfoils. *AIAA J.*, 32 :2316–2320, 1994.

[87] W. P. Jones and P. Musonge. Closure of the Reynolds-stress and scalar flux equations. *Phys. Fluids*, 31 :3589–3604, 1988.

[88] Y. Kaneda. Lagrangian and Eulerian time correlations in turbulence. *Phys. Fluids*, 5(11) :2835–2845, 1993.

[89] W. Kebede, B. E. Launder, and B. A. Younis. Large amplitude periodic pipe flow : a second-moment closure study. In *Proc. 5th Symp. Turb. Shear Flows, Cornell Univ., Ithaca, New-York, USA*, 16, pages 23–29, 1985.

[90] S. Kenjereš and K. Hanjalić. LES, T-RANS and hybrid simulations of thermal convection at high Rayleigh numbers. *Int. J. Heat & Fluid Flow*, 27 :800–810, 2006.

[91] M. R. Khorrami, B. Singer, and M. E. Berkman. Time accurate simulation and acoustic analysis of slat free shear layer. *AIAA J.*, 40 :1284–1291, 2002(a).

[92] J. Kim. On the structure of wall-bounded turbulent flows. *Phys. Fluids*, 26(8) :2088–2097, 1983.

[93] J. Kim. Turbulent structures associated with the bursting event. *Phys. Fluids*, 28 :52–58, 1985.

[94] J. Kim and P. Moin. The structure of the vorticity field in turbulent channel flow. Part II : study of ensemble-averaged fields. *J. Fluid Mech.*, 162 :339–363, 1986.

[95] J. Kim and R. Spalart. Scaling of the bursting frequency in turbulent boundary layers at low Reynolds numbers. *Phys. Fluids*, 30 :3326–3328, 1987.

[96] M. Kiya and K. Sasaki. Structure of a turbulent seperation bubble. *J. Fluid Mech.*, 137 :83–113, 1983.

[97] S. J. Kline, W. C. Reynolds, F. A. Schraub, and P. W. Runstadler. The structure of turbulent boundary layers. *J. Fluid Mech.*, 30 :741–773, 1967.

[98] S. H. Ko. Computation of turbulent flows over backward and forward-facing steps using a near-wall Reynolds stress model. In *Ann. Res. Briefs*, pages 75–90. Center for Turbulence Research, Stanford Univ., 1993.

[99] A. N. Kolmogorov. The local structure of turbulence in incompressible viscous fluid for very large Reynolds numbers. *Dokl. Aked. Nauk.*, URSS, 30 :299–303, 1941.

[100] A. Kourta. Analyse des écoulements décollés instationnaires et leur contrôle. In *XVème Congrès Français de Mécanique, Nancy, France*, pages 530 :1–6, 2001.

[101] A. Kourta. Instability of channel flow with fluid injection and parietal vortex shedding. *Computers & Fluids*, 33 :155–178, 2004.

[102] A. Kourta and H. Ha Minh. Semi-deterministic turbulence modelling for flows dominated by strong organized structures. In *Proc. 9th Symp. on Turb. Shear Flows, Kyoto, Japan*, pages 1–6, 1993.

[103] V. Krishnan, K. D. Squires, and J. R. Forsythe. Prediction of seperated flow characteristics over a hump using RANS and DES. AIAA paper 2224, 2nd AIAA Flow Control Conf., Portland, Oregon, USA, 2004.

[104] Y. G. Lai and R. M. C. So. Near-wall modeling of turbulent heat fluxes. *Intl J. Heat Mass Transfer*, 33(7) :1429–1440, 1990.

[105] E. Lamballais. *Simulations numériques de la turbulence dans un canal plan tournant*. PhD thesis, Institut National Polytechnique de Grenoble, 1996.

[106] E. Lamballais, L. Métais, and M. Lesieur. Spectral dynamic model for Large-Eddy Simulations of turbulent rotating channel flow. *Theoret. Comput. Fluid Dynamics*, 12 :149–177, 1998.

[107] S. Lardeau and M. A. Leschziner. Unsteady RANS modelling of wake-blade interaction : computational requirements and limitations. *Computers & Fluids*, 34 :3–21, 2005.

[108] W.C. Lasher and D.B. Taulbee. On the computation of turbulent backstep flow. *Int. J. Heat and Fluid Flow*, 13 :30–40, 1992.

[109] B. E. Launder. On the computation of convective heat transfer in complex turbulent flows. *J. Heat Transfer*, 110 :1112–1128, 1988.

[110] B. E. Launder. Second-moment closure : present ... and future ? *Int. J. Heat & Fluid Flow*, 10(4) :282–300, 1989.

[111] B. E. Launder. *An introduction to single-point closure methodology*. Simulation and Modelling of Turbulent Flows, ed. by T. B. Gatski, M. Y. Hussaini and J. L. Lumley, Oxford University Press, 1996.

[112] B. E. Launder, G. J. Reece, and W. Rodi. Progress in the development of a Reynolds-stress turbulence closure. *J. Fluid Mech.*, 68 :537–566, 1975.

[113] B. E. Launder and W. C. Reynolds. Asymptotic near-wall stress dissipation rates in a turbulent flow. *Phys. Fluids*, 26(5) :1157–1158, 1983.

[114] B. E. Launder and N. Shima. Second-moment closure for the near-wall sublayer : Development and application. *AIAA J.*, 27 :1319–1325, 1989.

[115] B. E. Launder and D. B. Spalding. The numerical computation of turbulent flow. *Comput. Methods Appl. Mech. Eng.*, 3 :269, 1974.

[116] B. E. Launder and D. P. Tselepidakis. Directions in second-moment modelling of near-wall turbulence. In *29th Aerospace Sciences Meeting*, AIAA 0219, pages 1–10, 1991.

[117] D. Laurence and P. A. Durbin. Modeling near-wall effects in second moment closures by elliptic relaxation. In *Proc. 10th Symp. Turb. Shear Flows, Pennsylvania State Univ., USA*, 1995.

[118] H. Le, P. Moin, and J. Kim. Direct numerical simulation of turbulent flow over a backward-facing step. *J. Fluid Mech.*, 330 :349–374, 1997.

[119] I. Lee and H.J. Sung. Characteristics of wall pressure fluctuations in seperated and reattaching flows over a backward-facing step (part I) : Time-mean statics and cross-spectral analyses. *Exp. in Fluids*, 30(3) :262–272, 2001.

[120] B. P. Leonard. A stable and accurate convective modelling procedure based on quadratic upstream interpolation. *Comput. Methods in Applied Mech. & Eng.*, 19 :59–98, 1979.

[121] M. A. Leschziner and F.-S. Lien. Upstream monotonic interpolation for scalar transport with application to complex turbulent flows. *Int. J. Num. Meth. Fluids*, 19 :527–548, 1994.

[122] M. Lesieur, P. Comte, E. Lamballais, O. Métais, and G. Silvestrini. Large-eddy simulations of shear flows. *J. Eng. Math.*, 32 :195–215, 1997.

[123] F.-S. Lien and G. Kalitzin. Computations of transonic flow with the $\overline{v^2}$-f turbulence model. *Int. J. Heat & Fluid Flow*, 22 :53–61, 2001.

[124] J. L. Lumley. Pressure-strain correlation. *Phys. Fluids*, 18(6) :750–750, 1975.

[125] J. L. Lumley. Coherent structures in turbulence. In *Transition Turbulence*, pages 215–242. R. E. Meyer, New-York, Academic Press, 1981.

[126] R. Manceau. *Modélisation de la turbulence. Prise en compte de l'influence des parois par relaxation elliptique*. PhD thesis, Université de Nantes, 1999.

[127] R. Manceau. Acounting for wall-induced Reynolds-stress anisotropy in explicit algebraic stress models. In *Proc. 3th Symp. Turb. Shear Flow Phenomena, Sendai, Japan*, 2003.

[128] R. Manceau. An improved version of the Elliptic Blending Model. Application to non-rotating and rotating channel flows. In *Proc. 4th Int. Symp. Turb. Shear Flow Phenomena, Williamsburg, Virginia, USA*, 2005.

[129] R. Manceau, J. R. Carlson, and T. B. Gatski. A rescaled elliptic relaxation approach : neutralizing the effect on the log layer. *Phys. Fluids*, 14(11) :3868–3879, 2002.

[130] R. Manceau and K. Hanjalić. A new form of the elliptic relaxation equation to account for wall effects in RANS modelling. *Phys. Fluids*, 12(9) :2345–2351, 2000.

[131] R. Manceau and K. Hanjalić. Elliptic Blending Model : a new near-wall Reynolds-stress turbulence closure. *Phys. Fluids*, 14(2) :744–754, 2002.

[132] R. Manceau, M. Wang, and D. Laurence. Inhomogeneity and anisotropy effects on the redistribution term in Reynolds-Averaged Navier-Stokes modelling. *J. Fluid Mech.*, 438 :307–338, 2001.

[133] N. N. Mansour, J. Kim, and P. Moin. Reynolds-stress and dissipation-rate budgets in a turbulent channel flow. *J. Fluid Mech.*, 194 :15–44, 1988.

[134] F. R. Menter and Y. Egorov. SAS turbulence modelling of technical flows. In *Proc. 6th Int. ERCOFTAC Workshop on Direct and Large-Eddy Simulation, Poitiers, France*, volume 10, pages 687–694, 2005.

[135] F. R. Menter and Y. Egorov. Turbulence models based on the length-scale equation. In *Proc. 4th Int. Symp. Turb. Shear Flows and Phenomena, Williamsburg, Virginia, USA*, 2005.

[136] M. S. Mohamed and J. C. LaRue. The decay power law in grid-generated turbulence. *J. Fluid Mech.*, 219 :195–214, 1990.

[137] P. Moin and J. Kim. Numerical investigation of turbulent channel flow. *J. Fluid Mech.*, 118 :341–377, 1982.

[138] P. Moin and J. Kim. The structure of the vorticity field in turbulent channel flow. Part I : analysis of instantaneous fields and statistical correlations. *J. Fluid Mech.*, 155 :441–464, 1985.

[139] A. S. Monin and A. M. Yaglom. *Statistical fluid mechanics : mechanics of turbulence*, volume 1. MIT Press, 1975.

[140] R. D. Moser, J. Kim, and N. N. Mansour. Direct numerical simulation of turbulent channel flow up to $Re_\tau = 590$. *Phys. Fluids*, 11(4) :943–945, 1999.

[141] D. Naot, A. Shavit, and M. Wolfstein. Interactions between components of the turbulent velocity correlation tensor due to pressure fluctuations. *Israel J. Technol.*, 8 :259–269, 1970.

[142] M. Nelkin and M. Tabor. Time correlations and random sweeping in isotropic turbulence. *Phys. Fluids*, 2(1) :81–83, 1990.

[143] J. Paik, L. Ge, and F. Sotiropoulos. Toward the simulation of complex 3D shear flows using unsteady statistical turbulence models. *Int. J. Heat & Fluid Flow*, 25 :513–527, 2004.

[144] S. Parneix, D. Laurence, and P. A. Durbin. Second moment closure analysis of the backstep flow database. In *Proc. of the Summer Program*, pages 47–62. Center for Turbulence Research, Stanford Univ., 1996.

[145] S. Parneix, D. Laurence, and P. A. Durbin. A procedure for using DNS databases. *J. Fluid Engng.*, 120 :40–47, 1998.

[146] R. Peyret. *Introduction à la Mécanique des Fluides Numérique*. Ecole de printemps, Mécanique des Fluides Numérique, Lalonde les Maures, France, 1997.

[147] U. Piomelli. High Reynolds number calculations using the dynamic subgrid-scale stress model. *Phys. Fluids*, 5 :1484–1490, 1993.

[148] U. Piomelli and E. Balaras. Wall-layer models for large-eddy simulations. *Annu. Rev. Fluid Mech.*, 34 :349–374, 2002.

[149] U. Piomelli and J. R. Chasnov. *Large-Eddy Simulations : theory and applications*. Turbulence and Transition Modelling, ed. by M. Hallback, D.S. Henningson, A.V. Johansson and P.H. Alfredsson, Kluwer Academic Publishers, 1996.

[150] S. B. Pope. *Turbulent Flows*. Cambridge University Press, 2000.

[151] M. Prud'homme and S. Elghobashi. Turbulent heat transfer near the reattachment of flow downstream of a sudden pipe expansion. *Num. Heat Transfer*, 10 :349–368, 1986.

[152] C. D. Pruett. Eulerian time-domain filtering for spatial large-eddy simulation. *AIAA J.*, 38(9) :1634–1642, 2000.

[153] C. D. Pruett, T. B. Gatski, C. E. Grosch, and W. D. Thacker. The temporally filtered Navier-Stokes equations : properties of the residual stress. *Phys. Fluids*, 15(8) :2127–2140, 2003.

[154] C. D. Pruett, C. E. Grosch, and T. B. Gatski. A temporal approximate deconvolution model for large-eddy simulation. *Phys. Fluids*, 18 :1–4, 2006.

[155] A.J. Revell, S. Benhamadouche, T. Craft, and D. Laurence. A stress-strain lag eddy viscosity model for unsteady mean flow. *Int. J. Heat & Fluid Flow*, 27 :821–830, 2006.

[156] P. Reynier and H. Ha Minh. Numerical prediction of unsteady compressible turbulent coaxial jets. *Computers & Fluids*, 27(2) :239–254, 1998.

[157] J. C. Rotta. Statistische Theorie nicht homogener Turbulenz. *Zeitschrift für Physik*, 129 :547–572, 1951.

[158] C. L. Rumsey, B. A. Petterson Reif, and T. B. Gatski. Arbitrary steady-state solutions with the k–ε model. *AIAA J.*, 44 :1586–1592, 2006.

[159] P. Sagaut. *Large Eddy Simulation for incompressible flows*. Springer, 2002.

[160] P. Sagaut, S. Deck, and M. Terracol. *Multiscale and multiresolution approaches in turbulence*. Imperial College Press, 2006.

[161] R. Schiestel. Sur le concept d'échelles multiples en modélisation des écoulements turbulents (partie I). *J. Mech. Théorique et Appliquée*, 2(3) :417–449, 1983.

[162] R. Schiestel. Sur le concept d'échelles multiples en modélisation des écoulements turbulents (partie II). *J. Mech. Théorique et Appliquée*, 2(4) :601–628, 1983.

[163] R. Schiestel. Multiple-time-scale modelling of turbulent flows in one point closures. *Phys. Fluids*, 30 :722–731, 1987.

[164] R. Schiestel. Studying turbulence using numerical simulation databases. In *Proc. of the Summer Program*, pages 95–108. Center for Turbulence Research, Stanford Univ., 1987.

[165] R. Schiestel. *Méthodes de modélisation et de simulation des écoulements turbulents*. Lavoisier, 2006.

[166] R. Schiestel and A. Dejoan. Towards a new partially integrated transport model for coarse grid and unsteady turbulent flow simulations. *Theoret. Comput. Fluid Dynamics*, 18 :443–468, 2005.

[167] A. Scotti, C. Meneveau, and M. Fatica. Dynamic Smagorinski model on anisotropic grids. *Phys. Fluids*, 9 :1856–1858, 1997.

[168] A. Scotti, C. Meneveau, and D. K. Lilly. Generalized Smagorinski model for anisotropic grids. *Phys. Fluids*, 5 :2306–2308, 1993.

[169] E. Sergent. *Vers une méthodologie de couplage entre la simulation des grandes échelles et les modèles statistiques*. PhD thesis, Ecole Centrale de Lyon, 2002.

[170] T.-H. Shih, J. Zhu, and J. L. Lumley. Calculation of wall-bounded complex flows and free shear flows. *Intl J. Numer. Meth. Fluids*, 23 :1133–1144, 1996.

[171] R. M. C. So and G. J. Yoo. Low Reynolds number modeling of turbulent flows with and without wall transpiration. *AIAA J.*, 25(12) :1556–1564, 1987.

[172] S. Song, D. B. DeGraaff, and J. K. Eaton. Experimental study of a seperating, reattaching, and redeveloping flow over a smoothly contoured ramp. *Int. J. Heat & Fluid Flow*, 21 :512–519, 2000.

[173] P. R. Spalart. Strategies for turbulence modelling and simulations. *Int. J. Heat & Fluid Flow*, 21 :252–263, 2000.

[174] C. G. Speziale. Galilean invariance of subgrid-scale stress models in the large eddy simulation of turbulence. *J. Fluid Mech.*, 156 :55–62, 1985.

[175] C. G. Speziale. Modelling the pressure gradient-velocity correlation of turbulence. *Phys. Fluids*, 28(1) :69–71, 1985.

[176] C. G. Speziale. Discussion of turbulence modelling : past and future. NASA Tech. report 89-58, NASA Langley Research Center, 1989.

[177] C. G. Speziale. Turbulence modeling for time-dependent RANS and VLES : a review. *AIAA J.*, 36(2) :173, 1998.

[178] C. G. Speziale, R. Abid, and E. C. Anderson. Critical evaluation of two-equation models for near-wall turbulence. *AIAA J.*, 30 :324–331, 1992.

[179] C. G. Speziale, S. Sarkar, and T. B. Gatski. Modeling the pressure-strain correlation of turbulence : an invariant dynamical system approach. *J. Fluid Mech.*, 227 :245–272, 1991.

[180] S. Stolz and N. A. Adams. An approximate deconvolution procedure for large eddy simulation. *Phys. Fluids*, 11 :1699–1701, 1999.

[181] L. Temmerman, M. Hadziabdić, M. A. Leschziner, and K. Hanjalić. A hybrid two-layer URANS-LES approach for Large Eddy Simulation at high Reynolds numbers. *Int. J. Heat & Fluid Flow*, 26 :173–190, 2005.

[182] H. Tennekes. Eulerian and Lagrangian time microscales in isotropic turbulence. *J. Fluid Mech.*, 67 :561–567, 1975.

[183] H. Tennekes and J. L. Lumley. *A first course in Turbulence*. MIT Press, 1972.

[184] M. V. Ötügen. Expansion ratio effects on the separated shear layer and reattachment downstream of a backward-facing step. *Exp. in Fluids*, 10(5) :273–280, 1991.

[185] L. Thielen, K. Hanjalić, H. Jonker, and R. Manceau. Predictions of flow and heat transfer in multiple impinging jets with an elliptic-blending second-moment closure. *Int. J. Heat & Mass Transfer*, 48(8) :1583–1598, 2005.

[186] E. R. Van Driest. On turbulent flow near a wall. *J. Aerospace Sci.*, 23 :1007–1011, 1956.

[187] D. Wee, T. Yi, A. Annaswamy, and A. F. Ghoniem. Self-sustained oscillations and vortex shedding in backward-facing step flows : simulation and linear stability analysis. *Phys. Fluids*, 16(9) :3361–3373, 2004.

[188] T. Wei and W. W. Willmarth. Reynolds-number effects on the structure of a turbulent flow. *J. Fluid Mech.*, 204 :57–95, 1989.

[189] D. C. Wilcox. Turbulence modelling for CFD. *La Cañada, CA : DCW Industries*, 1993.

[190] V. Wizman, D. Laurence, M. Kanniche, P. Durbin, and A. Demuren. Modeling near-wall effects in second-moment closures by elliptic relaxation. *Int. J. Heat & Fluid Flow*, 17(3) :255–266, 1996.

[191] X. Yuan, A. Moser, and P. Suter. Wall functions for numerical simulation of turbulent natural convection along vertical plates. *Int. J. Heat & Mass Transfer*, 36(18) :4477–4485, 1993.

Oui, je veux morebooks!

i want morebooks!

Buy your books fast and straightforward online - at one of world's fastest growing online book stores! Environmentally sound due to Print-on-Demand technologies.

Buy your books online at
www.get-morebooks.com

Achetez vos livres en ligne, vite et bien, sur l'une des librairies en ligne les plus performantes au monde!
En protégeant nos ressources et notre environnement grâce à l'impression à la demande.

La librairie en ligne pour acheter plus vite
www.morebooks.fr

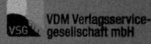
VDM Verlagsservicegesellschaft mbH
Heinrich-Böcking-Str. 6-8   Telefon: +49 681 3720 174   info@vdm-vsg.de
D - 66121 Saarbrücken   Telefax: +49 681 3720 1749   www.vdm-vsg.de

Printed by Books on Demand GmbH, Norderstedt / Germany